应用高等数学

（理工类）

主　编　苗　慧
副主编　陈　燕

北京理工大学出版社
BEIJING INSTITUTE OF TECHNOLOGY PRESS

版权专有 侵权必究

图书在版编目(CIP)数据

应用高等数学:理工类/苗慧主编. —北京:北京理工大学出版社,2019.7(2022.6重印)
ISBN 978-7-5682-7216-2

Ⅰ.①应… Ⅱ.①苗… Ⅲ.①高等数学–高等职业教育–教材 Ⅳ.①O13

中国版本图书馆 CIP 数据核字(2019)第 138544 号

出版发行 / 北京理工大学出版社有限责任公司
社　　址 / 北京市海淀区中关村南大街 5 号
邮　　编 / 100081
电　　话 / (010)68914775(总编室)
　　　　　(010)82562903(教材售后服务热线)
　　　　　(010)68944723(其他图书服务热线)
网　　址 / http://www.bitpress.com.cn
经　　销 / 全国各地新华书店
印　　刷 / 北京国马印刷厂
开　　本 / 787 毫米 × 1092 毫米　1/16
印　　张 / 17
字　　数 / 402 千字
版　　次 / 2019 年 7 月第 1 版　2022 年 6 月第 4 次印刷
定　　价 / 52.20 元

责任编辑 / 钟　博
文案编辑 / 钟　博
责任校对 / 周瑞红
责任印制 / 施胜娟

图书出现印装质量问题,请拨打售后服务热线,本社负责调换

前言 PREFACE

本书的编写以高职院校的人才培养目标为依据,贯彻"以应用为目的、以必需够用为度"的高职院校教学理念,努力体现"注重实际应用,淡化数学理论,强化数学实践"的编写原则,同时充分吸收了一线教师在教学改革中的宝贵经验,兼顾学生的可持续发展.本书增加了微视频、电子教案等数字资料,线上教学与线下教学相结合,纸质教材与数字资源相结合,形成了一本完整的、系统的、新形态立体化教材,充分利用学生的碎片化时间,增强学生的自主学习能力.本书共分为六大模块:微积分、微分方程、拉普拉斯变换、无穷级数、线性代数、软件 Mathematica 数学实训并附有相应的练习.本书培养学生应用所学知识解决实际问题的能力.

本书具有以下特色:

(1)专业结合,增强教材的针对性.

本书的编写团队的成员均为长期从事工科专业应用数学教学的一线教师,同时还吸收了计信系、建工系系主任和各专业教研室主任和一线教师的意见和建议,以便能恰如其分地针对实际要求和专业需要来设计编写理念、编写原则,使编写内容更具有针对性.

(2)经典案例,增加教材的生动性.

本书采用"案例引入"的编写方式,所选择的案例与实际生活和后续专业密切相关,使学生切身感受到现实生活中无处不用数学,同时,培养学生将数学知识运用到专业课程和实际生活中,从而体现高等数学既是一门必修的基础课,又是一门必需的工具课.

(3)模拟实训,增加教材的操作性.

本书的最后模块介绍了数学软件 Mathematica 的应用,详细讲述了该软件的一般功能和各种操作技巧,使学生能初步掌握数学软件 Mathematica 的基本用法,锻炼学生的操作技能,从而提高学生运用数学软件解决实际问题的能力.

(4)阅读材料,培养学生的人文素养.

本书的每个应用后面增加了有关数学方面的阅读材料,适当加强数学文化的通识教育,精选一些数学文化的素材,例如古代的极限思想、变化率思想、建模思想等,展示数学思想的形成背景和数学对现实世界的影响,引导学生领会数学的精神实质和思想方法,通过阅读材料提高学生的数学文化,培养学生的人文素养.

(5)信息手段,提升教学的有效性.

本书的每一部分知识点都配有二维码,学生通过扫描二维码可以获取该部分知识的微视频、题库、电子课件、在线课程等数字资料,方便学生课前预习与课后复习.本书的组织方式是对"应用高等数学"课程进行教学改革与创新的有力支撑,对教材形态的创新和教学有效性的提升.

　　本书适用于高职院校理工类的各个专业,可根据专业的需求选取相应的模块.

　　本书由苗慧担任主编,由陈燕担任副主编,并参考其他教师的意见和建议,最后由苗慧统稿、定稿.

　　本书的编写得到了学院有关领导、基础部王华主任的大力支持和帮助,得到了北京理工大学出版社的热情关怀与指导,在此一并致谢.

　　由于编者水平有限和时间紧迫,本书难免有错误和不妥之处,欢迎广大读者不吝赐教,以备改正.

编　者
2019.6

目　录 CONTENTS

模块一　微积分 ·· 1
　应用一　函数、极限、连续及其应用 ··· 1
　　1.1.1　函数及其应用 ·· 1
　　1.1.2　极限及其应用 ·· 9
　　1.1.3　连续及其应用 ··· 21
　　【阅读材料】·· 25
　　应用一　练习 ··· 28
　应用二　微分学及其应用 ··· 32
　　1.2.1　导数的概念 ··· 32
　　1.2.2　导数的运算 ··· 37
　　1.2.3　导数的应用 ··· 45
　　1.2.4　微分及其应用 ··· 58
　　【阅读材料】·· 62
　　应用二　练习 ··· 64
　应用三　积分学及其应用 ··· 68
　　1.3.1　积分的概念 ··· 68
　　1.3.2　积分的运算 ··· 80
　　1.3.3　定积分的应用 ··· 89
　　【阅读材料】·· 98
　　应用三　练习 ·· 100

模块二　微分方程 ·· 104
　应用一　微分方程的概念 ·· 104
　　2.1.1　微分方程的概念 ··· 104
　　2.1.2　形如 $\dfrac{d^n y}{dx^n}=f(x)$ 的微分方程 ································· 106
　　【阅读材料】··· 107
　　应用一　练习 ·· 108
　应用二　一阶微分方程及其应用 ·· 109
　　2.2.1　可分离变量的微分方程 ·· 109
　　2.2.2　一阶线性微分方程 ·· 112
　　【阅读材料】··· 116

　　　　应用二　练习 ……………………………………………………………………… 118
　　应用三　二阶常系数线性微分方程及其应用 …………………………………………… 120
　　　　2.3.1　二阶常系数线性微分方程的概念 ………………………………………… 120
　　　　2.3.2　二阶常系数线性齐次微分方程的解法 …………………………………… 121
　　　　2.3.3　二阶常系数线性非齐次微分方程的解法 ………………………………… 122
　　　　【阅读材料】 ……………………………………………………………………… 125
　　　　应用三　练习 ……………………………………………………………………… 126

模块三　拉普拉斯变换 ………………………………………………………………… 128
　　应用一　拉普拉斯变换的概念 …………………………………………………………… 128
　　　　【阅读材料】 ……………………………………………………………………… 132
　　　　应用一　练习 ……………………………………………………………………… 132
　　应用二　拉普拉斯变换和逆变换的性质 ………………………………………………… 134
　　　　3.2.1　拉普拉斯变换的性质 ……………………………………………………… 134
　　　　3.2.2　拉普拉斯逆变换的性质 …………………………………………………… 136
　　　　【阅读材料】 ……………………………………………………………………… 139
　　　　应用二　练习 ……………………………………………………………………… 140
　　应用三　拉普拉斯变换应用举例 ………………………………………………………… 141
　　　　3.3.1　解常系数线性微分方程 …………………………………………………… 141
　　　　3.3.2　线性系统的传递函数 ……………………………………………………… 143
　　　　【阅读材料】 ……………………………………………………………………… 145
　　　　应用三　练习 ……………………………………………………………………… 146

模块四　无穷级数 ………………………………………………………………………… 148
　　应用一　级数的概念 ……………………………………………………………………… 148
　　　　4.1.1　数项级数的基本概念 ……………………………………………………… 148
　　　　4.1.2　函数项级数的基本概念 …………………………………………………… 151
　　　　【阅读材料】 ……………………………………………………………………… 153
　　　　应用一　练习 ……………………………………………………………………… 154
　　应用二　幂级数 …………………………………………………………………………… 155
　　　　4.2.1　幂级数的基本概念 ………………………………………………………… 155
　　　　4.2.2　函数展开成幂级数 ………………………………………………………… 155
　　　　【阅读材料】 ……………………………………………………………………… 156
　　　　应用二　练习 ……………………………………………………………………… 157
　　应用三　傅里叶级数 ……………………………………………………………………… 158
　　　　4.3.1　三角级数 …………………………………………………………………… 158
　　　　4.3.2　周期为 2π 的函数展开成傅里叶级数 ………………………………… 161
　　　　4.3.3　正弦级数和余弦级数 ……………………………………………………… 165
　　　　4.3.4　周期为 $2l$ 的周期函数展开成傅里叶级数 ……………………………… 168

【阅读材料】 171
　　应用三　练习 172

模块五　线性代数　173
　应用一　行列式及其应用 173
　　5.1.1　行列式的定义 173
　　5.1.2　行列式的性质与计算 179
　　5.1.3　克莱姆法则 184
　　【阅读材料】 189
　　应用一　练习 190

　应用二　矩阵与线性方程组 193
　　5.2.1　矩阵的概念与运算 193
　　5.2.2　矩阵的初等行变换与秩 205
　　5.2.3　线性方程组的解 207
　　【阅读材料】 220
　　应用二　练习 221

模块六　软件 Mathematica 数学实训　224
　实训一　Mathematica 入门 224
　　一、实训内容 224
　　二、实训目的 224
　　三、实训过程 224
　　实训一　练习 233

　实训二　函数的极限、导数、微分 235
　　一、实训内容 235
　　二、实训目的 235
　　三、实训过程 235
　　实训二　练习 241

　实训三　函数的积分学与微分方程 242
　　一、实训内容 242
　　二、实训目的 242
　　三、实训过程 242
　　实训三　练习 245

　实训四　拉普拉斯变换与级数 247
　　一、实训内容 247
　　二、实训目的 247
　　三、实训过程 247
　　实训四　练习 255

　实训五　线性代数 257

一、实训内容 ·· 257
　　二、实训目的 ·· 257
　　三、实训过程 ·· 257
　　实训五　练习 ··· 262
参 考 文 献 ··· 264

模块一 微积分

微积分(Calculus)是高等数学中研究函数的微分(Differentiation)、积分(Integration)以及有关概念和应用的数学分支.它是高等数学的一个基础学科.其内容主要包括极限、微分学、积分学及其应用.微分学包括求导数的运算,是一套关于变化率的理论.它使函数、速度、加速度和曲线的斜率等问题均可用一套通用的符号进行讨论.积分学包括求积分的运算,为定义和计算面积、体积等问题提供一套通用的方法.微积分与实际应用紧密联系,它在天文学、力学、化学、生物学、工程学、经济学等自然科学、社会科学及应用科学等多个领域中有着越来越广泛的应用,特别是计算机的发明更有助于这些应用的不断发展.本模块主要介绍函数、极限、连续的基本概念以及其应用,微分学的基本概念、基本公式及其应用,积分学的基本概念、基本定理、基本公式及其应用.

应用一 函数、极限、连续及其应用

1.1.1 函数及其应用

《应用高等数学》导课

函数是近代数学的基本概念之一.高等数学就是以函数为主要研究对象的一门数学课程.极限贯穿于高等数学的始终,是基本的理论工具.连续则是函数的一个重要性态,连续函数是高等数学研究的主要对象.本小节介绍函数、极限和连续的基本知识和实际应用,为后续的学习和应用奠定基础.

1. 函数的概念

在观察各种自然现象或研究实际问题的时候,常常会遇到各种不同的量,这些量一般可分为两种:有一些量在所考察的过程中不发生变化,也就是保持一定的数值,这种量称为常量;还有一些量在所考察的过程中会发生变化,也就是可以取不同的数值,这种量称为变量.比如,自由落体的下降时间和下降距离是变量,而落体的质量是常量.

通常用字母 a,b,c 表示常量,用字母 x,y,z 表示变量.变量的变化范围叫作变量的变动区域,有一类变量可以取介于两个实数之间的任意实数,称为连续变量,连续变量的变动区域常用区间表示.

同一现象中的各种变量通常并不都是独立变化的,它们之间存在依赖关系.下面考察几个具体例子:

案例1-1-1【自由落体运动】 设落体下落的时间为 t,下降距离为 s.根据自由落体公式得

$$s = \frac{1}{2}gt^2,$$

其中 g 为重力加速度. 这个公式指出了自由落体运动中,落体的下降距离 s 和时间 t 的依赖关系.

假定物体着地的时刻为 $t=T$,那么当 t 取 $[0,T]$ 上的任一值时,由上式就可以确定下降距离 s 的相应数值.

案例 1-1-2【产品的总成本】 生产某种产品的固定成本为 3 000 元,每生产一件产品,成本增加 60 元,那么该种产品的总成本 C 和产量 Q 的关系可由下式给出:

$$C = 3\,000 + 60Q.$$

当产量 Q 取任何一个合理值时,总成本 C 有确定的数值与之对应.

在上面两个案例中,抽去所考虑的量的实际意义,可以发现它们都表达了两个变量之间的依赖关系,根据这种依赖关系,当其中一个变量取其变化范围内的任一数值时,另一个变量就有确定的值与之对应. 两个变量间的这种对应关系就是函数概念的实质.

定义 1-1-1 设 x 和 y 是两个变量,若当变量 x 在非空数集 D 内任取一数值时,变量 y 依照某一规则 f 总有一个确定的数值与之对应,则称变量 y 为变量 x 的函数,记作 $y=f(x)$.

这里,x 称为**自变量**,y 称为**因变量或函数**. 集合 D 称为函数的定义域,相应的 y 值的集合则称为函数的值域. f 是函数符号,它表示 y 与 x 的对应规则.

从函数的定义可以看出,构成函数的要素是定义域 D 及对应法则 f. 如果两个函数的定义域相同,对应法则也相同,那么这两个函数就是相同的,否则就是不同的.

当自变量 x 在其定义域内取某确定值 x_0 时,因变量 y 按照所给函数关系 $y=f(x)$ 求出的对应值 y_0 叫作当 $x=x_0$ 时的**函数值**,记作 $y|_{x=x_0}$ 或 $f(x_0)$.

例 1-1-1 求函数 $f(x) = \sqrt{3+2x-x^2} + \ln(x-2)$ 的定义域.

解:该函数为偶次根式和对数式的代数和,此时函数的定义域应为这两部分定义域的交集,即满足不等式组

$$\begin{cases} 3+2x-x^2 \geq 0, \\ x-2 > 0 \end{cases}$$

的 x 值的全体.

解此不等式组,得其定义域为 $(2,3]$.

例 1-1-2 已知 $f(x) = \dfrac{1-x}{1+x}$,求 $f(0)$,$f(-x)$.

解:$f(0) = \dfrac{1-0}{1+0} = 1$,

$$f(-x) = \frac{1-(-x)}{1+(-x)} = \frac{1+x}{1-x}.$$

常用的函数表示法有解析法(又称公式法)、表格法和图形法,下面用三个例子说明:

(1) $y = \dfrac{\sqrt{3-x^2}}{(x-1)(x-2)}$.

这是一个用解析法表示的函数. 这个函数的定义域是 $(-\sqrt{3},1) \cup (1,\sqrt{3})$. 在这个集合中的每个 x,都可以通过公式计算得到函数 y 的相应值.

(2)某商店一年中各月份毛线的销售量(单位:10^2 kg)的关系见表 1-1-1.

表 1-1-1

月份 x	1	2	3	4	5	6	7	8	9	10	11	12
销售量 $y/10^2$ kg	81	84	45	45	9	5	6	15	94	161	144	123

这是用表格法表示的函数. 当自变量 x 取 $1\sim12$ 的任一整数时,从表格中可以找到 y 的对应值.

(3) 图 1-1-1 所示是气象站用自动温度记录仪记录下来的某地一昼夜气温变化曲线.

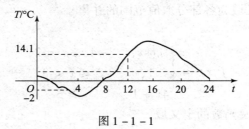

图 1-1-1

这是用图形法表示的函数. 气温 T 和时间 t 的函数关系是由曲线给出的,当 t 取 $0\sim24$ 的任意一个数值时,在曲线上都能找到确定的 T 与之对应. 例如,当 $t=12$ 时,气温 $T=14.1\,℃$.

2. 分段函数

案例 1-1-3【出租汽车收费问题】 某城市出租汽车收费情况如下:起步价(3 km 以内)为 11 元/km,行驶里程为 $3\sim10$ km 时,每千米租费为 2.5 元;超过 10 km 以上的部分租费为 3.75 元/km. 如果设行驶里程为 x,所需费用为 y,其解析式就是一个分段函数,即

$$y=\begin{cases} 11, & 0<x\leqslant 3,\\ 11+2.5(x-3), & 3<x\leqslant 10,\\ 11+2.5\times 7+3.75(x-10), & x>10. \end{cases}$$

案例 1-1-4【电压波】 考察脉冲发生器所产生的一个单三角脉冲电压波,其电压 $U(\text{V})$ 与时间 $t(\mu\text{s})$ 之间的关系如图 1-1-2 所示.

当 $0\leqslant t\leqslant\dfrac{\tau}{2}$ 时,$U=\dfrac{2E}{\tau}t$;当 $\dfrac{\tau}{2}<t\leqslant\tau$ 时,$U=-\dfrac{2E}{\tau}(t-\tau)$;
当 $t>\tau$ 时,$U=0$.

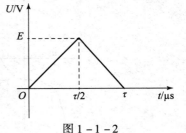

图 1-1-2

这一波形的数学表达式可统一写为

$$U=\begin{cases} \dfrac{2E}{\tau}t, & 0\leqslant t\leqslant\dfrac{\tau}{2},\\ -\dfrac{2E}{\tau}(t-\tau), & \dfrac{\tau}{2}<t\leqslant\tau,\\ 0, & t>\tau. \end{cases}$$

其中 t 的取值范围(即定义域)为 $[0,+\infty)$.

定义 1-1-2 把定义域分为若干部分,每一部分表达式不同的函数称为**分段函数**.

例 1-1-3 设函数

$$y = f(x) = \begin{cases} x^2 + 1, & x > 0, \\ 2, & x = 0, \\ 3x, & x < 0 \end{cases}$$

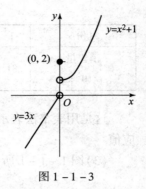

图 1-1-3

当 x 取 $(0, +\infty)$ 内的值时,y 的值由表达式 $y = x^2 + 1$ 来计算;当 $x = 0$ 时,$y = 2$;当 x 取 $(-\infty, 0)$ 内的值时,y 的值由表达式 $y = 3x$ 来计算,如图 1-1-3 所示. 例如:$f(2) = 2^2 + 1 = 5$,$f(-1) = 3 \times (-1) = -3$.

函数 $f(x)$ 的定义域为 $(-\infty, +\infty)$.

注意:分段函数的定义域为各部分取值范围的并集.

例 1-1-4 设函数

$$f(x) = \begin{cases} \cos x, & -4 \leq x < 2, \\ 1, & 2 \leq x < 3, \\ 4x + 1, & x \geq 3. \end{cases}$$

求 $f(-\pi)$,$f(2)$,$f(3.5)$ 及函数的定义域.

解:因为 $-\pi \in [-4, 2)$,所以 $f(-\pi) = \cos(-\pi) = -1$;因为 $2 \in [2, 3)$,所以 $f(2) = 1$;因为 $3.5 \in [3, +\infty)$,所以 $f(3.5) = 4 \times (3.5) + 1 = 15$.

函数 $f(x)$ 的定义域为 $[-4, +\infty)$.

3. 函数的几种特性

定义 1-1-3（单调性） 设函数 $y = f(x)$ 在区间 (a, b) 内有定义,如果对于 (a, b) 内的任意两点 x_1 和 x_2,当 $x_1 < x_2$ 时,有 $f(x_1) < f(x_2)$（或 $f(x_1) > f(x_2)$）,则称函数 $f(x)$ 在 (a, b) 内是单调增加（或单调减少）的. 单调增加函数与单调减少函数统称为单调函数.

单调增加函数的图形沿 x 轴的正向上升,单调减少函数的图形沿 x 轴的正向下降,如图 1-1-4 所示.

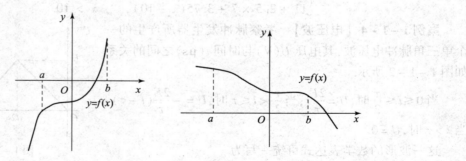

图 1-1-4

定义 1-1-4（奇偶性） 设函数 $y = f(x)$ 在集合 D 上有定义,如果对任意的 $x \in D$,恒有 $f(-x) = f(x)$（或 $f(-x) = -f(x)$）,则称 $f(x)$ 为偶函数（或奇函数）.

偶函数的图形是关于 y 轴对称的,奇函数的图形是关于原点对称的,如图 1-1-5 所示.

定义 1-1-5（周期性） 对于函数 $y = f(x)$,如果存在非零常数 T,使 $f(x) = f(x + T)$ 恒成立,则称此函数为周期函数,T 称为周期.

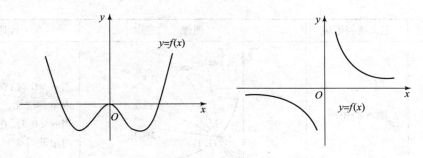

图 1 – 1 – 5

若 T 为函数 $y = f(x)$ 的周期,则 $kT(k \in \mathbf{Z})$ 也是函数 $y = f(x)$ 的周期.把满足 $f(x) = f(x + T)$ 的最小正数 T_0 称为最小正周期.

周期函数的图形每经过一个周期 T 重复出现.

定义 1 – 1 – 6（有界性） $y = f(x)$ 在集合 D 上有定义,如果存在一个正数 M,对于所有的 $x \in D$,恒有 $|f(x)| \leq M$,则称函数 $f(x)$ 在 D 上是有界的. 如果不存在这样的正数 M,则称 $f(x)$ 在 D 上是无界的.

函数 $y = f(x)$ 在区间 (a, b) 内有界的几何意义是:曲线 $y = f(x)$ 在区间 (a, b) 内被限制在两条平行于 x 轴的直线 $y = M$ 与 $y = N$ 之间,如图 1 – 1 – 6 所示.

注意: (1) 当一个函数 $y = f(x)$ 在 D 上有界时,正数 M 的取法是不唯一的. 如 $f(x) = \sin x$ 在 $(-\infty, +\infty)$ 上是有界的, $|\sin x| \leq 1$,但也可以取 $M = 2$,即 $|\sin x| < 2$. 事实上, M 可以取大于等于 1 的一切实数.

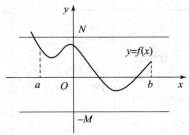

图 1 – 1 – 6

(2) 有界性依赖于区间. 如函数 $f(x) = \dfrac{1}{x}$ 在区间 $(1, 2)$ 内是有界的,而在区间 $(0, 1)$ 内是无上界的.

4. 复合函数和初等函数

1) 基本初等函数

常数函数、幂函数、指数函数、对数函数、三角函数和反三角函数统称为基本初等函数.它们的定义域、值域、图像和性质见表 1 – 1 – 2.

复合函数

表 1 – 1 – 2

函数	定义域与值域	图像	性质
常数函数 $y = c$	$x \in (-\infty, +\infty)$ $y = c$		偶函数

续表

函数	定义域与值域	图像	性质
幂函数 $y=x^\alpha$	随 α 而不同	(图像：$y=x^3$, $y=x^2$, $y=x$, $y=\sqrt{x}$, $y=\sqrt[3]{x}$，过点(1,1))	当 α>0 时，在 (0,+∞) 内单调增加，当 α<0 时，在 (0,+∞) 内单调减少
指数函数 $y=a^x$ ($a>0, a\neq 1$)	$x\in(-\infty,+\infty)$, $y\in(0,+\infty)$	(图像：$y=2^x$ 与 $y=(\frac{1}{2})^x$，过点(0,1))	过点 (0,1)，当 $a>1$ 时，单调增加，当 $0<a<1$ 时，单调减少，曲线以 x 轴为渐近线
对数函数 $y=\log_a x$ ($a>0, a\neq 1$)	$x\in(0,+\infty)$, $y\in(-\infty,+\infty)$	(图像：$y=\log_2 x$ 与 $y=\log_{\frac{1}{2}} x$，过点(1,0))	过点 (1,0)，当 $a>1$ 时，单调增加，当 $0<a<1$ 时，单调减少
三角函数 正弦函数 $y=\sin x$	$x\in(-\infty,+\infty)$, $y\in[-1,1]$	(图像：$y=\sin x$)	奇函数，以 2π 为周期，有界
三角函数 余弦函数 $y=\cos x$	$x\in(-\infty,+\infty)$, $y\in[-1,1]$	(图像：$y=\cos x$)	偶函数，以 2π 为周期，有界
三角函数 正切函数 $y=\tan x$	$x\neq k\pi+\dfrac{\pi}{2}$ ($k\in\mathbf{Z}$), $y\in(-\infty,+\infty)$	(图像：$y=\tan x$)	奇函数，以 π 为周期，每个连续区间内单调增加，以直线 $x=k\pi+\dfrac{\pi}{2}$ ($k\in\mathbf{Z}$) 为渐近线

续表

函数		定义域与值域	图像	性质
三角函数	余切函数 $y=\cot x$	$x \neq k\pi$ $(k \in \mathbf{Z})$, $y \in (-\infty, +\infty)$		奇函数,以 π 为周期, 每个连续区间内单调减少, 以直线 $x = k\pi (k \in \mathbf{Z})$ 为渐近线
反三角函数	反正弦函数 $y = \arcsin x$	$x \in [-1, 1]$, $y \in \left[-\dfrac{\pi}{2}, \dfrac{\pi}{2}\right]$		单调增加的奇函数,有界
	反余弦函数 $y = \arccos x$	$x \in [-1, 1]$, $y \in [0, \pi]$		单调减少函数,有界
	反正切函数 $y = \arctan x$	$x \in (-\infty, +\infty)$, $y \in \left[-\dfrac{\pi}{2}, \dfrac{\pi}{2}\right]$		单调增加的奇函数, 有界, 以直线 $y = \pm\dfrac{\pi}{2}$ 为渐近线
	反余切函数 $y = \operatorname{arccot} x$	$x \in (-\infty, +\infty)$, $y \in [0, \pi]$		单调减少函数,有界, 以直线 $y = 0, y = \pi$ 为渐近线

2) 复合函数

定义 1-1-7 设 y 是 u 的函数 $y = f(u)$, u 是 x 的函数 $u = \varphi(x)$. 如果 $u = \varphi(x)$ 的值域或其部分包含在 $y = f(u)$ 的定义域中,则 y 通过中间变量 u 构成 x 的函数称为 x 的复合函数, 记作

$$y = f[\varphi(x)],$$

其中, x 是自变量, u 称作中间变量.

例如，$y = \sin^2 x$ 是由 $y = u^2$ 和 $u = \sin x$ 复合而成的；$y = \sqrt{1-x^2}$ 是由 $y = \sqrt{u}$ 和 $u = 1-x^2$ 复合而成的.

必须注意，不是任何两个函数都可以构成一个复合函数，例如 $y = \ln u$ 和 $u = x - \sqrt{x^2+1}$ 就不能构成复合函数，因为 $u = x - \sqrt{x^2+1}$ 的值域是 $u < 0$，而 $y = \ln u$ 的定义域是 $u > 0$，前者的值域完全没有被包含在后者的定义域中. 只有当 $u = \varphi(x)$ 的值域与 $y = f(u)$ 的定义域的交集非空时，才可以复合.

复合函数不仅可以有一个中间变量，还可以有多个中间变量.

例 1-1-5 指出下列函数的复合过程：

(1) $y = \sin(x^3 + 4)$；

(2) $y = 5^{\sin x^2}$.

解：(1) 设 $u = x^3 + 4$，则 $y = \sin(x^3 + 4)$ 由 $y = \sin u, u = x^3 + 4$ 复合而成.

(2) 设 $u = \sin x^2$，则 $y = 5^u$；设 $v = x^2$，则 $u = \sin v$，所以，$y = 5^{\sin x^2}$ 可以看成由 $y = 5^u, u = \sin v, v = x^2$ 三个函数复合而成.

3) 初等函数

定义 1-1-8 由基本初等函数经过有限次的四则运算及有限次的复合而成的函数叫作**初等函数**，一般来说，初等函数都可以用一个解析式表示.

例如：$y = \arctan\sqrt{\dfrac{1+\sin x}{1-\sin x}}$，$y = \sqrt[5]{\ln \cos^3 x}$，$y = e^{\operatorname{arccot}\frac{x}{3}}$，$y = \dfrac{3^x + \sqrt[3]{x^2+5}}{\log_2(3x-1) - x\sec x}$ 都是初等函数，而

$$y = 1 + x + x^2 + x^3 + \cdots,$$

$$y = \begin{cases} 1, & x > 0, \\ 0, & x = 0, \\ -1, & x < 0 \end{cases}$$

都不是初等函数.

5. 函数模型的建立

在解决工程技术问题、经济问题等实际应用中，经常需要先找到问题中变量之间的函数关系，然后利用有关的数学知识、数学方法去分析、研究、解决这些问题. 下面以几个较为简单的案例来说明函数模型的建立过程.

案例 1-1-5 【灌溉渠的横截面问题】 某灌溉渠的横截面是一个等腰梯形，如图 1-1-7 所示，底宽为 2 m，斜边的倾角为 $45°$，CD 表示水面. 试建立过水截面 $ABCD$ 的面积 S 与水深 h 的函数关系.

解：过水截面是一个等腰梯形，其面积随着水深 h 和上底 CD 的变化而变化. 由题意知，上底 CD 与 h 有关：

$$CD = 2 + 2h,$$

因此，过水截面 $ABCD$ 的面积 S 为

$$S = \frac{1}{2}(2 + 2 + 2h) \cdot h = 2h + h^2 \ (h > 0).$$

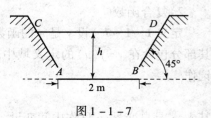

图 1-1-7

案例1-1-6【**产品的销售问题**】 某厂生产某种产品1 600 t,定价为150元/t,销售量在不超过800 t时,按原价出售,销售量超过800 t时,超过部分按八折出售.试求销售收入和销售量之间的函数关系.

解:设销售量为q,销售收入为R,显然,当$0 \leq q \leq 800$时,$R=150q$;当$800 < q \leq 1\,600$时,收入由两部分组成:不超过800 t部分的收入为150×800;超过800 t部分的收入为$150 \times 0.8(q-800)$,从而

$$R = 150 \times [800 + 0.8(q-800)] = 24\,000 + 120q.$$

于是R与q之间的关系如下:

$$R = \begin{cases} 150q, & 0 \leq q \leq 800, \\ 120q + 24\,000, & 800 < q \leq 1\,600. \end{cases}$$

案例1-1-7【**抵押贷款问题**】 设清水苑的二室一厅商品房价值1 000 000元,李某自筹了400 000元,要购房还需贷款600 000元,贷款月利率为1%,条件是每月还一些,25年内还清,假如还不起,房子归债权人.问李某具有什么能力才能贷款购房呢?

分析:起始贷款600 000元,贷款月利率$r = 0.01$,贷款月数$= 25 \times 12 = 300$,每月还x元,y_n表示第n个月仍欠债主的钱.

建立模型:$y_0 = 600\,000$

$y_1 = y_0(1+r) - x,$

$y_2 = y_1(1+r) - x = y_0(1+r)^2 - x[(1+r) + 1],$

$y_3 = y_2(1+r) - x = y_0(1+r)^3 - x[(1+r)^2 + (1+r) + 1],$

……

$y_n = y_0(1+r)^n - x[(1+r)^{n-1} + (1+r)^{n-2} + \cdots + (1+r) + 1]$

$\quad = y_0(1+r)^n - \dfrac{x[(1+r)^n - 1]}{r}.$

当贷款还清时,$y_n = 0$,可得$x = \dfrac{y_0 r(1+r)^n}{(1+r)^n - 1}.$

把$n = 300, r = 0.01, y_0 = 600\,000$代入得$x \approx 6\,319.3$,即李某如不具备每月还款6 320元的能力,就不能贷款.

案例1-1-8【**刹车痕迹**】 已知汽车刹车后轮胎摩擦的痕迹长s(m)与车速v(km/h)的平方成正比,当车速为30 km/h时刹车,测得痕迹长为3 m,求痕迹长s与车速v的函数关系.

解:由题意可设$s = kv^2$,由于当$v = 30$ km/h时,$s = 3$ m,所以解得$k = \dfrac{1}{300}$.因此痕迹长s与车速v的函数关系为$s = \dfrac{1}{300}v^2 \quad (v > 0).$

1.1.2 极限及其应用

为了掌握变量的变化规律,往往需要从它的变化过程中来判断它的变化趋势,这就需要引入极限.在高等数学中,很多重要的概念和方法都和极限有关,并且在实际问题中极限也占有重要地位.极限理论的确立,使微分和积分有了坚实的逻辑基础,并使微积分在当今科学的各个领域得以更广泛、更合理、更深刻地应用和发展,极限的概念是微积分的灵魂.本小节首先引

入数列的极限,其次介绍函数的极限,最后给出无穷小与无穷大的概念.

1. 极限的概念

1) 数列的极限

定义 1-1-9 自变量为正整数的函数 $x_n = f(n)$ ($n=1,2,3,\cdots$),其函数值按自变量 n 由小到大的顺序排成的一列数 $x_1, x_2, x_3, \cdots, x_n, \cdots$ 叫作数列,简记为 $\{x_n\}$.数列中的每个数叫作数列的项,第 n 项 x_n 叫作数列的通项或一般项.

数列的极限

考察以下三个数列:

(1) $\left\{\dfrac{1}{n}\right\}$,即数列 $1, \dfrac{1}{2}, \dfrac{1}{3}, \dfrac{1}{4}, \cdots, \dfrac{1}{n}, \cdots$;

(2) $\left\{1+\dfrac{1}{2^n}\right\}$,即数列 $1+\dfrac{1}{2}, 1+\dfrac{1}{4}, 1+\dfrac{1}{8}, \cdots, 1+\dfrac{1}{2^n}, \cdots$;

(3) $\{(-1)^n n\}$,即数列 $-1, 2, -3, 4, \cdots, (-1)^n n, \cdots$.

当 n 无限增大(即 $n \to \infty$)时,数列 $\left\{\dfrac{1}{n}\right\}$ 无限接近 0;第二个数列无限接近确定的常数 1;数列 $\{(-1)^n n\}$ 不接近任何确定常数.

一般地,有如下定义:

定义 1-1-10 对于数列 $\{x_n\}$,如果当 n 无限增大时,数列的一般项 x_n 无限地接近某一确定的常数 A,则称常数 A 是数列 $\{x_n\}$ 的极限,或称数列 $\{x_n\}$ 收敛于 A,记为

$$\lim_{n\to\infty} x_n = A \text{ 或 } x_n \to A (n \to +\infty).$$

如果数列没有极限,就说数列是发散的.

例如以上两个数列的极限可以分别记为 $\lim\limits_{n\to\infty} \dfrac{1}{n} = 0$ 和 $\lim\limits_{n\to\infty}\left(1+\dfrac{1}{2^n}\right) = 1$,或者说数列 $\left\{\dfrac{1}{n}\right\}$ 收敛于 0,数列 $\left\{1+\dfrac{1}{2^n}\right\}$ 收敛于 1.数列 $\{(-1)^n n\}$ 没有极限,就说数列 $\{(-1)^n n\}$ 是发散的.

2) 函数的极限

根据自变量的变化过程,函数的极限可以分为两种基本情况来讨论.

(1) 自变量趋于无穷时函数的极限.

案例 1-1-9【水温的变化趋势】 将一壶沸腾的开水放在一间室温恒为 25℃ 的房间里,水温 T 将逐渐降低,随着时间 t 的推移,水温会越来越接近室温 25℃.也就是说,当自变量逐渐增大时,相应的函数值接近某一常数.

函数的极限

定义 1-1-11 如果当 $x > 0$ 且无限增大时,函数 $f(x)$ 趋于一个常数 A,则称当 $x \to +\infty$ 时函数 $f(x)$ 以 A 为极限,记作

$$\lim_{x \to +\infty} f(x) = A \text{ 或 } f(x) \to A (x \to +\infty).$$

否则,称当 $x \to +\infty$ 时,函数的极限不存在.

定义 1-1-12 如果当 $x < 0$ 且 x 的绝对值无限增大时,函数 $f(x)$ 趋于一个常数 A,则称函数 $f(x)$ 当 $x \to -\infty$ 时以 A 为极限,记作

$$\lim_{x \to -\infty} f(x) = A \text{ 或 } f(x) \to A (x \to -\infty).$$

否则,称当 $x \to -\infty$ 时,函数的极限不存在.

定义 1-1-13 如果当 x 的绝对值无限增大时，函数 $f(x)$ 趋于一个常数 A，则称当 $x\to\infty$ 时函数 $f(x)$ 以 A 为极限，记作

$$\lim_{x\to\infty}f(x)=A \text{ 或 } f(x)\to A(x\to\infty).$$

否则，称当 $x\to\infty$ 时，函数的极限不存在.

定理 1-1-1 $\lim\limits_{x\to\infty}f(x)=A$ 的充要条件是 $\lim\limits_{x\to+\infty}f(x)=\lim\limits_{x\to-\infty}f(x)=A$.

例 1-1-6 讨论极限：$\lim\limits_{x\to+\infty}\arctan x,\ \lim\limits_{x\to-\infty}\arctan x,\ \lim\limits_{x\to\infty}\arctan x$.

解：由函数 $y=\arctan x$ 的图形（略）可看出，

$$\lim_{x\to+\infty}\arctan x=\frac{\pi}{2},\ \lim_{x\to-\infty}\arctan x=-\frac{\pi}{2}.$$

由定理 1-1-1 可知，$\lim\limits_{x\to\infty}\arctan x$ 不存在.

例 1-1-7 求极限 $\lim\limits_{x\to\infty}\left(1+\dfrac{1}{x^2}\right)$.

解：用 Mathematica 软件画出函数的图形，如图 1-1-8 所示.

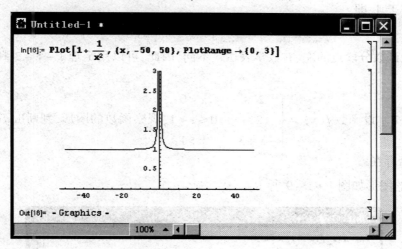

图 1-1-8

由函数的图形可知，当 $x\to+\infty$ 时，函数值趋于 1，当 $x\to-\infty$ 时，函数值同样趋于 1，所以有 $\lim\limits_{x\to\infty}\left(1+\dfrac{1}{x^2}\right)=1$.

（2）自变量趋于有限值时函数的极限.

考察 $f(x)=\dfrac{x^2-1}{x-1}$ 当 $x\to 1$ 时的变化情况.

从表 1-1-3 可以看出，当 x 越来越接近 1 时，对应的函数值 $y=f(x)$ 与 2 无限靠近.

表 1-1-3

x	0.8	0.9	0.99	0.999	⋯	1	⋯	1.001	1.01	1.1	1.2
$y=f(x)$	1.8	1.9	1.99	1.999	⋯	×	⋯	2.001	2.01	2.1	2.2

这时，就说当 $x\to 1$ 时 $f(x)=\dfrac{x^2-1}{x-1}$ 以 2 为极限.

下面给出函数在某一点 x_0 处极限的定义.

定义 1-1-14 设函数 $y=f(x)$ 在点 x_0 附近(点 x_0 本身可以除外)有定义,如果当 x 趋于 x_0(但 $x \neq x_0$)时,函数 $f(x)$ 趋于一个常数 A,则称当 x 趋于 x_0 时,$f(x)$ 以 A 为极限,记作 $\lim\limits_{x \to x_0} f(x) = A$ 或 $f(x) \to A (x \to x_0)$,亦称当 $x \to x_0$ 时,$f(x)$ 的极限存在. 否则称当 $x \to x_0$ 时,$f(x)$ 的极限不存在.

定义 1-1-15 设函数 $y=f(x)$ 在点 x_0 右侧附近(点 x_0 本身可以除外)有定义,如果当 x ($> x_0$) 趋于 x_0 时,函数 $f(x)$ 趋于一个常数 A,则称当 x 趋于 x_0 时,$f(x)$ 的右极限是 A,记作 $\lim\limits_{x \to x_0^+} f(x) = A$ 或 $f(x) \to A(x \to x_0^+)$.

定义 1-1-16 设函数 $y=f(x)$ 在点 x_0 左侧附近(点 x_0 本身可以除外)有定义,如果当 x ($< x_0$) 趋于 x_0 时,函数 $f(x)$ 趋于一个常数 A,则称当 x 趋于 x_0 时,$f(x)$ 的左极限是 A,记作 $\lim\limits_{x \to x_0^-} f(x) = A$ 或 $f(x) \to A(x \to x_0^-)$.

定理 1-1-2 当 $x \to x_0$ 时,$f(x)$ 以 A 为极限的充分必要条件是 $f(x)$ 在点 x_0 处左、右极限存在且都等于 A,即

$$\lim_{x \to x_0} f(x) = A \Leftrightarrow \lim_{x \to x_0^-} f(x) = \lim_{x \to x_0^+} f(x) = A.$$

由于分段函数分段点的左、右数学表达式不同,因此,可以用定理 1-1-2 判断这点是否存在极限.

例 1-1-8 设函数 $f(x) = \begin{cases} 2^x, & x < 0, \\ 2, & 0 \leq x < 1, \\ -x+3, & x > 1, \end{cases}$ 观察函数的图形,判断 $\lim\limits_{x \to 0} f(x)$,$\lim\limits_{x \to 1} f(x)$ 和 $\lim\limits_{x \to 2} f(x)$ 是否存在.

解: 函数的图形如图 1-1-9 所示.

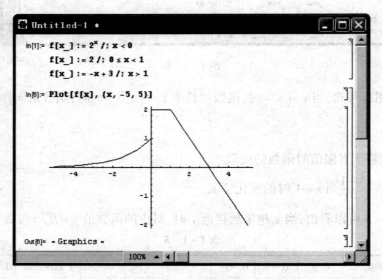

图 1-1-9

由于点 $x=0$ 是此分段函数的分段点,因此分别求 $f(x)$ 当 $x\to 0$ 时的左、右极限,由函数的图形易知:
$$\lim_{x\to 0^-}f(x)=\lim_{x\to 0^-}2^x=1,$$
$$\lim_{x\to 0^+}f(x)=\lim_{x\to 0^+}2=2.$$
左、右极限存在但不相等,根据定理 1-1-2,$\lim_{x\to 0}f(x)$ 不存在.

由于点 $x=1$ 是此分段函数的分段点,因此分别求 $f(x)$ 当 $x\to 1$ 时的左、右极限,由函数的图形易知:
$$\lim_{x\to 1^-}f(x)=\lim_{x\to 1^-}2=2,$$
$$\lim_{x\to 1^+}f(x)=\lim_{x\to 1^+}(-x+3)=2.$$
左、右极限存在且相等,根据定理 1-1-2,$\lim_{x\to 1}f(x)$ 存在,且 $\lim_{x\to 1}f(x)=2$.

点 $x=2$ 不是此分段函数的分段点,因此不用分别求 $f(x)$ 当 $x\to 2$ 时的左、右极限,由函数的图形易知:
$$\lim_{x\to 2}f(x)=\lim_{x\to 2}(-x+3)=1.$$

案例 1-1-10【电荷量】 一个电路中的电荷量 Q 由下式定义:
$$Q=\begin{cases} E, & t\le 0, \\ Ee^{-\frac{t}{RC}}, & t>0, \end{cases}$$
其中 R,C 为正的常数,求电荷 Q 在 $t\to 0$ 时的极限.

解:分别求 Q 当 $t\to 0$ 时的左、右极限:
$$\lim_{t\to 0^-}Q=\lim_{t\to 0^-}E=E,\lim_{t\to 0^+}Q=\lim_{t\to 0^+}Ee^{-\frac{t}{RC}}=E,$$
因为左、右极限各自存在且相等,所以 $\lim_{t\to 0}Q$ 存在,且 $\lim_{t\to 0}Q=E$.

2. 无穷小量与无穷大量

1)无穷小量

在讨论数列和函数的极限时,经常遇到以 0 为极限的变量.例如:数列 $\left\{\dfrac{1}{n}\right\}$ 当 $n\to\infty$ 时,其极限为 0;函数 $\dfrac{1}{x}$ 当 $x\to\infty$ 时,其极限为 0;函数 $\sin(x-1)$ 当 $x\to 1$ 时,其极限为 0,等等.这些在自变量的某一变化过程中以 0 为极限的变量称为无穷小量.

定义 1-1-17 若函数 $y=f(x)$ 在自变量 x 的某个变化过程中以 0 为极限,则称在该变化过程中,$f(x)$ 为无穷小量,简称为无穷小.

经常用希腊字母 α,β,γ 来表示无穷小量.

值得注意的是:

(1)$f(x)$ 是否为无穷小量依赖于自变量的变化过程,例如,$y=\sin x$ 当 $x\to 0$ 时为无穷小量,但是当 $x\to\dfrac{\pi}{2}$ 时,其极限为 1,此时,它不是无穷小量;

(2)无穷小量与一个很小的确定数(例如 $10^{-10,000}$)不能混为一谈,0 是可以作为无穷小的唯一常数;

(3) 无穷小量的定义对数列也适用.

案例 1-1-11【洗涤效果】 在用洗衣机清洗衣服时,清洗次数越多,衣服上残留的污渍就越少.当洗涤次数无限增大时,衣服上的污渍就趋于 0,即当洗涤次数无限增大时,衣服上的污渍是一个无穷小量.

2) 无穷小量的性质

性质 1-1-1 有限个无穷小量的代数和仍为无穷小量.

性质 1-1-2 有界函数乘无穷小量仍为无穷小量.

例 1-1-9 求 $\lim\limits_{x\to 0} x\sin\dfrac{1}{x}$.

解:因为 $\left|\sin\dfrac{1}{x}\right|\leqslant 1$,所以 $\sin\dfrac{1}{x}$ 是有界函数.又因为当 $x\to 0$ 时,x 是无穷小量,由性质 1-1-2 知,乘积 $x\sin\dfrac{1}{x}$ 是无穷小量,即 $\lim\limits_{x\to 0} x\sin\dfrac{1}{x}=0$.

性质 1-1-3 常数乘无穷小量仍为无穷小量.

性质 1-1-4 有限个无穷小量的积仍为无穷小量.

3) 无穷大量

定义 1-1-18 如果在自变量 x 的某个变化过程中,对应的函数值的绝对值 $|f(x)|$ 无限增大,就称函数 $f(x)$ 为在自变量 x 的这个变化过程中的无穷大量,简称无穷大,记为 $\lim f(x)=\infty$.

值得注意的是:

(1) 在自变量 x 的某个变化过程中为无穷大的函数 $f(x)$,按函数极限的定义来说,极限是不存在的.但为了便于叙述函数的这一性态,也说"函数的极限是无穷大",并记作 $\lim f(x)=\infty$;

(2) $f(x)$ 是否为无穷大量依赖于自变量的变化过程,例如,$y=\dfrac{1}{x}$ 当 $x\to 0$ 时为无穷大量,但是当 $x\to\infty$ 时,其极限为 0,此时,它是无穷小量;

(3) 无穷大量与一个很大的确定数(如 $10^{10\,000}$)不能混为一谈;

(4) 无穷大量的定义对数列也适用.

案例 1-1-12【本利核算】 某人本金为 p,银行存款的年利率为 r,按复利计算,第 1 年末的本利和为 $p(1+r)$,第 2 年末的本利和为 $p(1+r)^2$,…,第 n 年末的本利和为 $p(1+r)^n$.当存款时间无限长时,本利和就是一个无穷大量.

下面这个定理给出无穷大量和无穷小量的关系.

定理 1-1-3 在自变量的同一变化过程中:

(1) 若 $f(x)$ 是无穷大量,则 $\dfrac{1}{f(x)}$ 为无穷小量;

(2) 若 $f(x)$ 是无穷小量,且 $f(x)\neq 0$,则 $\dfrac{1}{f(x)}$ 为无穷大量.

3. 极限的运算

下面通过极限的四则运算法则和两个重要的极限,初步给出一些求极限的方法.

1) 极限的四则运算法则

定理1-1-4 若 $\lim u(x)=A, \lim v(x)=B$，则

(1) $\lim[u(x) \pm v(x)] = \lim u(x) \pm \lim v(x) = A \pm B.$

(2) $\lim[u(x) \cdot v(x)] = \lim u(x) \cdot \lim v(x) = A \cdot B.$

特别地，有
$$\lim[c \cdot u(x)] = c \cdot \lim u(x) = cA, c \text{ 为常数};$$
$$\lim[u(x)]^n = [\lim u(x)]^n = A^n, n \text{ 为正整数}.$$

(3) $\lim \dfrac{u(x)}{v(x)} = \dfrac{\lim u(x)}{\lim v(x)} = \dfrac{A}{B}(B \neq 0).$

注意：(1) 自变量的变化过程包括 $x \to \begin{cases} \infty \\ +\infty \\ -\infty \end{cases}$ 和 $x \to \begin{cases} x_0 \\ x_0^+ \\ x_0^- \end{cases}$ 六种极限形式；

(2) 定理1-1-4中参与运算的所有函数的极限一定要存在；

(3) 运算法则(1)和运算法则(2)可推广到有限多个函数的代数和及乘法的情况.

例1-1-10 求 $\lim\limits_{x \to 1}(2x^2 - 3x + 4)$.

解：$\lim\limits_{x \to 1}(2x^2 - 3x + 4) = \lim\limits_{x \to 1}(2x^2) - \lim\limits_{x \to 1}(3x) + \lim\limits_{x \to 1}4 = 2\lim\limits_{x \to 1}(x^2) - 3\lim\limits_{x \to 1}x + 4$
$= 2(\lim\limits_{x \to 1}x)^2 - 3\lim\limits_{x \to 1}x + 4 = 2 \times 1^2 - 3 \times 1 + 4 = 3.$

观察发现，多项式 $f(x) = 2x^2 - 3x + 4$ 在点 $x \to 1$ 的极限恰好等于它在点 $x = 1$ 处的函数值，这不是巧合，而是必然结果.

例1-1-11 证明：多项式 $P(x) = a_0 x^n + a_1 x^{n-1} + \cdots + a_{n-1} x + a_n$ 当 $x \to x_0$ 时的极限值就是其在点 x_0 处的函数值，即 $\lim\limits_{x \to x_0} P(x) = P(x_0)$.

证明：$\lim\limits_{x \to x_0} P(x) = \lim\limits_{x \to x_0}(a_0 x^n + a_1 x^{n-1} + \cdots + a_{n-1} x + a_n)$
$= a_0 \lim\limits_{x \to x_0} x^n + a_1 \lim\limits_{x \to x_0} x^{n-1} + \cdots + a_{n-1} \lim\limits_{x \to x_0} x + \lim\limits_{x \to x_0} a_n$
$= a_0 \left(\lim\limits_{x \to x_0} x\right)^n + a_1 \left(\lim\limits_{x \to x_0} x\right)^{n-1} + \cdots + a_{n-1} \lim\limits_{x \to x_0} x + \lim\limits_{x \to x_0} a_n$
$= a_0 x_0^n + a_1 x_0^{n-1} + \cdots + a_{n-1} x_0 + a_n = P(x_0).$

证毕.

例1-1-12 求 $\lim\limits_{x \to -1} \dfrac{5x^2 - 4x + 1}{x - 1}$.

解：先求分母的极限.

因为 $\lim\limits_{x \to -1}(x-1) = -1 - 1 = -2 \neq 0$，所以
$$\lim\limits_{x \to -1} \dfrac{5x^2 - 4x + 1}{x - 1} = \dfrac{\lim\limits_{x \to -1}(5x^2 - 4x + 1)}{\lim\limits_{x \to -1}(x - 1)}$$
$$= \dfrac{5 \times (-1)^2 - 4 \times (-1) + 1}{-1 - 1} = -5.$$

一般地，当 $\lim\limits_{x \to x_0} Q(x) = Q(x_0) \neq 0$ 时，有 $\lim\limits_{x \to x_0} \dfrac{P(x)}{Q(x)} = \dfrac{P(x_0)}{Q(x_0)}$. 但是当 $\lim\limits_{x \to x_0} Q(x) = Q(x_0) = 0$ 时，商式的极限运算法则就不能使用，需要用其他方法求解.

例 1-1-13 求下列极限：

(1) $\lim\limits_{x \to 1} \dfrac{4x-3}{x^2-3x+2}$； (2) $\lim\limits_{x \to 4} \dfrac{(x-4)^2}{x^2-16}$； (3) $\lim\limits_{x \to 0} \dfrac{\sqrt{x+1}-1}{x}$.

解：(1) 因为 $\lim\limits_{x \to 1}(x^2-3x+2) = 1^2 - 3 \times 1 + 2 = 0$，先考虑原来函数倒数的极限：

$$\lim_{x \to 1} \frac{x^2-3x+2}{4x-3} = \frac{\lim\limits_{x \to 1}(x^2-3x+2)}{\lim\limits_{x \to 1}(4x-3)} = \frac{0}{4-3} = 0,$$

即 $\dfrac{x^2-3x+2}{4x-3}$ 是 $x \to 1$ 时的无穷小. 由无穷小量与无穷大量的倒数关系, 得到

$$\lim_{x \to 1} \frac{4x-3}{x^2-3x+2} = \infty.$$

(2) 因为 $\lim\limits_{x \to 4}(x^2-16) = 4^2 - 16 = 0$，$\lim\limits_{x \to 4}(x-4)^2 = 0$，所以分子、分母不能分别取极限，但是分子、分母有公因式 $x-4$，且当 $x \to 4$ 时，$x \neq 4$，$x-4 \neq 0$，可消去这个不为 0 的公因子，再求极限.

$$\lim_{x \to 4} \frac{(x-4)^2}{x^2-16} = \lim_{x \to 4} \frac{(x-4)^2}{(x+4)(x-4)} = \lim_{x \to 4} \frac{x-4}{x+4} = 0.$$

(3) 当 $x \to 0$ 时，分子、分母的极限均为 0，所以分子、分母不能分别取极限. 但是对分子有理化后，可以发现分子、分母有公因子 x，消去这个不为 0 的公因子，便可求极限.

$$\lim_{x \to 0} \frac{\sqrt{x+1}-1}{x} = \lim_{x \to 0} \frac{x}{x(\sqrt{x+1}+1)} = \lim_{x \to 0} \frac{1}{(\sqrt{x+1}+1)} = \frac{1}{2}.$$

例 1-1-14 求 $\lim\limits_{x \to 2}\left(\dfrac{1}{x-2} - \dfrac{12}{x^3-8}\right)$.

解： 因为 $x \to 2$ 时，$\dfrac{1}{x-2}$ 和 $\dfrac{1}{x^3-8}$ 的极限都不存在，所以不能分别取极限.

因此，先通分，再求极限.

$$\lim_{x \to 2}\left(\frac{1}{x-2} - \frac{12}{x^3-8}\right) = \lim_{x \to 2} \frac{x^2+2x-8}{x^3-8}$$

$$= \lim_{x \to 2} \frac{(x-2)(x+4)}{(x-2)(x^2+2x+4)} = \lim_{x \to 2} \frac{x+4}{x^2+2x+4} = \frac{1}{2}.$$

例 1-1-15 求下列极限：

(1) $\lim\limits_{x \to \infty} \dfrac{2-x^2-7x^3}{1+x-6x^3}$； (2) $\lim\limits_{x \to \infty} \dfrac{3x^2-2x+1}{x^3+2}$； (3) $\lim\limits_{x \to \infty} \dfrac{x^3-2x+5}{8x^2+2}$.

解：(1) $\lim\limits_{x \to \infty} \dfrac{2-x^2-7x^3}{1+x-6x^3} = \lim\limits_{x \to \infty} \dfrac{\dfrac{2}{x^3}-\dfrac{1}{x}-7}{\dfrac{1}{x^3}+\dfrac{1}{x^2}-6} = \dfrac{\lim\limits_{x \to \infty}\left(\dfrac{2}{x^3}-\dfrac{1}{x}-7\right)}{\lim\limits_{x \to \infty}\left(\dfrac{1}{x^3}+\dfrac{1}{x^2}-6\right)} = \dfrac{7}{6}$.

(2) $\lim\limits_{x \to \infty} \dfrac{3x^2-2x+1}{x^3+2} = \lim\limits_{x \to \infty} \dfrac{\dfrac{3}{x}-\dfrac{2}{x^2}+\dfrac{1}{x^3}}{1+\dfrac{2}{x^3}} = \dfrac{0}{1} = 0$.

(3) 因为 $\lim\limits_{x\to\infty}\dfrac{8x^2+2}{x^3-2x+5}=\lim\limits_{x\to\infty}\dfrac{\dfrac{8}{x}+\dfrac{2}{x^3}}{1-\dfrac{2}{x^2}+\dfrac{5}{x^3}}=0$，所以 $\lim\limits_{x\to\infty}\dfrac{x^3-2x+5}{8x^2+2}=\infty$.

观察例 1-1-15，发现有下列规律：

一般地，当 $x\to\infty$ 时，有理分式 $\dfrac{a_0x^n+a_1x^{n-1}+\cdots+a_n}{b_0x^m+b_1x^{m-1}+\cdots+b_m}(a_0\ne0,b_0\ne0)$ 的极限有以下结果：

$$\lim_{x\to\infty}\frac{a_0x^n+a_1x^{n-1}+\cdots+a_n}{b_0x^m+b_1x^{m-1}+\cdots+b_m}=\begin{cases}0,&n<m,\\ \dfrac{a_0}{b_0},&n=m,\\ \infty,&n>m.\end{cases}$$

例 1-1-16 求下列极限：

(1) $\lim\limits_{x\to\infty}\dfrac{x^2+6x-3}{3x^3+7}$；　　(2) $\lim\limits_{x\to\infty}\dfrac{x^5-3x^3-7}{9x^3+3}$；　　(3) $\lim\limits_{x\to\infty}\dfrac{(x^2-17)(x+1)}{2-6x^3}$.

解：(1) 因为 $m>n$，所以 $\lim\limits_{x\to\infty}\dfrac{x^2+6x-3}{3x^3+7}=0$.

(2) 因为 $n>m$，所以 $\lim\limits_{x\to\infty}\dfrac{x^5-3x^3-7}{9x^3+3}=\infty$.

(3) 因为 $n=m$，所以极限值应为分子、分母最高次项系数之比，即

$$\lim_{x\to\infty}\dfrac{(x^2-17)(x+1)}{2-6x^3}=-\dfrac{1}{6}.$$

案例 1-1-13【市场动态平衡价格】 设某商品的市场价格 $p=p(t)$ 随时间 t 变动，其需求函数为 $Q_d=b-ap(a,b>0)$，供给函数为 $Q_s=-d+cp(c,d>0)$，又设价格 p 随时间 t 的变化率与超额需求 (Q_d-Q_s) 成正比，则价格与时间的函数关系为 $p(t)=\dfrac{b+d}{a+c}+A\mathrm{e}^{-k(a+c)t}$，试对该商品的长期价格作出预测.

解：该商品的长期价格为当 $t\to+\infty$ 时的价格. 因为

$$\lim_{t\to+\infty}p(t)=\lim_{t\to+\infty}\left[\dfrac{b+d}{a+c}+A\mathrm{e}^{-k(a+c)t}\right]=\dfrac{b+d}{a+c},$$

并称 $\dfrac{b+d}{a+c}$ 为均衡价格，即当 $t\to+\infty$ 时，价格逐步趋向均衡价格.

案例 1-1-14【电动机的温度】 一电动机运转后，每秒钟温度升高 1℃，设室内温度恒为 15℃，电动机温度的冷却速率和电动机与室内温差成正比，则电动机的温度与时间的函数关系为 $T(t)=15+\dfrac{1}{K}(1-\mathrm{e}^{-Kt})$，试问电动机长时间运转后，温度能否稳定于某一值？

解：电动机长时间运转即 $t\to+\infty$，电动机温度能稳定，因为

$$\lim_{t\to+\infty}T(t)=\lim_{t\to+\infty}\left[15+\dfrac{1}{K}(1-\mathrm{e}^{-Kt})\right]=15+\dfrac{1}{K}.$$

由上式可见，温度将稳定于 $T=15+\dfrac{1}{K}$.

案例 1-1-15【电路问题】 在图 1-1-10 所示的电路中：

(1) 开关 S 先拨向 A，电容 C 开始充电，这时电容器两端电压 $U(t)$ 与时间 t 的关系为

$$U_C = 20(1 - e^{-\frac{5}{12}t}),$$

求 $t \to +\infty$ 时的电压 $U(t)$ 的变化趋势.

(2) 电容 C 充电结束，再将开关拨向 B，电容 C 开始放电，电容器两端电压 $U(t)$ 与时间 t 的关系为

$$U_C = -5e^{-\frac{5}{2}t} + 25e^{-\frac{1}{2}t},$$

求 $t \to +\infty$ 时的电压 $U(t)$ 的变化趋势.

图 1-1-10

解：(1) 随着时间 t 的增大，即 $t \to +\infty$，有

$$\lim_{t \to \infty} U(t) = \lim_{t \to \infty} 20(1 - e^{-\frac{5t}{12}}) = 20.$$

上式表明，随着时间 t 的增大，$U(t)$ 将逐渐趋近电源电压 E，即充电较长时间后，达到稳定状态时，$U(t) = E$.

(2) 随着时间 t 的增大，即 $t \to +\infty$，有

$$\lim_{t \to 0} U(t) = \lim_{t \to 0} (-5e^{-\frac{5}{2}t} + 25e^{-\frac{1}{2}t}) = 0.$$

上式表明，随着时间 t 的增大，即放电较长时间后，电容 C 上的电压 $U(t)$ 将逐渐趋近 0.

2) 两个重要极限

(1) $\lim\limits_{x \to 0} \dfrac{\sin x}{x} = 1$.

具体证明从略，用 Mathematica 软件画出函数在区间 $[-10, 10]$ 内的图形，如图 1-1-11 所示，观察图形易得此极限.

第一个重要极限

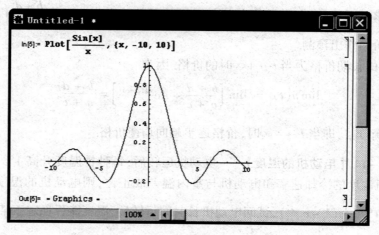

图 1-1-11

例 1-1-17 求 $\lim\limits_{x \to 0} \dfrac{\tan x}{x}$.

解：$\lim\limits_{x \to 0} \dfrac{\tan x}{x} = \lim\limits_{x \to 0} \dfrac{\sin x}{x} \cdot \dfrac{1}{\cos x} = \lim\limits_{x \to 0} \dfrac{\sin x}{x} \cdot \lim\limits_{x \to 0} \dfrac{1}{\cos x} = 1$.

事实上,在极限 $\lim \dfrac{\sin f(x)}{f(x)}$ 中,只要 $f(x)$ 是无穷小,即 $f(x)\to 0$,就有

$$\lim_{f(x)\to 0}\dfrac{\sin f(x)}{f(x)}=1.$$

例 1-1-18 求 $\lim\limits_{x\to 0}\dfrac{\sin kx}{x}(k\neq 0)$.

解:$\lim\limits_{x\to 0}\dfrac{\sin kx}{x}=\lim\limits_{x\to 0}\dfrac{k\sin kx}{kx}=k\cdot\lim\limits_{x\to 0}\dfrac{\sin kx}{kx}=k\cdot 1=k.$

例 1-1-19 求 $\lim\limits_{x\to 0}\dfrac{\sin ax}{\sin bx}(a\neq 0,b\neq 0)$.

解:$\lim\limits_{x\to 0}\dfrac{\sin ax}{\sin bx}=\lim\limits_{x\to 0}\dfrac{\frac{\sin ax}{x}}{\frac{\sin bx}{x}}=\dfrac{\lim\limits_{x\to 0}\frac{\sin ax}{x}}{\lim\limits_{x\to 0}\frac{\sin bx}{x}}=\dfrac{a}{b}.$

在以后的学习中,上述 3 个例子的结果可以作为公式使用,在后两个例子中,用正切函数任意替换正弦函数,结果仍成立.

例 1-1-20 求下列函数的极限:

(1) $\lim\limits_{x\to 0}\left(\dfrac{\tan 3x-\sin 7x}{\tan 2x}\right)$; (2) $\lim\limits_{x\to 0}\dfrac{1-\cos x}{x^2}$; (3) $\lim\limits_{x\to\infty}x\sin\dfrac{3}{x}$.

解:① $\lim\limits_{x\to 0}\left(\dfrac{\tan 3x-\sin 7x}{\tan 2x}\right)=\lim\limits_{x\to 0}\left(\dfrac{\tan 3x}{\tan 2x}-\dfrac{\sin 7x}{\tan 2x}\right)$

$=\lim\limits_{x\to 0}\dfrac{\tan 3x}{\tan 2x}-\lim\limits_{x\to 0}\dfrac{\sin 7x}{\tan 2x}=\dfrac{3}{2}-\dfrac{7}{2}=-2.$

② $\lim\limits_{x\to 0}\dfrac{1-\cos x}{x^2}=\lim\limits_{x\to 0}\dfrac{2\sin^2\frac{x}{2}}{x^2}=2\lim\limits_{x\to 0}\left[\dfrac{\sin\frac{x}{2}}{x}\right]^2=2\left[\lim\limits_{x\to 0}\dfrac{\sin\frac{x}{2}}{x}\right]^2=2\cdot\left(\dfrac{1}{2}\right)^2=\dfrac{1}{2}.$

③ $\lim\limits_{x\to\infty}x\sin\dfrac{3}{x}=\lim\limits_{\frac{1}{x}\to 0}\dfrac{\sin\frac{3}{x}}{\frac{1}{x}}=3.$

(2) $\lim\limits_{x\to\infty}\left(1+\dfrac{1}{x}\right)^x=\text{e}.$

从表 1-1-4 考察当 $x\to +\infty$ 及 $x\to -\infty$ 时,函数 $\left(1+\dfrac{1}{x}\right)^x$ 的变化趋势.

表 1-1-4

x	10	100	1 000	10 000	100 000	1 000 000	...
$\left(1+\dfrac{1}{x}\right)^x$	2.593 74	2.704 81	2.716 92	2.718 15	2.718 27	2.718 28	...
x	-10	-100	-1 000	-10 000	-100 000	-1 000 000	
$\left(1+\dfrac{1}{x}\right)^x$	2.867 97	2.732 00	2.719 64	2.718 42	2.718 30	2.718 28	

从表 1-1-3 可以看出,当 x 无限增大时函数 $\left(1+\dfrac{1}{x}\right)^x$ 变化的大致趋势. 可以证明当 $x\to\infty$ 时,$\left(1+\dfrac{1}{x}\right)^x$ 的极限确实存在,它的值为 $e = 2.718\,281\,828\,459\,045\cdots$,即

$$\lim_{x\to\infty}\left(1+\dfrac{1}{x}\right)^x = e.$$

与无理数 π 一样,e 也是一个无理数,它们是数学中最重要的两个常数.1747 年,欧拉(L. Euler,瑞士人,1707—1783,18 世纪最伟大的数学家之一)首先用字母 e 表示了这个无理数.指数函数 $y = e^x$ 以及对数函数 $y = \ln x$ 中的底 e 就是这个常数.

注意:(1) 该极限对数列也成立,即 $\lim\limits_{n\to\infty}\left(1+\dfrac{1}{n}\right)^n = e$;

(2) 该公式还可以写成 $\lim\limits_{x\to 0}(1+x)^{\frac{1}{x}} = e$;

(3) $\lim\limits_{f(x)\to\infty}\left[1+\dfrac{1}{f(x)}\right]^{f(x)} = e$ 和 $\lim\limits_{f(x)\to 0}[1+f(x)]^{\frac{1}{f(x)}} = e$ 仍成立.

例 1-1-21 求 $\lim\limits_{x\to\infty}\left(1+\dfrac{4}{x}\right)^x$.

解:$\lim\limits_{x\to\infty}\left(1+\dfrac{4}{x}\right)^x = \lim\limits_{x\to\infty}\left(1+\dfrac{1}{\frac{x}{4}}\right)^x = \lim\limits_{x\to\infty}\left(1+\dfrac{1}{\frac{x}{4}}\right)^{\frac{x}{4}\times 4}$

$= \lim\limits_{x\to\infty}\left[\left(1+\dfrac{1}{\frac{x}{4}}\right)^{\frac{x}{4}}\right]^4 = \left[\lim\limits_{\frac{x}{4}\to\infty}\left(1+\dfrac{1}{\frac{x}{4}}\right)^{\frac{x}{4}}\right]^4 = e^4.$

例 1-1-22 求 $\lim\limits_{x\to 0}(1+\tan x)^{\cot x}$.

解:$\lim\limits_{x\to 0}(1+\tan x)^{\cot x} = \lim\limits_{x\to 0}(1+\tan x)^{\frac{1}{\tan x}} = e.$

一般地,有下面的结论:

$$\lim_{x\to\infty}\left(1+\dfrac{a}{x}\right)^{bx+c} = e^{ab} \text{ 和 } \lim_{x\to 0}(1+ax)^{\frac{b}{x}+c} = e^{ab}.$$

此结论可以作为公式使用.

例 1-1-23 求下列函数的极限:

(1) $\lim\limits_{x\to\infty}\left(1+\dfrac{1}{5x}\right)^{4x+3}$; (2) $\lim\limits_{x\to 0}(1-x)^{\frac{2}{x}+5}$; (3) $\lim\limits_{x\to\infty}\left(\dfrac{2x-1}{2x+3}\right)^{3x+1}$.

解:(1) 因为 $a = \dfrac{1}{5}, b = 4$,所以 $\lim\limits_{x\to\infty}\left(1+\dfrac{1}{5x}\right)^{4x+3} = e^{\frac{1}{5}\times 4} = e^{\frac{4}{5}}$.

(2) 因为 $a = -1, b = 2$,所以 $\lim\limits_{x\to 0}(1-x)^{\frac{2}{x}+5} = e^{(-1)\times 2} = e^{-2}$.

(3) $\lim\limits_{x\to\infty}\left(\dfrac{2x-1}{2x+3}\right)^{3x+1} = \lim\limits_{x\to\infty}\left(\dfrac{\frac{2x-1}{2x}}{\frac{2x+3}{2x}}\right)^{3x+1} = \dfrac{\lim\limits_{x\to\infty}\left(1-\dfrac{1}{2x}\right)^{3x+1}}{\lim\limits_{x\to\infty}\left(1+\dfrac{3}{2x}\right)^{3x+1}} = \dfrac{e^{(-\frac{1}{2})\times 3}}{e^{\frac{3}{2}\times 3}} = e^{-6}.$

案例 1-1-16【**复利与连续复利**】 所谓复利计息,就是将第 1 期的利息与本金之和作为第 2 期的本金,然后反复计息. 设本金为 p,年利率为 r,1 年后的本利和为 s_1,则

$$s_1 = p + pr = p(1+r),$$

第2年末的本利和为 $s_2 = s_1 + s_1 r = s_1(1+r) = p(1+r)^2$,如此反复,第 n 年末的本利和为 $s_n = p(1+r)^n$. 这就是以年为期的复利公式.

若把1年均分为 t 期计息,这时每期利率可以认为是 $\frac{r}{t}$,则1年后的本利和为 $s_1 = p\left(1+\frac{r}{t}\right)^t$,于是推得第 n 年末的本利和为

$$s_n = p\left(1+\frac{r}{t}\right)^{nt}.$$

假设计息期无限缩短,即期数 $t \to \infty$,于是得到连续复利的计算公式为

$$s_n = \lim_{t \to \infty} p\left(1+\frac{r}{t}\right)^{nt} = pe^{rn}.$$

例如某人在银行存入1 000元,复利率为每年10%,分别以按年结算和连续复利结算两种方式计算10年后他在银行的存款额.

按年结算,在第10年末的本利和为

$$s_{10} = 1\,000(1+10\%)^{10} \approx 2\,593.74(元).$$

按连续复利结算,在第10年末的本利和为

$$s_{10} = pe^{rn} = 1\,000e^{0.1 \times 10} = 1\,000e \approx 2\,718.28(元).$$

1.1.3 连续及其应用

连续性是函数的重要性态之一. 它不仅是函数研究的重要内容,也为计算极限开辟了新途径. 本节运用极限的概念对它加以描述和研究,并在此基础上解决更多的极限计算问题.

函数的连续性

1. 函数连续性的定义

自然界的许多现象,如气温的变化、植物的生长等,都是连续变化的. 这种现象反映到数学中,就是函数的连续性.

在给出函数连续性的定义以前,先介绍改变量的概念.

定义1-1-19 对函数 $y = f(x)$,当 x 从初值 x_0 变到终值 x_1,则把差 $x_1 - x_0$ 称为变量 x 的改变量,记为 Δx,即 $\Delta x = x_1 - x_0$. 这时对应的函数值也从 y_0 变到 y_1,把差 $y_1 - y_0$ 称为函数 $y = f(x)$ 的改变量,用记号 Δy 表示,即 $\Delta y = y_1 - y_0$ 或 $\Delta y = f(x_0 + \Delta x) - f(x_0)$. 改变量可以是正的,也可以是负的,如图1-1-12、图1-1-13所示.

注意:记号 $\Delta x, \Delta y$ 并不表示某个量 Δ 与变量 x, y 的乘积,而是一个不可分割的整体记号.

"连续"或"间断"(不连续)就字面意思来讲是不难理解的. 如图1-1-12中的函数 $y = f(x)$,从图上看就是连续的;而图1-1-13中的函数 $y = f(x)$ 在点 x_0 处断开了,因此是不连续的.

对比上述两个图形可以发现:在图1-1-12中,当自变量 x 的改变量 Δx 趋向于0时,函数的改变量 Δy 也趋向于0;而在图1-1-13中,当 $\Delta x > 0$ 时,函数值在 x_0 处有个突变,显然,当 Δx 趋向于0时,Δy 不会趋向于0.

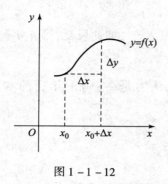
图 1-1-12

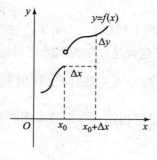
图 1-1-13

因此,对连续的概念可以这样描述:如果当 $\Delta x \to 0$ 时,函数 y 相应的改变量 Δy 也趋于 0,则称函数 $y = f(x)$ 在点 x_0 处连续. 于是,有以下定义:

定义 1-1-20 设函数 $y = f(x)$ 在点 x_0 附近有定义,如果当自变量 x 的改变量 $\Delta x = x - x_0$ 趋于 0 时,函数 y 相应的改变量 $\Delta y = f(x_0 + \Delta x) - f(x_0)$ 也趋于 0,即

$$\lim_{\Delta x \to 0} \Delta y = \lim_{\Delta x \to 0} f(x_0 + \Delta x) - f(x_0) = 0,$$

则称**函数 $y = f(x)$ 在点 x_0 处连续**.

不难发现,如果函数 $y = f(x)$ 在点 x_0 处连续,它的图形在点 $(x_0, f(x_0))$ 处是连续不断的.

在定义 1-1-20 中,设 $x = x_0 + \Delta x$,则当 $\Delta x \to 0$ 时,$x \to x_0$. 又由于

$$\Delta y = f(x_0 + \Delta x) - f(x_0) = f(x) - f(x_0),$$

即

$$f(x) = f(x_0) + \Delta y,$$

可见 $\Delta y \to 0$ 就是 $f(x) \to f(x_0)$,因此,定义 1-1-20 又可以叙述如下:

定义 1-1-21 设函数 $y = f(x)$ 在点 x_0 附近有定义,如果当 $x \to x_0$ 时,函数 $f(x)$ 的极限存在且等于 $f(x)$ 在点 x_0 处的函数值 $f(x_0)$,即

$$\lim_{x \to x_0} f(x) = f(x_0),$$

则称函数 $f(x)$ 在点 x_0 处连续.

总的来说,函数在点 x_0 处连续的要求是:(1) $f(x)$ 在点 x_0 处有定义;(2) $f(x)$ 在点 x_0 处的极限 $\lim_{x \to x_0} f(x)$ 存在;(3) $\lim_{x \to x_0} f(x) = f(x_0)$.

例 1-1-24 用定义 1-1-21 证明函数 $y = \cos x$ 在点 $x = \dfrac{\pi}{2}$ 处连续.

证明: 观察函数图形,易知 $\lim\limits_{x \to \frac{\pi}{2}} \cos x = 0$,而 $\cos \dfrac{\pi}{2} = 0$,因此,由定义 1-1-21 可知函数 $y = \cos x$ 在点 $x = \dfrac{\pi}{2}$ 处连续,不难发现,函数 $y = \cos x$ 的图形在点 $\left(\dfrac{\pi}{2}, 0\right)$ 处是连续不断的.

下面给出左、右连续的概念,并由此给出函数在区间上连续的定义.

定义 1-1-22 设函数 $y = f(x)$ 在点 x_0 的左侧附近有定义,若 $\lim\limits_{x \to x_0^-} f(x) = f(x_0)$,则称 $y = f(x)$ 在点 x_0 处**左连续**;设函数 $y = f(x)$ 在点 x_0 的右侧附近有定义,若 $\lim\limits_{x \to x_0^+} f(x) = f(x_0)$,则称 $y = f(x)$ 在点 x_0 处**右连续**.

定义 1-1-23 若函数 $y = f(x)$ 在区间 (a, b) 内每一点都连续,则称函数 $y = f(x)$ 在区间

(a,b)内连续. 若函数$y=f(x)$在区间(a,b)内连续,且它在左端点a处右连续,在右端点b处左连续,则称函数$y=f(x)$在闭区间$[a,b]$上连续.

不难发现,如果函数$y=f(x)$在闭区间$[a,b]$上连续,它的图形在闭区间$[a,b]$上是连续不断的,从而易得:**基本初等函数在其定义域内都连续**.

2. 初等函数的连续性

由函数在某点连续的定义和极限的运算法则,可得以下定理:

定理1-1-5 若函数$f(x)$与$g(x)$在点x_0处连续,则它们的和$f(x)+g(x)$、差$f(x)-g(x)$、积$f(x)\cdot g(x)$、商$\dfrac{f(x)}{g(x)}(g(x_0)\neq 0)$在点$x_0$处连续.

定理1-1-6 设函数$u=\varphi(x)$在点x_0处连续,$y=f(u)$在点u_0处连续,且$u_0=\varphi(x_0)$,则复合函数$y=f[\varphi(x)]$在点x_0处连续.

由定理1-1-5和定理1-1-6易得:**初等函数在其定义区间内都是连续的**. 因此,求初等函数在其定义区间内某点的极限,只需求初等函数在该点的函数值即可.

例1-1-25 求下列极限:

(1) $\lim\limits_{x\to 3}\sqrt{16-x^2}$;

(2) $\lim\limits_{x\to 4}\dfrac{e^x+\cos(4-x)}{\sqrt{x}-3}$.

解:(1)因为$\sqrt{16-x^2}$是初等函数,其定义区间为$[-4,4]$,而$3\in[-4,4]$,所以它在点$x=3$处连续,即

$$\lim_{x\to 3}\sqrt{16-x^2}=\sqrt{16-3^2}=\sqrt{7}.$$

(2)因为$\dfrac{e^x+\cos(4-x)}{\sqrt{x}-3}$是初等函数,定义区间为$[0,9)$和$(9,+\infty)$,而$4\in[0,9)$,所以它在点$x=4$处连续,即

$$\lim_{x\to 4}\dfrac{e^4+\cos(4-x)}{\sqrt{x}-3}=\dfrac{e^4+\cos 0}{2-3}=-(e^4+1).$$

3. 函数的间断点

定义1-1-24 根据函数连续的定义可知,若函数$y=f(x)$有下列三种情形之一:

(1) $f(x)$在点x_0处没有定义;

(2) $f(x)$在点x_0处有定义,但极限$\lim\limits_{x\to x_0}f(x)$不存在;

(3) $\lim\limits_{x\to x_0}f(x)$虽然存在,但$\lim\limits_{x\to x_0}f(x)\neq f(x_0)$,

则$f(x)$在点x_0处不连续,称点x_0为$f(x)$的间断点.

例1-1-26 求下列函数的间断点:

(1) $f(x)=\dfrac{1}{x}$;

(2) $f(x)=\sin\dfrac{1}{x}$;

(3) $f(x)=\begin{cases}x-1,&x<0,\\0,&x=0,\\x+1,&x>0;\end{cases}$

(4) $y=f(x)=\begin{cases}\dfrac{x^2-4}{x+2},&x\neq -2,\\4,&x=-2.\end{cases}$

解:(1)因为$f(x)=\dfrac{1}{x}$在点$x=0$处没有定义,所以点$x=0$是$f(x)=\dfrac{1}{x}$的间断点.

(2)函数$f(x)=\sin\dfrac{1}{x}$在点$x=0$处没有定义,所以点$x=0$是$f(x)=\sin\dfrac{1}{x}$的间断点.

(3)因为初等函数在其定义区间内都是连续的,所以当$x<0$时,函数$f(x)=x-1$是连续的;当$x>0$时,函数$f(x)=x+1$是连续的.

虽然$f(x)$在$x=0$处有定义$f(0)=0$,但
$$\lim_{x\to 0^-}f(x)=\lim_{x\to 0^-}(x-1)=-1,\lim_{x\to 0^+}f(x)=\lim_{x\to 0^+}(x+1)=1,$$
即$f(x)$在点$x=0$处的左、右极限不相等,所以$f(x)$在点$x=0$处极限不存在.因此点$x=0$是$f(x)$的间断点,如图1-1-14所示.

(4)因为初等函数在其定义区间内都是连续的,所以当$x\neq -2$时,函数$f(x)=\dfrac{x^2-4}{x+2}$是连续的.

虽然$f(x)$在点$x=-2$处有定义$f(-2)=4$并且$\lim\limits_{x\to -2}f(x)=\lim\limits_{x\to -2}\left(\dfrac{x^2-4}{x+2}\right)=-4$,但是$\lim\limits_{x\to -2}f(x)\neq f(-2)$,所以,点$x=-2$是$f(x)$的间断点,如图1-1-15所示.

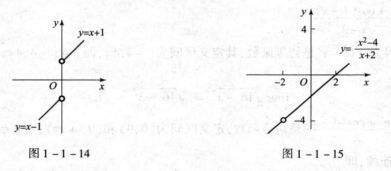

图1-1-14 图1-1-15

案例1-1-17【冰的融化】 设1 g冰从$-40℃$升到$100℃$所需要的热量(单位:J)为
$$Q=f(t)=\begin{cases}2.1t+84, & -40\leq t\leq 0,\\ 4.2t+420, & 0<t\leq 100,\end{cases}$$
函数$f(t)$在$t=0$处是不连续的.事实上,
$$\lim_{t\to 0^+}f(t)=\lim_{t\to 0^+}(4.2t+420)=420,\lim_{t\to 0^-}f(t)=\lim_{t\to 0^-}(2.1t+84)=84,$$
所以$\lim\limits_{t\to 0}f(t)$不存在,因此函数$Q=f(t)$不满足连续函数的条件.这说明冰化成水时需要的热量会突然增加.

4. 闭区间上连续函数的性质

闭区间上的连续函数具有一些重要性质.现在,将这些性质列在下面.从几何上看,这些性质都是十分明显的,但是要严格证明它们,还需要其他知识,这里不加以证明.

性质1-1-5(最值定理) 闭区间$[a,b]$上的连续函数$f(x)$在$[a,b]$上必有最大值和最小值,即在$[a,b]$内,至少有两个点x_1和x_2,使得对$[a,b]$内的一切x,有
$$f(x_1)\leq f(x)\leq f(x_2).$$

这里 $f(x_1)$ 和 $f(x_2)$ 分别是 $f(x)$ 在 $[a,b]$ 上的最小值 $m=f(x_1)$ 和最大值 $M=f(x_2)$，如图 1-1-16 所示.

性质 1-1-6（零点定理） 若 $f(x)$ 在 $[a,b]$ 上连续，且 $f(a)$ 和 $f(b)$ 异号，则至少存在一点 $\xi\in(a,b)$，使得 $f(\xi)=0$，如图 1-1-17 所示.

性质 1-1-7（介值定理） 闭区间 $[a,b]$ 上的连续函数 $f(x)$ 可以取其最小值和最大值之间的一切值，即设 $f(x)$ 在 $[a,b]$ 上的最小值为 m，最大值为 M，那么，对于任何 $c(m<c<M)$，至少存在一点 $\xi\in(a,b)$，使得 $f(\xi)=c$，如图 1-1-18 所示.

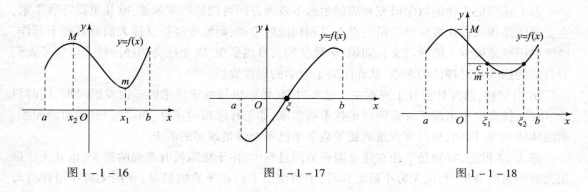

图 1-1-16　　　　　　图 1-1-17　　　　　　图 1-1-18

例 1-1-27 证明：方程 $x^6+1=10x$ 在 $(0,1)$ 内至少有一个根.

证明： 令 $f(x)=x^6-10x+1$，则 $f(x)$ 在 $(-\infty,+\infty)$ 内连续，因此，$f(x)$ 在 $[0,1]$ 上连续，又因为 $f(0)=1$，$f(1)=-8$，由性质 1-1-7 可知，至少存在一点 $\xi\in(0,1)$，使得 $f(\xi)=0$，即方程 $x^6+1=10x$ 在 $(0,1)$ 内至少有一个根 ξ. 证毕.

【阅读材料】

一、谁发现了极限

庞加莱说过：能够作出数学发现的人，是具有感受数学中的秩序、和谐、对称、整齐和神秘美等能力的人，而且只限于这种人. 一切数学概念都来源于社会实践和生活现实，它们被数学家们捕捉到并提炼，然后经过使用、推敲、充实、拓展，不断完善而形成经典的理论. 极限也是如此.

惠施（名家思想的鼻祖）的"截杖问题"已有"无限分割"思想：一尺之棰按照惠施的截法一直截取下去，随着截取次数的增加，棰会越来越短，长度会越来越接近零，但又永远不会等于零.

墨家与惠施的观点不同，它提出一个"非半"的命题. 墨子（墨家学派创始人）说"非半佛，则不动，说在端"，意思是说将一条线段一半一半地无限分割下去，就必将出现一个不能再分割的"非半"，这个"非半"就是点. 墨家有这样一种无限分割最后会达到"不可分"的思想.

名家的命题论述了有限长度的"无限可分"性，墨家的命题指出了无限分割的变化和结果. 名家和墨家的讨论，对数学理论的发展具有巨大的推动作用，现在看来，先秦诸子中的名、墨两家,对宇宙的无限性与连续性的认识已相当深刻,但这些认识是片段的、零散的,更多地属于哲学范畴,但也算是极限思想的萌芽.

公元3世纪,魏晋时期的数学家刘徽在注释《九章算术》时创立了有名的"割圆术".他创造性地将极限思想应用到数学领域,在人类历史上首次将极限和无穷小分割引入数学证明,成为人类文明史中不朽的篇章.刘徽按此法将正多边形的面积算到了3 072边形,由此求出的圆周率为3.141 6,这是世界上最早,也是最准确的关于圆周率的数据.后来,祖冲之用这个方法把圆周率的数值计算到小数点后第7位.这种思想就是后来建立极限概念的基础.

但上述历史人物的数学研究和成就远远不及西方同时期的阿基米德、欧几里得等数学家,主要原因是我国古代数学理论研究没有得到相应的重视,而农业经济又使人们终日疲于劳作,经济的困顿使极少人能学习文化知识,学数学的人自然更少.农业社会的经济特点限制了人们对自然的探险和对理论的求索,从而阻碍了数学的理性发展.

16世纪初,西方社会处于资本主义起步时期,是思想与科学技术的迅速发展时期,同时科学、生产、技术中也出现了许多问题困扰着数学家,如怎样求瞬时速度、曲线弧长、曲边形面积、曲面体体积等.因此,只研究常量的初等数学早已不能满足现实的需求.

进入17世纪,特别是牛顿在建立微积分的过程中,由于极限没有准确的概念,也就无法确定无穷小量的身份.利用无穷小量运算时,牛顿作出了自相矛盾的推导:在用无穷小量作分母进行除法运算时,无穷小量不能为零,而在一些运算中又把无穷小量看作零,约掉那些包含它的项,从而得到所要的公式,显然这种数学推导在逻辑上是站不住脚的.那么无穷小量究竟是零还是非零?这个问题一直困扰着牛顿,也困扰着与牛顿同时代的众多数学家.

真正意义上的极限概念产生于17世纪,英国数学家约翰瓦里斯提出了变量极限的概念.他认为,变量的极限是变量无限逼近的一个常数,它们的差是一个给定的任意小的量.他的这种描述,把两个无限变化的过程表述了出来,揭示了极限的核心内容.

19世纪,法国数学家柯西在《分析教程》中比较完整地说明了极限的概念及理论.柯西认为:当一个变量逐次所取的值无限趋于一个定值,最终使变量的值和该定值之差要多小就多小时,这个定值就称为所有其他值的极限.柯西还指出零是无穷小的极限.这个思想已经摆脱了常量数学的束缚,走向变量数学,表现了无限与有限的辩证关系.柯西的定义已经用数学语言准确表达了极限的思想,但这种表达仍然是定性的、描述性的.

被誉为"现代分析之父"的德国数学家魏尔斯特拉斯提出了极限的定量定义:"如果对任意$\varepsilon<0$,总存在自然数N,使得当$n>N$时,不等式$|x_n-A|<\varepsilon$恒成立,则称A为x_n的极限".这为微积分提供了严格的理论基础.这个定义定量而具体地刻画了两个"无限过程"之间的联系,除去了以前极限概念中的直观痕迹,将极限思想转化为数学的语言,完成了从思想到数学的转变.在数学分析书籍中,这种描述一直沿用至今.

二、数学建模简述

1. 什么是数学建模与数学模型

所谓数学建模,就是根据实际需要建立揭示实际问题的数学模型,这是把实际任务归结为数学问题的过程,是数学理论联系实际问题的桥梁,例如列方程解应用题等.所谓的数学模型,则是对所给的实际任务或实际对象进行研究并作一些必要的简化和假设,借助合适的数学工具和数学方法,利用恰当的数学语言或数学符号所形成的描述其客观规律的数学关系,如函数、方程、图表以及程序等.

2. 如何进行数学建模

数学建模的一般步骤如下:

(1)模型准备:明确目的,收集信息,全面了解实际问题的情况.

(2)模型假设:透过现象看本质,通过把实际问题理想化、简单化并进行必要的假设,理清关系,找出其内在规律.

(3)模型建立:尽可能地使用简单的数学手段,运用适当的数学方法和数学工具,形成切实反映实际问题的数学关系.

(4)模型求解:使用各种有效的数学方法求解模型.

(5)模型检验:将模型求解得出的结论与实际问题作比较,以检验模型的合理性,并调整改进.

(6)模型应用:解释现实,预测未来,解决所给的实际问题.

3. 数学模型的分类

按不同的分类标准,数学模型有不同的分类方式.例如,按建模所使用的数学知识与方法,可分为初等模型、几何模型及微分方程模型等;按时间关系可分为静态模型、动态模型及参数模型等;按应用的领域可分为人口模型、交通模型及经济模型等.

4. 数学建模示范

下面研究一个利用微分方程进行数学建模的"历史问题".

《三国演义》里有一个"关云长温酒斩华雄"的故事,其大意是:关羽正要迎战华雄,曹操斟上一杯热酒为其壮行,关羽说:"酒先放下,待我回来再喝不迟!"于是,关羽提刀上马应战. 待关羽斩了华雄回来时,那杯斟好的酒还是温热的("其酒尚温"). 故事精彩,但有些人对这个故事的真实性深表怀疑,想知道整个过程可能用了多长时间.

(1)模型的准备与假设.

①牛顿冷却定律. 物体的冷却率正比于物体温度与该物体所处的环境温度之差.

②收集信息. 在 20 ℃ 的气温下,75 ℃ 的酒在 3 min 后降至 60 ℃.

③假设当时的环境温度约为 20 ℃,在迎战华雄之前酒的温度为 60 ℃,之后酒的温度为 40 ℃,忽略其他因素的影响.

(2)模型的建立与求解.

这是一个热力学中的冷却问题,设在时刻 t 酒的温度为 W℃,即 $W = W(t)$,则酒温下降的速度为 $\dfrac{\mathrm{d}W}{\mathrm{d}t}$,根据牛顿冷却定律得

$$\frac{\mathrm{d}W}{\mathrm{d}t} = k(W - 20). \qquad (1-1-1)$$

其中,常数 k 为比例系数,并且方程满足初始条件

$$W(0) = 75, W(3) = 60. \qquad (1-1-2)$$

将式(1-1-1)分离变量得

$$\frac{\mathrm{d}W}{W - 20} = k\mathrm{d}t.$$

两端积分,得
$$W(t) = 20 + Ce^{kt}. \qquad (1-1-3)$$
将初始条件式(1-1-2)代入式(1-1-3),得
$$C = 55, k \approx -0.1.$$
从而得到酒温 W 与时间 t 的函数关系:
$$W(t) = 20 + 55e^{-0.1t}. \qquad (1-1-4)$$
当 $W = W(t) = 40$ 时,代入式(1-1-4),即得
$$40 = 20 + 55e^{-0.1t}.$$
解之得
$$t = \frac{1}{-0.1}\ln\frac{4}{11} \approx 10(\min).$$

这就是说,酒温从 75℃ 降到 60℃ 用了 3 min, 从 75℃ 降到 40℃ 用了至少 10 min. 因此, 酒温从 60℃ 降到 40℃ 至少花了 $10 - 3 = 7(\min)$, 也就是说关羽战华雄的整个过程至少有 7 min 的时间可用.

(3)模型的检验与应用.

本例所得到的结论,从理论上思考以及从现实经验上判断,是可信且可行的;从冷却实验得出的数据上看,又是高度相符的. 虽然,模型是针对事件中酒的冷却问题建立起来的,但其结果适用于一般物体的冷却问题、物体受阻运动问题以及自由振动问题等.

作为探索或预测,数学建模的步骤可以简化. 在为解决一般应用问题而进行数学建模时,关键是根据具体情况,做到具体问题具体分析,切中问题的实际,抽象出反映问题实质的数学模型.

5. 数学建模实训

有兴趣的读者可以研究并检验下面的数学建模问题:

大多数流行病是通过接触传染的,而且具有这样的规律:一个人被传染后,与其直接接触的人也会很快被传染. 如果让人口作正常流动而不加限制,那么其传播速率正比于已被传染的总人数(比例系数为 μ),也正比于未被传染的总人数(比例系数为 λ). 已知被某传染病感染的人数在全体人口总数中所占的比例由 $\frac{1}{3}$ 增加到 $\frac{1}{2}$ 用了两周的时间,那么,再过两周后,感染者会占多大的比例呢?

应用一 练习

一、基础练习

1. 求下列函数的定义域:

(1) $y = \dfrac{x}{x^2 + 1}$;

(2) $y = \lg\dfrac{1}{1-x} + \sqrt{x+5}$;

(3) $y = \arcsin\dfrac{2-x}{3}$;

(4) $y = \begin{cases} -x, & -1 \leqslant x \leqslant 0, \\ \sqrt{4-x^2}, & 0 < x \leqslant 2. \end{cases}$

2. 指出下列函数的复合过程：

(1) $y = \sqrt{x+2}$；

(2) $y = \sin x^2$；

(3) $y = \cos^2(2x+1)$；

(4) $y = \ln(\tan 2x)$；

(5) $y = e^{\arcsin \frac{1}{x}}$.

3. 判断下列数列的敛散性：

(1) $\left\{2 + \dfrac{1}{n^2}\right\}$；

(2) $\left\{(-1)^{n+1}\dfrac{1}{2^n}\right\}$；

(3) $\left\{(-1)^n\left(1 + \dfrac{1}{n}\right)\right\}$；

(4) $\left\{\dfrac{2n+1}{n-1}\right\}$.

4. 根据函数的图形，判断下列函数的极限：

(1) $\lim\limits_{x \to +\infty} \sqrt{x}$；

(2) $\lim\limits_{x \to -\infty} 3^x$；

(3) $\lim\limits_{x \to +\infty} \cos x$；

(4) $\lim\limits_{x \to 1} \ln x$；

(5) $\lim\limits_{x \to \frac{\pi}{2}} \sin x$.

5. 设函数 $f(x) = \begin{cases} x^2 + 2, & x \geq 1, \\ 2x + 1, & x < 1, \end{cases}$ 观察函数的图形，判断 $\lim\limits_{x \to 1} f(x)$，$\lim\limits_{x \to 0} f(x)$ 是否存在.

6. 观察函数的图形，判断下列函数在什么条件下是无穷小量，在什么条件下是无穷大量：

(1) $y = \dfrac{1}{x-1}$；

(2) $y = \ln x$；

(3) $y = \left(\dfrac{1}{2}\right)^x$.

7. 求下列函数的极限：

(1) $\lim\limits_{x \to \infty} \dfrac{\sin x}{x}$；

(2) $\lim\limits_{x \to 0} x\cos \dfrac{1}{x}$；

(3) $\lim\limits_{x \to \infty} \dfrac{\arctan x}{x}$.

8. 求下列函数的极限：

(1) $\lim\limits_{x \to 3} \dfrac{x^2 + 5}{x^2 - 3}$；

(2) $\lim\limits_{x \to 4} \dfrac{x^2 - 6x + 8}{x^2 - 5x + 4}$；

(3) $\lim\limits_{x \to 2} \dfrac{x^3 + 2x^2}{(x-2)^2}$；

(4) $\lim\limits_{x \to 0} \dfrac{\sqrt{x+4} - 2}{x}$；

(5) $\lim\limits_{n \to \infty} \dfrac{(n+1)(n+2)(n+3)}{5n^3}$；

(6) $\lim\limits_{x \to \infty} \dfrac{x^2 + x + 1}{x - 1}$；

(7) $\lim\limits_{x \to \infty} \dfrac{1 - x - x^3}{x + x^3}$；

(8) $\lim\limits_{x \to \infty} \dfrac{x^2 + 1}{x^4 - 9x + 6}$；

(9) $\lim\limits_{x \to 1} \left(\dfrac{1}{1-x} - \dfrac{3}{1-x^3}\right)$；

(10) $\lim\limits_{x \to 1} \left(\dfrac{1}{x-1} - \dfrac{2}{x^2-1}\right)$；

(11) $\lim\limits_{x \to 0} \dfrac{\sin 7x}{\sin 6x}$；

(12) $\lim\limits_{x \to 0} \dfrac{\tan 3x - \sin 5x}{x}$；

(13) $\lim\limits_{x \to 0} \dfrac{\sin 3x}{\tan 6x}$；

(14) $\lim\limits_{x \to \infty} x\sin \dfrac{5}{x}$；

(15) $\lim\limits_{x \to \pi} \dfrac{\sin 2(x-\pi)}{x - \pi}$；

(16) $\lim\limits_{x \to 1} \dfrac{\sin(x^2 - 1)}{x - 1}$；

(17) $\lim\limits_{x \to \infty} \left(1 + \dfrac{3}{x}\right)^{5x}$；

(18) $\lim\limits_{x \to 0} (1 - 4x)^{\frac{5}{2x}+1}$；

(19) $\lim_{x\to\infty}\left(\dfrac{x}{1+x}\right)^x$; (20) $\lim_{x\to 1}(1+\ln x)^{\frac{2}{\ln x}}$.

9. 设 $f(x)=\begin{cases}\dfrac{2\sin x}{x}, & x<0,\\ k, & x=0,\\ x\sin\dfrac{1}{x}+l, & x>0\end{cases}$ 在 $x=0$ 处连续, 求 k,l.

10. 求下列函数的间断点:

(1) $f(x)=\dfrac{\sin 2x}{x}$;   (2) $f(x)=\dfrac{x^2-x}{x^2-3x+2}$;

(3) $f(x)=\begin{cases}2+x^2, & x\leqslant 0,\\ \dfrac{\sin x}{x}, & x>0.\end{cases}$

11. 证明方程 $x^5-3x=1$ 至少有一个介于 1 和 2 之间的根.

二、应用练习

1.【体积问题】取一个饮料量标注为 330 mL 的易拉罐, 例如 330 mL 的可口可乐饮料罐, 设易拉罐是一个圆柱体, 请写出易拉罐体积 V 与底面圆半径 r 的函数关系.

2.【电压问题】电路上某一点的电压等速下降(线性关系), 开始时刻电压为 12 V, 5 s 后下降到 9 V, 试建立该点电压 U 与时间 t 的函数模型.

3.【税收问题】随着人们生活水平的提高, 从 2018 年 8 月 31 日起个人所得税的起征点调至 5 000 元, 表 1-1-5 所示为现行的 7 级税率.

表 1-1-5

级数	全月应纳税所得额(月收入 -5 000 元部分)	税率/%
1	不超过 3 000 元的部分	3
2	超过 3 000 元至 12 000 元的部分	10
3	超过 12 000 元至 25 000 元的部分	20
4	超过 25 000 元至 35 000 元的部分	25
5	超过 35 000 元至 55 000 元的部分	30
6	超过 55 000 元至 80 000 元的部分	35
7	超过 80 000 元的部分	45

(1) 试表示应缴税款 y 和月收入额 x 之间的关系.

(2) 小李扣除"五险一金"后月收入额为 10 000 元, 请问小李每月应缴税多少元?

(3) 小张上个月缴了 1 650 元的税款, 请问小张上个月的收入是多少?

4.【速度问题】一块岩石突然松动, 从峭壁顶上掉下来. 实验表明: 一块致密的固体在地球

表面附近从静止状态自由下落,头 t s 中下落的高度为 $s = 16t^2$(单位:ft①)
求:(1)从 $t=2$ 到任何稍后一点的时间 $t=2+h(h>0)$ 的区间上的平均速度是多少?

(2) $t=2$ 的瞬时速度是多少?

5.【还款问题】某人用分期付款的方式从银行贷款 50 万元用于购买商品房,设贷款期限为 10 年,年利率为 4%.按连续复利计算,第 10 年末还款的本利和为多少?

6.【销售预测】推出一种新的电子游戏光盘时,在短期内销售量会迅速增加,然后下降,其函数关系为 $y = \dfrac{200t}{t^2+100}$,试对该产品的长期销售作出预测.

7.【电路电阻】一个 10 Ω 的电阻器与一个电阻为 R_1 的可变电阻并联,电路的总电阻为 $R = \dfrac{10R_1}{10+R_1}$,当含有可变电阻 R_1 的这条支路突然断路时,求电路的总电阻.

8.【电压趋势】在 RC 电路的充电过程中,电容器两端电压 U 与时间 t 的关系为
$$U(t) = E(1 - e^{-\frac{t}{RC}}) \quad (E, R, C \text{ 都是常数}),$$
求 $t \to +\infty$ 时的电压 $U(t)$ 的变化趋势.

---

① 1 ft = 0.304 8 m.

应用二　微分学及其应用

微分学研究函数的导数与微分及其在函数研究中的应用. 建立微分学所用的分析方法对整个数学的发展产生了深远的影响, 渗透到自然科学与技术科学等众多领域. 微分学在自然科学中不仅表明状态, 也表明过程(运动).

本节首先讨论一元函数的导数、微分的概念及其应用, 同时介绍微分学的基本思想方法; 其次介绍计算导数、微分和极值的方法.

1.2.1　导数的概念

导数刻画了函数相对于自变量变化快慢的程度, 即函数的变化率. 几乎所有的自然规律都与函数的变化率有关, 可以说导数贯穿于整个科学领域之中. 本小节首先介绍导数的概念, 其次给出常用函数的导数和导数的几何意义, 最后给出可导性与连续性的关系.

1. 导数的定义

在研究变量时, 不仅要研究变量与变量之间的对应关系(函数)、变量变化的趋势(极限), 还要研究变量变化的快慢程度.

案例1-2-1【变速直线运动的瞬时速度】 当物体作匀速直线运动时, 求物体的速度很容易, 就是物体所经过的路程与时间的比值. 当物体作变速直线运动时, 这个比值只能表示这段时间内物体运动的平均速度, 但在很多实际问题中, 只算出平均速度并不能满足要求, 而常常需要计算物体在某个时刻的速度, 即瞬时速度.

一般地, 如果物体运动的路程 s 与时间 t 的关系是 $s = s(t)$, 则它从 t_0 到 $t_0 + \Delta t$ 这一段时间内的平均速度为 $\bar{v} = \dfrac{\Delta s}{\Delta t} = \dfrac{s(t_0 + \Delta t) - s(t_0)}{\Delta t}$, 平均速度 $\bar{v}$ 随时间改变量 Δt 的变化而变化, Δt 越小, $\bar{v}$ 越接近 t_0 时刻的瞬时速度 $v(t_0)$. 根据极限的定义, 在 t_0 时刻的(瞬时)速度 $v(t_0)$ 即平均速度 $\bar{v}$ 当 $\Delta t \to 0$ 时的极限值, 即

$$v(t_0) = \lim_{\Delta t \to 0} \bar{v} = \lim_{\Delta t \to 0} \frac{\Delta s}{\Delta t} = \lim_{\Delta t \to 0} \frac{s(t_0 + \Delta t) - s(t_0)}{\Delta t}.$$

案例1-2-2【曲线的切线问题】 设曲线 L 是函数 $y = f(x)$ 的图形. M_0 是 L 上的一个定点, 它的横坐标是 x_0, 求点 M_0 处的切线. 在曲线 L 上另取一点 M, 则它的横坐标可以表示为 $x_0 + \Delta x$, 作割线 M_0M, 作 M_0R 平行于 x 轴, 则 $\angle MM_0R$ 等于割线 M_0M 与 x 轴的夹角, 记作 φ, 如图1-2-1所示, 于是 M_0M 的斜率为

$$\tan\varphi = \frac{\Delta y}{\Delta x} = \frac{f(x_0 + \Delta x) - f(x_0)}{\Delta x}.$$

现在使点 M 沿曲线 L 移动, 逐渐移近点 M_0, 则割线 M_0M 的位

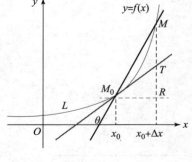

图1-2-1

置也随着变动,当点 M 趋近点 M_0 时,割线的极限位置为 M_0T,直线 M_0T 称为曲线 L 在点 M_0 的切线. 这时,φ 也趋近 M_0T 与 x 轴的夹角 θ,因此切线 M_0T 的斜率为

$$k = \tan\theta = \lim_{\varphi \to \theta}\tan\varphi = \lim_{\Delta x \to 0}\frac{\Delta y}{\Delta x} = \lim_{\Delta x \to 0}\frac{f(x_0 + \Delta x) - f(x_0)}{\Delta x}.$$

案例 1-2-3【订货量的瞬时变化率】 某公司生产一批产品,设订货单价 P 是订货量 q 的函数:$P = P(q)$,当订货量 q 由 q_0 变化到 $q_0 + \Delta q$ 时,订货单价 P 有相应的改变量 ΔP,即

$$\Delta P = P(q_0 + \Delta q) - P(q_0),$$

从而订货单价 P 的平均变化率为

$$\frac{\Delta P}{\Delta q} = \frac{P(q_0 + \Delta q) - P(q_0)}{\Delta q}.$$

当 Δq 趋于 0 时,平均变化率的极限定义为瞬时变化率,因此订货量 $q = q_0$ 时订货单价 P 的瞬时变化率为

$$\lim_{\Delta q \to 0}\frac{\Delta P}{\Delta q} = \lim_{\Delta q \to 0}\frac{P(q_0 + \Delta q) - P(q_0)}{\Delta q}.$$

上面三个案例虽然分属于不同的学科,但都要进行同样的数学运算,即当自变量的改变量趋于 0 时,函数的改变量与自变量的改变量之比的极限. 把这种具有特殊意义的极限叫作函数的导数,也叫作函数的变化率.

定义 1-2-1 设函数 $y = f(x)$ 在点 x_0 的某个邻域内有定义,当自变量在点 x_0 处取得改变量 $\Delta x (\neq 0)$ 时,函数 $f(x)$ 取得相应的改变量 $\Delta y = f(x_0 + \Delta x) - f(x_0)$. 如果当 $\Delta x \to 0$ 时,$\lim_{\Delta x \to 0}\frac{\Delta y}{\Delta x} = \lim_{\Delta x \to 0}\frac{f(x_0 + \Delta x) - f(x_0)}{\Delta x}$ 存在,则称此极限值为函数 $y = f(x)$ 在点 x_0 的导数,记作 $f'(x_0)$,或 $y'|_{x=x_0}$,或 $\frac{dy}{dx}\Big|_{x=x_0}$,或 $\frac{df}{dx}\Big|_{x=x_0}$,也称函数 $f(x)$ 在点 x_0 处可导;如果 $\lim_{\Delta x \to 0}\frac{\Delta y}{\Delta x}$ 不存在,则称函数 $f(x)$ 在点 x_0 处不可导.

导数描述了函数随自变量变化而变化的快慢程度,即函数的变化率. 例如速度反映了路程随时间变化而变化的快慢程度,曲线的斜率反映了曲线纵坐标随横坐标变化而变化的快慢程度.

例 1-2-1 求函数 $y = x^2$ 在点 $x_0 = 2$ 处和任意一点 x 处的导数.

解: 当 x 由 2 变到 $2 + \Delta x$ 时,函数相应的改变量

$$\Delta y = (2 + \Delta x)^2 - 2^2 = 4\Delta x + (\Delta x)^2,$$

$$\frac{\Delta y}{\Delta x} = 4 + \Delta x,$$

$$f'(2) = \lim_{\Delta x \to 0}\frac{\Delta y}{\Delta x} = \lim_{\Delta x \to 0}(4 + \Delta x) = 4.$$

当 x 由 x 变到 $x + \Delta x$ 时,函数相应的改变量

$$\Delta y = (x + \Delta x)^2 - x^2 = 2x\Delta x + \Delta x^2,$$

$$\frac{\Delta y}{\Delta x} = 2x + \Delta x,$$

$$f'(x) = \lim_{\Delta x \to 0}\frac{\Delta y}{\Delta x} = \lim_{\Delta x \to 0}(2x + \Delta x) = 2x.$$

定义 1-2-2 若函数 $y=f(x)$ 在区间 (a,b) 内任意一点处都可导,则称函数 $f(x)$ 在区间 (a,b) 内可导. 例如,函数 $y=x^2$ 在区间 $(-\infty,+\infty)$ 内可导.

若 $f(x)$ 在区间 (a,b) 内可导,则对于区间 (a,b) 内的每个 x 值,都有一个导数值 $f'(x)$ 与之对应,所以 $f'(x)$ 也是 x 的函数,叫作 $f(x)$ 的导函数,简称导数,记作 $f'(x)$,或 y',或 $\dfrac{dy}{dx}$,或 $\dfrac{df}{dx}$. 例如,速度是路程对时间的导数,即 $v=s'(t)$.

函数 $2x$ 是 $y=x^2$ 的导数,即 $y'=2x$. 不难发现,函数 $y=x^2$ 在点 $x_0=2$ 处的导数 $f'(2)=4$ 恰好等于它的导函数 $y'=2x$ 在点 $x_0=2$ 处的值 $y'|_{x=2}=4$.

函数在点 $x=x_0$ 处的导数等于它的导函数在该点处的函数值,即

$$f'(x_0) = f'(x)|_{x=x_0}.$$

计算函数在某一点处的导数并不容易,但如果已知这个函数的导函数,计算导函数在这点的值却很容易,可以用导函数计算函数在某一点处的导数. 因此,有必要知道常用函数的导数.

2. 常用函数的导数

1) 常数函数的导数

设 $y=c$(c 为常数),$\Delta y=c-c=0$,于是 $\dfrac{\Delta y}{\Delta x}=\dfrac{0}{\Delta x}=0$,所以 $c'=\lim\limits_{\Delta x\to 0}\dfrac{\Delta y}{\Delta x}=0$,即常数函数的导数为 0.

2) 幂函数的导数

设 $y=x^n$(n 为正整数),则 $\Delta y=(x+\Delta x)^n-x^n$,由二项式定理可得

$$\Delta y = x^n + nx^{n-1}\Delta x + \frac{n(n-1)}{2!}x^{n-2}(\Delta x)^2 + \cdots + (\Delta x)^n - x^n$$

$$= nx^{n-1}\Delta x + \frac{n(n-1)}{2!}x^{n-2}(\Delta x)^2 + \cdots + (\Delta x)^n,$$

于是 $\dfrac{\Delta y}{\Delta x}=nx^{n-1}+\dfrac{n(n-1)}{2!}x^{n-2}\Delta x+\cdots+(\Delta x)^{n-1}$,所以

$$(x^n)' = \lim_{\Delta x\to 0}\frac{\Delta y}{\Delta x} = \lim_{\Delta x\to 0}\left[nx^{n-1}+\frac{n(n-1)}{2!}x^{n-2}\Delta x+\cdots+(\Delta x)^{n-1}\right]$$

$$= nx^{n-1},$$

即

$$(x^n)' = nx^{n-1}.$$

需要说明的是:对于一般的幂函数 $y=x^\alpha$(α 为实数),上面的公式也成立,即

$$(x^\alpha)' = \alpha x^{\alpha-1}.$$

例 1-2-2 设 $y=x^{10}$,$y=\sqrt[3]{x}$,$y=\dfrac{1}{x}$,$y=\dfrac{1}{\sqrt[4]{x^3}}$,求 y'.

解:由幂函数的求导公式得

$$(x^{10})' = 10x^9;$$

$$(\sqrt[3]{x})' = (x^{\frac{1}{3}})' = \frac{1}{3}x^{-\frac{2}{3}} = \frac{1}{3\sqrt[3]{x^2}};$$

$$\left(\frac{1}{x}\right)' = (x^{-1})' = (-1)x^{-2} = -\frac{1}{x^2};$$

$$\left(\frac{1}{\sqrt[4]{x^3}}\right)' = (x^{-\frac{3}{4}})' = \left(-\frac{3}{4}\right) \cdot x^{-\frac{7}{4}} = -\frac{3}{4\sqrt[4]{x^7}}.$$

3) 正弦函数与余弦函数的导数

设 $y = \sin x$, 则 $\Delta y = \sin(x + \Delta x) - \sin x = 2\sin\frac{\Delta x}{2}\cos\left(x + \frac{\Delta x}{2}\right)$, 于是

$$\frac{\Delta y}{\Delta x} = \frac{2\sin\frac{\Delta x}{2}\cos\left(x + \frac{\Delta x}{2}\right)}{\Delta x} = \cos\left(x + \frac{\Delta x}{2}\right) \cdot \frac{\sin\frac{\Delta x}{2}}{\frac{\Delta x}{2}},$$

所以

$$(\sin x)' = \lim_{\Delta x \to 0}\frac{\Delta y}{\Delta x} = \lim_{\Delta x \to 0}\left[\cos\left(x + \frac{\Delta x}{2}\right) \cdot \frac{\sin\frac{\Delta x}{2}}{\frac{\Delta x}{2}}\right] = \cos x \cdot 1 = \cos x,$$

即

$$(\sin x)' = \cos x.$$

类似地可以得到

$$(\cos x)' = -\sin x.$$

4) 指数函数和对数函数的导数

$$(a^x)' = a^x \ln a, \quad (e^x)' = e^x, \quad (\log_a x)' = \frac{1}{x \ln a}, \quad (\ln x)' = \frac{1}{x}.$$

例 1-2-3 设 $y_1 = 10^x$, $y_2 = \frac{2^x}{3^x}$, 求 y_1', y_2'.

解：在 y_1 中, 因为 $a = 10$, 由公式得 $y_1' = (10^x)' = 10^x \ln 10$; 而 $y_2 = \frac{2^x}{3^x} = \left(\frac{2}{3}\right)^x$, $a = \frac{2}{3}$, 由公式得 $\left[\left(\frac{2}{3}\right)^x\right]' = \left(\frac{2}{3}\right)^x \ln\frac{2}{3} = \left(\frac{2}{3}\right)^x (\ln 2 - \ln 3)$.

例 1-2-4 设 $y = \log_2 x$, 求 y', $y'|_{x=2}$.

解：因为 $a = 2$, 由公式可得

$$y' = (\log_2 x)' = \frac{1}{x \ln 2};$$

$$y'|_{x=2} = \frac{1}{x \ln 2}\bigg|_{x=2} = \frac{1}{2\ln 2}.$$

为了便于记忆与查阅, 将所有基本初等函数的导数公式归纳于表 1-2-1.

表 1-2-1

常数函数	(1) $(c)' = 0$ (c 为常数)	
幂函数	(2) $(x^\alpha)' = \alpha x^{\alpha-1}$ (α 为任意实数)	
指数函数	(3) $(a^x)' = a^x \ln a$ ($a>0, a \neq 1$)	(4) $(e^x)' = e^x$
对数函数	(5) $(\log_a x)' = \dfrac{1}{x \ln a}$ ($a>0, a \neq 1$)	(6) $(\ln x)' = \dfrac{1}{x}$
三角函数	(7) $(\sin x)' = \cos x$	(8) $(\cos x)' = -\sin x$
	(9) $(\tan x)' = \sec^2 x = \dfrac{1}{\cos^2 x}$	(10) $(\cot x)' = -\csc^2 x = -\dfrac{1}{\sin^2 x}$
	(11) $(\sec x)' = \sec x \cdot \tan x$	(12) $(\csc x)' = -\csc x \cdot \cot x$
反三角函数	(13) $(\arcsin x)' = \dfrac{1}{\sqrt{1-x^2}}$	(14) $(\arccos x)' = -\dfrac{1}{\sqrt{1-x^2}}$
	(15) $(\arctan x)' = \dfrac{1}{1+x^2}$	(16) $(\text{arccot}\, x)' = -\dfrac{1}{1+x^2}$

注意：这些公式必须熟练运用，这不仅是学习微分学的基础，也是学习积分学的必备基础。

3. 导数的几何意义

在曲线的切线问题中，已经说明，当割线 M_0M 趋于极限位置 MT 时，角 φ 也趋于极限位置 θ，从而割线的斜率就趋于切线的斜率，即

$$k = \tan\theta = \lim_{\varphi \to \theta} \tan\varphi = \lim_{\Delta x \to 0} \frac{f(x_0 + \Delta x) - f(x_0)}{\Delta x},$$

因此函数 $y = f(x)$ 在点 x_0 处的导数 $f'(x_0)$ 就是曲线 $y = f(x)$ 在点 $M_0(x_0, y_0)$ 处的切线 M_0T 的斜率，$k = \tan\theta = f'(x_0)$. 这就是导数的几何意义.

由此可知，曲线 $y = f(x)$ 在点 $M_0(x_0, y_0)$ 处的切线方程为

$$y - y_0 = f'(x_0)(x - x_0).$$

当 $f'(x_0) \neq 0$ 时，曲线 $y = f(x)$ 在点 $M_0(x_0, y_0)$ 处的法线方程为

$$y - y_0 = -\frac{1}{f'(x_0)}(x - x_0).$$

例 1-2-5 求曲线 $y = x^2$ 在点 $(1,1)$ 处的切线方程、法线方程.

解：由导数的几何意义得：$k = y'|_{x=1} = 2x|_{x=1} = 2$；

切线方程为 $y - 1 = 2(x - 1)$，整理得：$2x - y - 1 = 0$；

法线方程为 $y - 1 = -\dfrac{1}{2}(x - 1)$，整理得：$x + 2y - 3 = 0$.

4. 函数的可导性与连续性

需要指出，若函数 $y = f(x)$ 在某点处可导，则其曲线在该点处光滑，因此曲线在该点处连续不断，所以函数在该点处一定连续，但反之不然.

定理 1-2-1 如果函数 $y = f(x)$ 在点 x_0 处可导，则 $y = f(x)$ 在点 x_0 处一定连续.

证：因为 $y = f(x)$ 在点 x_0 处可导，则有

$$f'(x_0) = \lim_{\Delta x \to 0} \frac{\Delta y}{\Delta x},$$

$$\lim_{\Delta x \to 0} \Delta y = \lim_{\Delta x \to 0} \frac{\Delta y}{\Delta x} \cdot \Delta x = \lim_{\Delta x \to 0} \frac{\Delta y}{\Delta x} \cdot \lim_{\Delta x \to 0} \Delta x$$

$$= f'(x_0) \cdot 0 = 0.$$

由连续的定义知,$y = f(x)$ 在点 x_0 处连续.

定理 1-2-1 表明,函数在某点处连续是函数在该点处可导的必要条件,但不是充分条件,即函数 $y = f(x)$ 在点 x_0 处连续时,在点 x_0 处不一定可导.

例 1-2-6 讨论函数 $y = \sqrt[3]{x}$ 在点 $x = 0$ 处的连续性与可导性.

解:因为 $\Delta y = \sqrt[3]{0 + \Delta x} - \sqrt[3]{0} = \sqrt[3]{\Delta x}$,$\lim_{\Delta x \to 0} \Delta y = \lim_{\Delta x \to 0} \sqrt[3]{\Delta x} = 0$,所以 $y = \sqrt[3]{x}$ 在点 $x = 0$ 处连续,又因为

$$\lim_{\Delta x \to 0} \frac{\Delta y}{\Delta x} = \lim_{\Delta x \to 0} \frac{\sqrt[3]{\Delta x}}{\Delta x} = \lim_{\Delta x \to 0} \frac{1}{\sqrt[3]{(\Delta x)^2}} = \infty,$$

所以 $y = \sqrt[3]{x}$ 在点 $x = 0$ 处不可导. 对应的曲线 $y = \sqrt[3]{x}$ 在点 $(0,0)$ 处的切线垂直于 x 轴,没有斜率.

1.2.2 导数的运算

1.2.1 小节根据定义推出了几个常用函数的导数公式,但对于比较复杂的函数,根据定义求它们的导数往往是困难的. 本小节首先介绍导数的四则运算法则、复合函数的求导公式、隐函数及由参数方程所确定的函数的导数,有了这些方法之后,就可以比较方便地求任何初等函数的导数了.

1. 函数的和、差、积、商的求导法则

定理 1-2-2 设函数 $u(x)$ 和 $v(x)$ 在点 x 处可导,则

(1) 代数和的导数:

$$u(x) \pm v(x) \text{ 在点 } x \text{ 处也可导},且 (u \pm v)' = u' \pm v',$$

即两个函数代数和的导数等于它们导数的代数和.

上面的公式可推广到任意有限多个函数的代数和,即

$$(u_1 \pm u_2 \pm \cdots \pm u_n)' = u_1' \pm u_2' \pm \cdots \pm u_n'.$$

(2) 乘积的导数:

$$u(x) \cdot v(x) \text{ 在点 } x \text{ 处也可导},且 (uv)' = u'v + uv',$$

即两个函数乘积的导数等于第一个函数的导数乘第二个函数加上第一个函数乘第二个函数的导数. 特别地,当其中有一个函数为常数 c 时,则有 $(cu)' = cu'$.

上面的公式可推广到任意有限多个可导函数的乘积,例如:

$$(uvw)' = u'vw + uv'w + uvw'.$$

(3) 商的导数:

$$\frac{u(x)}{v(x)} \text{ 在点 } x \text{ 处也可导},且 \left(\frac{u}{v}\right)' = \frac{u'v - uv'}{v^2},$$

即两个函数之商的导数等于分子的导数乘分母减去分母的导数乘分子,再除以分母的平方.

证明略.

例 1-2-7 设 $y = 5x^2 + \dfrac{3}{x^3} - 2^x + 4\cos x - e$,求 y'.

解: $y' = 5(x^2)' + 3(x^{-3})' - (2^x)' + 4(\cos x)' - (e)'$

$\qquad = 5 \times 2x + 3 \times (-3)x^{-4} - 2^x \ln 2 + 4(-\sin x) - 0$

$\qquad = 10x - \dfrac{9}{x^4} - 2^x \ln 2 - 4\sin x.$

例 1-2-8 设 $y = x\sin x \ln x$,求 $\dfrac{dy}{dx}$.

解: $\dfrac{dy}{dx} = (x)'\sin x \ln x + x(\sin x)' \ln x + x\sin x(\ln x)'$

$\qquad = 1 \cdot \sin x \ln x + x\cos x \ln x + x\sin x \cdot \dfrac{1}{x}$

$\qquad = \sin x \ln x + x\cos x \ln x + \sin x.$

例 1-2-9 已知 $f(x) = \dfrac{x^2 - x + 2}{x + 3}$,求 $f'(1)$.

解: $f'(x) = \dfrac{(x^2 - x + 2)'(x+3) - (x^2 - x + 2)(x+3)'}{(x+3)^2}$

$\qquad = \dfrac{(2x-1)(x+3) - (x^2-x+2) \cdot 1}{(x+3)^2} = \dfrac{x^2 + 6x - 5}{(x+3)^2},$

$f'(1) = \dfrac{1^2 + 6 \times 1 - 5}{(1+3)^2} = \dfrac{1}{8}.$

例 1-2-10 求 $y = \tan x$ 的导数.

解: 因为 $y = \dfrac{\sin x}{\cos x}$,所以

$$y' = \dfrac{(\sin x)'\cos x - \sin x(\cos x)'}{(\cos x)^2} = \dfrac{\cos^2 x + \sin^2 x}{\cos^2 x} = \dfrac{1}{\cos^2 x} = \sec^2 x,$$

即

$$(\tan x)' = \dfrac{1}{\cos^2 x} = \sec^2 x.$$

用同样的方法可以得到

$$(\cot x)' = -\dfrac{1}{\sin^2 x} = -\csc^2 x.$$

案例 1-2-4【收入增长问题】 2005 年某省人口约为 4 720 万,每年约增长 23.7 万,每人年收入是 16 474 元,并以每年 1 795 元的速度增长(比全国人均增长速度 9.6% 高). 试用函数乘法的求导法则和上述数据计算 2005 年某省的年收入增长了多少.

解: 由题意,某省人口数、人均年收入都是时间的函数,分别记为 $u = u(t)$,$v = v(t)$,并设 $R(t)$ 为全省的年收入. 则 $R(t) = u(t)v(t)$,由导数的乘法法则得

$$R'(t) = [u(t)v(t)]' = u'(t)v(t) + u(t)v'(t),$$

取 $t = 2\,005$,则

$$R'(2\,005) = u'(2\,005)v(2\,005) + u(2\,005)v'(2\,005)$$

$$\approx 23.7 \times 1\,795 + 4\,720 \times 16\,474 = 8.862\,8 \times 10^6,$$

即 2005 年某省的年收入增长了约 $8.862\,8 \times 10^6$ 万元.

2. 复合函数的求导法则

为了说明复合函数的导数的特点,先看一个案例.

案例 1-2-5【金属棒长度增加问题】 设金属棒长度为 L,当温度 H 每升高 $1℃$ 时,其长度增加 4 cm,而每过 1 h 气温又升高 $2℃$,问金属棒长度增加多快?

显然金属棒长 L 是温度 H 的函数,而温度 H 又是时间 t 的函数,所以 L 是 t 的复合函数. 又 L 对 H 的变化率为 $\dfrac{\mathrm{d}L}{\mathrm{d}H}=4$,$H$ 对 t 的变化率为 $\dfrac{\mathrm{d}H}{\mathrm{d}t}=2$,那么 L 对 t 的变化率,就是当时间每变化 1 h 金属棒增加的长度,而这个长度显然是 $4 \times 2 = 8$,即

$$\frac{\mathrm{d}L}{\mathrm{d}t} = \frac{\mathrm{d}L}{\mathrm{d}H} \cdot \frac{\mathrm{d}H}{\mathrm{d}t} = 4 \times 2 = 8.$$

上面的案例体现了生活中的函数往往是复合函数,而复合函数的导数等于复合函数对中间变量的导数乘以中间变量对自变量的导数.

定理 1-2-3 设函数 $y=f(u)$ 在点 u 处有导数 $\dfrac{\mathrm{d}y}{\mathrm{d}u}=f'(u)$,函数 $u=\varphi(x)$ 在点 x 处有导数 $\dfrac{\mathrm{d}u}{\mathrm{d}x}=\varphi'(x)$,则复合函数 $y=f[\varphi(x)]$ 在该点 x 处也有导数,且

$$\frac{\mathrm{d}y}{\mathrm{d}x} = f'(u) \cdot \varphi'(x) \quad \text{或} \quad y'_x = y'_u \cdot u'_x \quad \text{或} \quad \frac{\mathrm{d}y}{\mathrm{d}x} = \frac{\mathrm{d}y}{\mathrm{d}u} \cdot \frac{\mathrm{d}u}{\mathrm{d}x}.$$

例 1-2-11 求下列函数的导数:

(1) $y = \sin^3 x$;　　　　(2) $y = \cos x^2$;　　　　(3) $y = \sin \dfrac{x}{5}$;

(4) $y = \ln\cos x$;　　　　(5) $y = \sqrt{4-3x^2}$;　　(6) $y = \dfrac{1}{1+2x}$.

解:(1) 因为函数 $y = \sin^3 x$ 由 $u = \sin x, y = u^3$ 复合而成,则

$$y'_x = y'_u \cdot u'_x = 3u^2 \cdot \cos x = 3\sin^2 x \cos x.$$

注意:用复合函数的求导法则求出来的结果,必须把引进的中间变量回代成原来自变量的式子.

(2) 因为函数 $y = \cos x^2$ 由 $u = x^2, y = \cos u$ 复合而成,则

$$y'_x = y'_u \cdot u'_x = -\sin u \cdot 2x = -2x\sin x^2.$$

(3) 因为函数 $y = \sin \dfrac{x}{5}$ 由 $u = \dfrac{x}{5}, y = \sin u$ 复合而成,则

$$\frac{\mathrm{d}y}{\mathrm{d}x} = \frac{\mathrm{d}y}{\mathrm{d}u} \cdot \frac{\mathrm{d}u}{\mathrm{d}x} = \cos u \cdot \frac{1}{5} = \frac{1}{5}\cos \frac{x}{5}.$$

当对复合函数的复合过程比较熟悉后,计算时可以不写出中间变量,而采用下面例题的运算方式,由外向里逐层求导.

(4) $y' = (\ln\cos x)' = \dfrac{1}{\cos x} \cdot (\cos x)' = \dfrac{1}{\cos x} \cdot (-\sin x) = -\tan x.$

(5) $y' = (\sqrt{4-3x^2})' = \dfrac{1}{2\sqrt{4-3x^2}} \cdot (4-3x^2)' = -\dfrac{-3x}{\sqrt{4-3x^2}}$.

(6) $y' = \left(\dfrac{1}{1+2x}\right)' = -\dfrac{1}{(1+2x)^2} \cdot (1+2x)' = -\dfrac{2}{(1+2x)^2}$.

定理 1-2-3 的结论可以推广到多层复合的情况. 例如,设 $y = f(u), u = \varphi(v), v = \psi(x)$,则复合函数 $y = f\{\varphi[\psi(x)]\}$ 的导数为 $\dfrac{dy}{dx} = \dfrac{dy}{du} \cdot \dfrac{du}{dv} \cdot \dfrac{dv}{dx}$.

例 1-2-12 求下列函数的导数:

(1) $y = 2^{\tan\frac{1}{x}}$; (2) $y = \sin^2(2-3x)$.

解: (1) 设 $y = 2^u, u = \tan v, v = \dfrac{1}{x}$,则

$$y'_x = y'_u \cdot u'_v \cdot v'_x = 2^u \ln 2 \cdot \dfrac{1}{\cos^2 v} \cdot \left(-\dfrac{1}{x^2}\right) = -\dfrac{2^{\tan\frac{1}{x}} \ln 2}{x^2 \cos^2 \frac{1}{x}}.$$

(2) $y' = 2\sin(2-3x) \cdot [\sin(2-3x)]'$
$= 2\sin(2-3x) \cdot \cos(2-3x) \cdot (2-3x)'$
$= 2\sin(2-3x) \cdot \cos(2-3x) \cdot (-3)$
$= -3\sin 2(2-3x)$.

复合函数求导法则好像链条一样一环扣一环,又称为链式法则. 运用这个法则的关键是分清复合函数的层次和结构,即要看清它是怎样由外层到内层复合而成的,然后由外向内逐层求导数再相乘,既不能重复,也不能遗漏.

案例 1-2-6【飞机速度问题】 设自变量 x 代表时间,中间变量 u 代表火车行驶的路程,复合函数 y 代表飞机飞行的路程,于是 $\dfrac{du}{dx}$ 就是火车的速度,$\dfrac{dy}{dx}$ 为飞机的速度,$\dfrac{dy}{du}$ 则表示飞机对火车的快慢比(即飞机的速度是火车的速度的多少倍). 这样复合函数的求导法则就可以"理解"为

飞机的速度 = 飞机与火车的速度比 × 火车的速度.

假设火车的速度是 100 km/h,飞机与火车的速度比是 10,显然飞机的速度为 10 × 100 km/h = 1 000 km/h.

在求导的计算过程中,有时除了使用复合函数的求导法则外,还可能需要同时使用函数的四则运算法则.

例 1-2-13 求下列函数的导数:

(1) $y = (x+1)\sqrt{3-4x}$;

(2) $y = \left(\dfrac{x}{x^2-3}\right)^n$.

解: (1) $y' = (x+1)'\sqrt{3-4x} + (x+1)(\sqrt{3-4x})'$
$= \sqrt{3-4x} + (x+1) \cdot \dfrac{-4}{2\sqrt{3-4x}} = \dfrac{3-4x-2x-2}{\sqrt{3-4x}} = \dfrac{1-6x}{\sqrt{3-4x}}$.

(2) $y' = n\left(\dfrac{x}{x^2-3}\right)^{n-1} \cdot \left(\dfrac{x}{x^2-3}\right)'$

$$= n\left(\frac{x}{x^2-3}\right)^{n-1} \cdot \frac{(x)'(x^2-3) - x(x^2-3)'}{(x^2-3)^2}$$

$$= n\left(\frac{x}{x^2-3}\right)^{n-1} \cdot \frac{x^2-3-2x^2}{(x^2-3)^2}$$

$$= -\frac{nx^{n-1}(3+x^2)}{(x^2-3)^{n+1}}.$$

隐函数的导数及由参数方程确定函数的导数

3. 由方程所确定的隐函数的求导法则

众所周知,用解析法表示函数时,通常可以采用两种形式. 一种是把函数 y 直接表示成自变量 x 的函数 $y = f(x)$,称为显函数;另一种是函数 y 与自变量 x 的关系由方程 $F(x,y) = 0$ 来确定,即 y 与 x 的关系隐含在方程中,称这种由未解出因变量的方程 $F(x,y) = 0$ 所确定的 y 与 x 之间的函数关系为隐函数. 例如,$x^2 + y^2 = 4$,$xy = e^{\frac{x}{y}}$,$\sin(x^2 y) - 5x = 0$,$e^x + e^y - xy = 0$,$2x^2 - y + 4 = 0$ 等.

有些隐函数可以化为显函数,例如函数 $2x^2 - y + 4 = 0$ 可以化为 $y = 2x^2 + 4$. 有些隐函数则不能化为显函数,例如函数 $e^x + e^y - xy = 0$ 就不能化为显函数,所以要研究从隐函数直接求其导数的方法.

例 1-2-14 求由方程 $x^2 + y^2 = 4$ 所确定的隐函数 y 的导数 y'.

解:因为方程 $x^2 + y^2 = 4$ 确定 y 为 x 的函数,记为 $y = f(x)$,即方程可写成

$$x^2 + f^2(x) = 4,$$

其中 $f^2(x)$ 是通过中间变量 y 对 x 的复合函数,恒等式两边对 x 求导,得

$$(x^2)' + [f^2(x)]' = (4)',$$

即

$$2x + 2f(x) \cdot f'(x) = 0,$$

所以

$$y' = f'(x) = -\frac{x}{y}.$$

注意:若 y 确定为 x 的隐函数,只需等式两边同时对 x 求导,而在此过程中,把 y 视为中间变量.

一般地,隐函数求导的方法是:方程两端同时对 x 求导,遇到含有 y 的项,先对 y 求导,再乘以 y 对 x 的导数 y',得到一个含有 y' 的方程式,然后从中解出 y' 即可.

例 1-2-15 求由方程 $e^y = xy$ 所确定的隐函数 y 的导数.

解:方程两边同时对 x 求导,得

$$e^y \cdot y' = x'y + xy',$$

即

$$e^y \cdot y' = y + xy',$$

$$y' = \frac{y}{e^y - x}.$$

例 1-2-16 求曲线 $xy + \ln y = 1$ 在点 $M(1,1)$ 处的切线方程.

解:先求由 $xy + \ln y = 1$ 所确定的隐函数的导数. 方程两边同时对 x 求导,得

$$(xy)' + (\ln y)' = (1)',$$

即
$$y + xy' + \frac{1}{y} \cdot y' = 0,$$

解出 y'，得
$$y' = \frac{-y}{x + \frac{1}{y}} = -\frac{y^2}{xy+1}.$$

在点 $M(1,1)$ 处，
$$y'\Big|_{\substack{x=1\\y=1}} = -\frac{1}{2},$$

于是，在点 $M(1,1)$ 处的切线方程为
$$y - 1 = -\frac{1}{2}(x-1),$$

即
$$x + 2y - 3 = 0.$$

在很多情形下，虽然给定的函数是显函数，但直接求它的导数很困难或很麻烦，比如一种因子之幂的连乘积的函数和幂指函数 $y = u^v$（其中 u、v 都是 x 的函数，且 $u > 0$）。对于这两类函数，可以通过两边取对数，转化成隐函数，然后按隐函数的求导方法求出导数 y'，这种方法称为取对数求导法，它可以使计算简单得多。

例 1-2-17 求函数 $y = \sqrt[3]{\dfrac{x(3x-1)^2}{(5x+3)(2-x)}}\left(\dfrac{1}{3} < x < 2\right)$ 的导数。

解：两边取对数，有
$$\ln y = \frac{1}{3}[\ln x + 2\ln(3x-1) - \ln(5x+3) - \ln(2-x)],$$

方程两边同时对 x 求导，可得
$$\frac{1}{y} \cdot y' = \frac{1}{3}\left(\frac{1}{x} + 2\frac{3}{3x-1} - \frac{5}{5x+3} - \frac{-1}{2-x}\right),$$

即
$$y' = \frac{1}{3}\sqrt[3]{\frac{x(3x-1)}{(5x+3)(2-x)}}\left(\frac{1}{x} + \frac{6}{3x-1} - \frac{5}{5x+3} + \frac{1}{2-x}\right).$$

例 1-2-18 求函数 $y = x^{\sin x}$ 的导数（$x > 0$）。

解：两边取对数，有
$$\ln y = \ln x^{\sin x} = \sin x \ln x,$$

两边同时对 x 求导，可得
$$\frac{1}{y} \cdot y' = (\sin x)' \ln x + \sin x (\ln x)' = \cos x \cdot \ln x + \sin x \cdot \frac{1}{x},$$

即
$$y' = x^{\sin x}\left(\cos x \ln x + \frac{1}{x}\sin x\right).$$

4. 由参数方程所确定的函数的求导法则

若函数 $y = f(x)$ 由参数方程

$$\begin{cases} x = \varphi(t), \\ y = \psi(t) \end{cases} \quad (\alpha \leqslant t \leqslant \beta)$$

所确定,则此函数的导数为

$$\frac{dy}{dx} = \frac{\psi'(t)}{\varphi'(t)}, \text{ 或写成 } \frac{dy}{dx} = \frac{\dfrac{dy}{dt}}{\dfrac{dx}{dt}}.$$

例 1-2-19 求参数方程 $\begin{cases} x = a(t - \sin t), \\ y = a(1 - \cos t) \end{cases}$ 所确定的函数的导数.

解: $\dfrac{dy}{dx} = \dfrac{\dfrac{dy}{dt}}{\dfrac{dx}{dt}} = \dfrac{[a(1-\cos t)]'}{[a(t-\sin t)]'} = \dfrac{a\sin t}{a(1-\cos t)} = \dfrac{\sin t}{1-\cos t}.$

例 1-2-20 已知椭圆的参数方程为 $\begin{cases} x = a\cos t, \\ y = b\sin t, \end{cases}$ 求椭圆在 $t = \dfrac{\pi}{4}$ 相应点处的切线方程.

解: $\dfrac{dy}{dx} = \dfrac{\dfrac{dy}{dt}}{\dfrac{dx}{dt}} = \dfrac{(b\sin t)'}{(a\cos t)'} = \dfrac{b\cos t}{-a\sin t} = -\dfrac{b}{a}\cot t.$

所求切线的斜率为

$$\left.\frac{dy}{dx}\right|_{t=\frac{\pi}{4}} = -\frac{b}{a};$$

切点的坐标为

$$x_0 = a\cos\frac{\pi}{4} = a\frac{\sqrt{2}}{2}, \quad y_0 = b\sin\frac{\pi}{4} = b\frac{\sqrt{2}}{2};$$

切线方程为

$$y - b\frac{\sqrt{2}}{2} = -\frac{b}{a}\left(x - a\frac{\sqrt{2}}{2}\right);$$

即

$$bx + ay - \sqrt{2}ab = 0.$$

5. 高阶导数

一般地,如果 $f'(x)$ 在点 x 处对 x 的导数 $[f'(x)]'$ 存在,则称 $[f'(x)]'$ 为 $f(x)$ 在点 x 处的二阶导数,记作 $f''(x)$, y'', $\dfrac{d^2y}{dx^2}$ 或 $\dfrac{d^2f}{dx^2}$.

相应地,把 $y = f(x)$ 的导数 $y' = f'(x)$ 称为函数 $y = f(x)$ 的一阶导数.

类似地,二阶导数 $f''(x)$ 的导数称为 $f(x)$ 的三阶导数,记作 $f'''(x)$, y''', $\dfrac{d^3y}{dx^3}$, $\dfrac{d^3f}{dx^3}$, $(n-1)$ 阶

导数 $f^{(n-1)}(x)$ 的导数称为 $f(x)$ 的 n 阶导数,记作 $f^{(n)}(x)$, $y^{(n)}$, $\dfrac{d^n y}{dx^n}$ 或 $\dfrac{d^n f}{dx^n}$.

函数 $y=f(x)$ 在点 x 处具有 n 阶导数,也称 n 阶可导. 二阶及二阶以上各阶导数统称高阶导数. 四阶或四阶以上的导数记作 $f^{(k)}(x)$, $y^{(k)}$, $\dfrac{d^k y}{dx^k}$, $\dfrac{d^k f}{dx^k}$ ($k \geq 4$).

由物理学知,速度函数 $v(t)$ 对时间 t 的变化率就是加速度 $a(t)$,即 $a(t)=v'(t)=[s'(t)]'$,于是,加速度 $a(t)$ 是路程函数 $s(t)$ 对时间 t 的导数,即 $s(t)$ 的二阶导数 $s''(t)$.

函数 $y=f(x)$ 在点 x_0 处的各阶导数就是其各阶导函数在点 x_0 处的函数值,即
$$f''(x_0), f'''(x_0), f^{(4)}(x_0), \cdots, f^{(n)}(x_0).$$

从定义可以看出,求高阶导数只需要进行一系列的求导运算,并不需要另外的方法. 下面看一些例题.

例 1-2-21 求下列函数的二阶导数.

(1) $y=2x^3-3x^2+5$;   (2) $y=x\cos x$.

解:(1) $y'=6x^2-6x$,

$y''=(6x^2-6x)'=12x-6$.

(2) $\dfrac{dy}{dx}=\cos x-x\sin x$,

$\dfrac{d^2 y}{dx^2}=-\sin x-\sin x-x\cos x=-2\sin x-x\cos x$.

例 1-2-22 设 $f(x)=x^2 \ln x$,求 $f'''(2)$.

解:$f'(x)=2x\ln x+x$,$f''(x)=2\ln x+3$,$f'''(x)=\dfrac{2}{x}$,$f'''(2)=1$.

案例 1-2-7 【飞机起航】 飞机起飞的一段时间内,设飞机运动的路程 s(单位:m)与时间 t(单位:s)的关系满足 $s=t^3-\sqrt{t}$,求当 $t=4$ s 时,飞机的加速度.

解:因为
$$s'=(t^3-\sqrt{t})'=3t^2-\dfrac{1}{2\sqrt{t}},$$
$$s''=\left(3t^2-\dfrac{1}{2\sqrt{t}}\right)'=6t+\dfrac{1}{4t\sqrt{t}},$$

所以当 $t=4$ s 时,飞机的加速度为 $a=s''|_{t=4}=24+\dfrac{1}{32}$(m/s^2).

例 1-2-23 求下列函数的 n 阶导数:

(1) $y=a^x$;   (2) $y=e^{-2x}$;

(3) $y=x^n$;   (4) $y=\sin x$.

解:(1) $y'=a^x \ln a$,$y''=a^x (\ln a)^2$,$\cdots$,

$y^{(n)}=a^x (\ln a)^n$.

(2) $y'=(-2)e^{-2x}$,$y''=(-2)^2 e^{-2x}$,$\cdots$,

$y^{(n)}=(-1)^n 2^n e^{-2x}$.

(3) $y'=nx^{n-1}$,$y''=n(n-1)x^{n-2}$,$y'''=n(n-1)(n-2)x^{n-3}$,$\cdots$,

$y^{(n-1)}=n(n-1)(n-2)\cdots\times 3\times 2x$,

所以
$$y^{(n)} = n!.$$

(4) $y' = (\sin x)' = \cos x = \sin\left(x + \frac{1}{2}\pi\right),$

$y'' = (\cos x)' = -\sin x = \sin\left(x + \frac{2}{2}\pi\right),$

$y''' = (-\sin x)' = -\cos x = \sin\left(x + \frac{3}{2}\pi\right),$

…

一般地,可得
$$(\sin x)^{(n)} = \sin\left(x + \frac{n}{2}\pi\right)(n = 1,2,3,\cdots).$$

同理可得
$$(\cos x)^{(n)} = \cos\left(x + \frac{n}{2}\pi\right)(n = 1,2,3,\cdots).$$

1.2.3 导数的应用

函数的导数在工程技术、管理科学、经济生活等各个领域有着广泛的应用. 本小节介绍利用导数求未定式极限的洛必达法则及函数的单调性、极值、最值、曲线的凹向与拐点等.

1. 利用导数求未定式的极限

在极限的运算中,有"$\frac{0}{0}$""$\frac{\infty}{\infty}$""$\infty - \infty$""$0 \cdot \infty$"等形式的函数表达式,它们称为未定式. 其中"$\frac{0}{0}$""$\frac{\infty}{\infty}$"型未定式称为基本未定式. 下面介绍一种简捷有效的求未定式极限的计算方法——洛必达法则.

1) 基本未定式("$\frac{0}{0}$"或"$\frac{\infty}{\infty}$"型未定式)

定理 1-2-4 (洛必达法则)若函数 $f(x)$ 与 $g(x)$ 满足条件:

(1) $\lim\limits_{x \to x_0} f(x) = 0, \lim\limits_{x \to x_0} g(x) = 0$;(或 $\lim\limits_{x \to x_0} f(x) = \infty, \lim\limits_{x \to x_0} g(x) = \infty$);

(2) $f(x)$ 与 $g(x)$ 在点 x_0 的附近(点 x_0 可除外)可导,且 $g'(x) \neq 0$;

(3) $\lim\limits_{x \to x_0} \frac{f'(x)}{g'(x)} = A$(或 ∞),

则 $\lim\limits_{x \to x_0} \frac{f(x)}{g(x)} = \lim\limits_{x \to x_0} \frac{f'(x)}{g'(x)} = A$(或 ∞).

证明从略.

注意:(1)定理 1-2-4 中,若 $x \to x_0^+, x \to x_0^-, x \to \infty, x \to +\infty, x \to -\infty$,洛必达法则同样适用,故可简单地表示为 $\lim \frac{f(x)}{g(x)} = \lim \frac{f'(x)}{g'(x)} = A$(或$\infty$).

(2)如果 $\lim\limits_{x \to x_0} \frac{f'(x)}{g'(x)}$ 仍为 "$\frac{0}{0}$" 型(或 "$\frac{\infty}{\infty}$" 型),而函数 $f'(x)$ 与 $g'(x)$ 也满足定理条件,则可

继续使用洛必达法则. 应强调指出的是, 每次使用时都必须验证条件是否成立.

例 1-2-24 求 $\lim\limits_{x\to 1}\dfrac{x^2-2x+1}{x^2-3x+2}$.

解: 当 $x\to 1$ 时, 有 $x^2-2x+1\to 0$ 和 $x^2-3x+2\to 0$, 这是 "$\dfrac{0}{0}$" 型未定式.

由洛必达法则, 有

$$\lim_{x\to 1}\frac{x^2-2x+1}{x^2-3x+2}=\lim_{x\to 1}\frac{(x^2-2x+1)'}{(x^2-3x+2)'}=\lim_{x\to 1}\frac{2x-2}{2x-3}=0.$$

例 1-2-25 求 $\lim\limits_{x\to+\infty}\dfrac{\ln x}{x^n}$.

解: 当 $x\to+\infty$ 时, 有 $\ln x\to\infty$ 和 $x^n\to\infty$, 这是 "$\dfrac{\infty}{\infty}$" 型未定式.

由洛必达法则, 有

$$\lim_{x\to+\infty}\frac{\ln x}{x^n}=\lim_{x\to+\infty}\frac{\dfrac{1}{x}}{nx^{n-1}}=\lim_{x\to+\infty}\frac{1}{nx^n}=0.$$

例 1-2-26 求 $\lim\limits_{x\to 1}\dfrac{x^3-3x^2+3x-1}{x^3-6x^2+9x-4}$.

解: 当 $x\to 0$ 时, 有 $x^3-3x^2+3x-1\to 0$ 和 $x^3-6x^2+9x-4\to 0$, 这是 "$\dfrac{0}{0}$" 型未定式. 由洛必达法则, 有

$$\lim_{x\to 1}\frac{x^3-3x^2+3x-1}{x^3-6x^2+9x-4}=\lim_{x\to 1}\frac{3x^2-6x+3}{3x^2-12x+9},$$

当 $x\to 0$ 时, 有 $3x^2-6x+3\to 0$ 和 $3x^2-12x+9\to 0$, 仍是 "$\dfrac{0}{0}$" 型未定式.

再用洛必达法则, 有

$$\lim_{x\to 1}\frac{3x^2-6x+3}{3x^2-12x+9}=\lim_{x\to 1}\frac{6x-6}{6x-12}=0.$$

例 1-2-27 求 $\lim\limits_{x\to 0}\dfrac{1-\cos x}{x^2}$.

解: 当 $x\to 0$ 时, 有 $1-\cos x\to 0$ 和 $x^2\to 0$, 这是 "$\dfrac{0}{0}$" 型未定式.

由洛必达法则, 有

$$\lim_{x\to 0}\frac{1-\cos x}{x^2}=\lim_{x\to 0}\frac{\sin x}{2x}=\frac{1}{2}.$$

例 1-2-28 求 $\lim\limits_{x\to+\infty}\dfrac{\dfrac{\pi}{2}-\arctan x}{\dfrac{1}{x}}$.

解: 当 $x\to+\infty$ 时, 有 $\dfrac{\pi}{2}-\arctan x\to 0$ 和 $\dfrac{1}{x}\to 0$, 这是 "$\dfrac{0}{0}$" 型未定式.

由洛必达法则, 有

$$\lim_{x\to+\infty}\frac{\frac{\pi}{2}-\arctan x}{\frac{1}{x}} = \lim_{x\to+\infty}\frac{-\frac{1}{1+x^2}}{-\frac{1}{x^2}} = \lim_{x\to+\infty}\frac{x^2}{1+x^2} = 1.$$

2) 其他型未定式

未定式除基本未定式"$\frac{0}{0}$""$\frac{\infty}{\infty}$"型外,还有"$0\cdot\infty$""$\infty-\infty$""0^0""∞^0"和"1^∞"五种类型,本书主要介绍"$0\cdot\infty$"和"$\infty-\infty$"型,这两种类型未定式可通过适当的恒等变形可转化为基本未定式.

例 1-2-29 求 $\lim\limits_{x\to 0^+} x\ln x$($0\cdot\infty$型).

解:$\lim\limits_{x\to 0^+} x\ln x = \lim\limits_{x\to 0^+}\dfrac{\ln x}{\dfrac{1}{x}}$(已化为"$\dfrac{\infty}{\infty}$"型)

$$= \lim_{x\to 0^+}\frac{\dfrac{1}{x}}{-\dfrac{1}{x^2}} = \lim_{x\to 0^+}(-x) = 0.$$

例 1-2-30 求 $\lim\limits_{x\to\frac{\pi}{2}}(\sec x-\tan x)$("$\infty-\infty$"型).

解:$\lim\limits_{x\to\frac{\pi}{2}}(\sec x-\tan x) = \lim\limits_{x\to\frac{\pi}{2}}\left(\dfrac{1}{\cos x}-\dfrac{\sin x}{\cos x}\right)$

$$=\lim_{x\to\frac{\pi}{2}}\frac{1-\sin x}{\cos x}\left(\text{已化为"}\frac{0}{0}\text{"型}\right)$$

$$=\lim_{x\to\frac{\pi}{2}}\frac{-\cos x}{-\sin x} = \frac{0}{1} = 0.$$

洛必达法则为求未定式的极限提供了一个非常有效的方法,但它并不是万能的.

例 1-2-31 求 $\lim\limits_{x\to\infty}\dfrac{x+\sin x}{1+x}$.

解:这是"$\dfrac{\infty}{\infty}$"型未定式,但极限 $\lim\limits_{x\to\infty}\dfrac{f'(x)}{g'(x)} = \lim\limits_{x\to\infty}\dfrac{1+\cos x}{1}$ 不存在,即不满足洛必达法则的第三个条件,所以不能使用洛必达法则,但不能断言原极限不存在.事实上原极限可由下面的方法求出:

$$\lim_{x\to\infty}\frac{x+\sin x}{1+x} = \lim_{x\to\infty}\frac{1+\dfrac{1}{x}\sin x}{\dfrac{1}{x}+1} = 1.$$

例 1-2-32 求 $\lim\limits_{x\to+\infty}\dfrac{\sqrt{1+x^2}}{x}$.

解:$\lim\limits_{x\to+\infty}\dfrac{\sqrt{1+x^2}}{x} = \lim\limits_{x\to+\infty}\dfrac{\dfrac{2x}{2\sqrt{1+x^2}}}{1} = \lim\limits_{x\to+\infty}\dfrac{x}{\sqrt{1+x^2}} = \lim\limits_{x\to+\infty}\dfrac{1}{\dfrac{x}{\sqrt{1+x^2}}}$

$$= \lim_{x \to +\infty} \frac{\sqrt{1+x^2}}{x}.$$

经过两次运用洛必达法则,又回到了原来的形式,这说明洛必达法则失效,此例可按如下方法计算:

$$\lim_{x \to +\infty} \frac{\sqrt{1+x^2}}{x} = \lim_{x \to +\infty} \sqrt{\frac{1+x^2}{x^2}} = \lim_{x \to +\infty} \sqrt{\frac{1}{x^2}+1} = 1.$$

从以上两例可以看出,洛必达法则的条件是充分的而不是必要的.若运用该法则不能解决某未定式的极限问题,并不意味着该未定式的极限不存在,而应考虑使用其他方法.

案例 1-2-8【巨石陨落】 质量为 m 的巨石从静止开始下落,考虑空气阻力, t s 后它的速度的数学模型为:

$$v = \frac{mg}{c}(1 - e^{-ct/m}),$$

其中 g 为重力加速度, c 为正常数. 问该巨石下落的速度将会怎样?

解: 巨石的质量可视为 $m \to \infty$,则由洛必达法则,有

$$\lim_{m \to \infty} v = \lim_{m \to \infty} \frac{mg}{c}(1 - e^{-ct/m}) = \frac{g}{c} \lim_{m \to \infty} \frac{1 - e^{-ct/m}}{\frac{1}{m}}$$

$$= \frac{g}{c} \lim_{m \to \infty} \frac{-e^{-ct/m} \cdot \frac{ct}{m^2}}{-\frac{1}{m^2}} = \frac{g}{c} ct \lim_{m \to \infty} e^{-ct/m} = gt.$$

即空气阻力对巨石不起作用,该巨石下落速度为自由落体的下落速度.

函数的单调性及极值

2. 函数的单调性及其极值

函数的单调性是函数的一个重要性态,它反映了函数在某个区间随自变量的增大而增大(或减少)的一个特征. 但是,利用单调性的定义来讨论函数的单调性往往是比较困难的. 下面介绍利用导数符号来判别函数单调性的方法.

为直观起见,先考察单调函数的图像.

从图 1-2-2 可以看出, $y = f(x)$ 在区间 $[a,b]$ 上单调增加,这时曲线上各点的切线的倾斜角 α 都是锐角,于是 $\tan\alpha > 0$,即 $f'(x) > 0$. 同样,从图 1-2-3 可以看出, $y = f(x)$ 在 $[a,b]$ 上单调减少,这时曲线上各点切线的倾斜角 α 为钝角,于是 $\tan\alpha < 0$,即 $f'(x) < 0$.

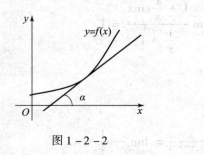

图 1-2-2

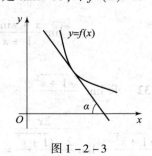

图 1-2-3

由此可知,函数在区间上的单调性与其导数有着密切的关系,这说明可以利用导数的符号

来判断函数的单调性.给出下面的定理.

1)函数单调性的判定

定理 1-2-5 设函数 $f(x)$ 在区间 (a,b) 内可导:

(1)如果在 (a,b) 内, $f'(x)>0$, 那么函数 $f(x)$ 在 (a,b) 内单调增加;

(2)如果在 (a,b) 内, $f'(x)<0$, 那么函数 $f(x)$ 在 (a,b) 内单调减少.

注意:(1)定理 1-2-5 中的开区间换成其他各种区间(包括无穷区间),结论仍成立.

(2)如果函数的导数仅在一些离散点处为 0,而在其余点处都满足定理 1-2-5 的条件,则函数单调性结论仍成立. 如 $f(x)=x^3$ 在 $(-\infty,+\infty)$ 内除 $x=0$ 外, 处处有 $f'(x)=3x^2>0$, 函数 $f(x)=x^3$ 在 $(-\infty,+\infty)$ 内仍是单调增加的.

讨论函数 $y=f(x)$ 的单调性可以按以下步骤进行:

(1)确定函数的定义域;

(2)求出导数 $f'(x)$, 求出使 $f'(x)=0$ 和 $f'(x)$ 不存在的点;

(3)以这些点为分界点,将定义域分为若干个子区间,以列表分析的形式在各个子区间讨论 $f'(x)$ 的符号,从而判定函数的单调性;

(4)写出结论.

例 1-2-33 确定函数 $f(x)=36x^5+15x^4-40x^3-7$ 的单调区间.

解:这个函数的定义域为 $(-\infty,+\infty)$.

$$f'(x)=180x^4+60x^3-120x^2=60x^2(x+1)(3x-2),$$

解方程 $f'(x)=0$, 得 $x=-1, x=0, x=\frac{2}{3}$.

列表分析(表 1-2-2).

表 1-2-2

x	$(-\infty,-1)$	-1	$(-1,0)$	0	$\left(0,\frac{2}{3}\right)$	$\frac{2}{3}$	$\left(\frac{2}{3},+\infty\right)$
$f'(x)$	+	0	−	0	−	0	+
$y=f(x)$	↗		↘		↘		↗

故 $f(x)$ 在区间 $\left(-1,\frac{2}{3}\right)$ 内单调减少;在区间 $(-\infty,-1)$, $\left(\frac{2}{3},+\infty\right)$ 内单调增加,如图 1-2-4 所示.

例 1-2-34 确定函数 $f(x)=1-\sqrt[3]{(x-2)^2}$ 的单调性.

解:定义域为 $(-\infty,+\infty)$.

$$f'(x)=-\frac{2}{3}(x-2)^{-\frac{1}{3}},$$

没有导数为 0 的点,但 $x=2$ 为导数不存在的点.

列表分析(表 1-2-3).

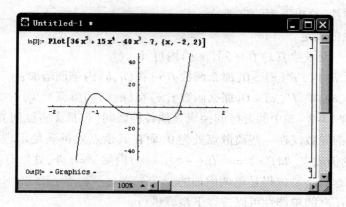

图 1-2-4

表 1-2-3

x	$(-\infty,2)$	2	$(2,+\infty)$
$f'(x)$	+	不存在	−
$f(x)$	↗		↘

故 $f(x)$ 在 $(-\infty,2)$ 内单调增加,在 $(2,+\infty)$ 内单调减少,如图 1-2-5 所示.

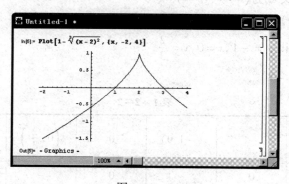

图 1-2-5

案例 1-2-9【工作效率】 对某企业员工的工作效率的研究表明,一个班次(8 h)的中等水平员工早上 8:00 开始工作,在 t 小时后,生产的效率为

$$Q(t) = -t^3 + 9t^2 + 12t.$$

试讨论该班次何时工作效率是提高的,何时工作效率又是下降的.

解:工作效率由函数 $Q(t) = -t^3 + 9t^2 + 12t$ 决定,其提高与下降即函数的单调增加与单调减少,本问题的讨论范围是 $[0,8]$.

由 $Q'(t) = -3t^2 + 18t + 12 = -3(t^2 - 6t - 4) = 0$,得 $t = 3 + \sqrt{13}$(负值舍去).

当 $0 < t < 3 + \sqrt{13}$ 时,$Q'(t) > 0$,即工作效率是提高的;

当 $3 + \sqrt{13} < t < 8$ 时,$Q'(t) < 0$,即工作效率是下降的.

利用导数判定函数的单调性的方法还可以用来证明一些不等式.

例 1-2-35 求证当 $x > 0$ 时,有 $e^x > 1 + x$.

证明： 令 $f(x) = e^x - 1 - x$，则
$$f'(x) = e^x - 1 > 0 \quad (x > 0),$$
于是 $f(x)$ 在 $(0, +\infty)$ 内单调增加，即 $f(x) > f(0)$，而
$$f(0) = e^0 - 1 - 0 = 0,$$
故 $f(x) > 0$，亦即
$$e^x > 1 + x.$$
证毕.

2）函数的极值

定义 1-2-3 设函数 $y = f(x)$ 在点 x_0 附近有定义：

（1）如果对于点 x_0 附近任意的 $x(x \neq x_0)$ 总有 $f(x) < f(x_0)$，则称 $f(x_0)$ 为函数 $f(x)$ 的极大值，并称点 x_0 是 $f(x)$ 的极大值点；

（2）如果对于点 x_0 附近任意的 $x(x \neq x_0)$ 总有 $f(x) > f(x_0)$，则称 $f(x_0)$ 为函数 $f(x)$ 的极小值，并称点 x_0 是 $f(x)$ 的极小值点.

函数的极大值与极小值统称为函数的极值，极大值点与极小值点统称为极值点.

定义 1-2-3 表明，极值只是函数在一个小范围内的最大的值和最小的值，因此，极值是函数的局部性态，而函数的最大值和最小值则是指在区域内的整体性态，两者不可混淆.

图 1-2-6 显示，一个函数可能有若干个极大值 $f(x_1)$，$f(x_3)$ 和极小值 $f(x_2)$，$f(x_4)$，而且有的极小值可能比极大值还大，如 $f(x_4) > f(x_1)$. 同时这些极值都不是函数在定义区间上的最值.

图 1-2-6 还显示，极值点处如果有切线，一定是水平方向的. 但有水平切线的点不一定是极值点，如曲线在点 x_5 处的切线是水平的，x_5 却不是极值点.

根据导数的几何意义，导数为 0 的点切线水平，因此把导数为 0 的点称为驻点.

函数的极值点只能在驻点和导数不存在的点中产生，但是驻点和导数不存在的点又不

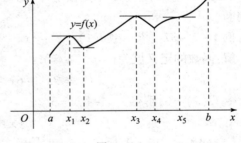

图 1-2-6

一定是极值点，因为驻点和导数是不是极值点，关键看该点左、右两侧的单调性是否发生变化，也就是看该点左、右两侧的导数符号是否发生变化. 下面给出判断极值的充分条件.

定理 1-2-6（极值判别法 I） 设函数 $f(x)$ 在点 x_0 附近连续且可导（允许 $f'(x_0)$ 不存在），当 x 由小增大经过点 x_0 时，若

（1）$f'(x)$ 由正变负，则 x_0 是极大值点；

（2）$f'(x)$ 由负变正，则 x_0 是极小值点；

（3）$f'(x)$ 不改变符号，则 x_0 不是极值点.

例 1-2-36 求函数 $f(x) = x - \dfrac{3}{2}x^{\frac{2}{3}}$ 的极值.

解： 函数的定义域为 $(-\infty, +\infty)$.
$$f'(x) = 1 - x^{-\frac{1}{3}} = \dfrac{\sqrt[3]{x} - 1}{\sqrt[3]{x}}.$$

令 $f'(x)=0$,解得 $x=1$. 当 $x=0$ 时,$f'(x)$ 不存在.

列表分析(表 1-2-4).

表 1-2-4

x	$(-\infty,0)$	0	$(0,1)$	1	$(1,+\infty)$
$f'(x)$	+	不存在	-	0	+
$f(x)$	↗	极大值 0	↘	极小值 $-\dfrac{1}{2}$	↗

由表 1-2-4 得函数的极大值为 $f(0)=0$,极小值为 $f(1)=-\dfrac{1}{2}$.

利用定理 1-2-6 判断函数的极值时,需考察函数的驻点和导数不存在的点左、右附近的导数符号,但有时比较复杂和困难. 如果函数在驻点存在二阶导数,那么用二阶导数的符号会更方便一些.

定理 1-2-7 (极值判别法 Ⅱ) 设函数 $f(x)$ 在点 x_0 处有二阶导数,且 $f'(x_0)=0$:

(1) 若 $f''(x_0)<0$,则函数 $f(x)$ 在点 x_0 处取得极大值;

(2) 若 $f''(x_0)>0$,则函数 $f(x)$ 在点 x_0 处取得极小值;

(3) 若 $f''(x_0)=0$,则不能判断 $f(x_0)$ 是否取得极值.

注意:对于 $f''(x_0)=0$ 的情形,$f(x_0)$ 可能是极大值,可能是极小值,也可能不是极值. 例如 $f(x)=-x^4$,$f''(0)=0$,$f(0)=0$ 是极大值;$g(x)=x^4$,$g''(0)=0$,$g(0)=0$ 是极小值;$\varphi(x)=x^3$,$\varphi''(0)=0$,但 $\varphi(0)=0$ 不是极值. 因此,当 $f''(x_0)=0$ 时,第二判别法失效,只能用第一判别法判断.

例 1-2-37 求函数 $f(x)=x^3-3x^2-9x+1$ 的极值.

解:函数的定义域为 $(-\infty,+\infty)$.
$$f'(x)=3x^2-6x-9=3(x+1)(x-3),$$
令 $f'(x)=0$,解得 $x=-1,x=3$.
$$f''(x)=6x-6,$$
$f''(-1)=-12<0$,所以 $x=-1$ 是极大值点. $f(x)$ 的极大值为 $f(-1)=6$.

$f''(3)=12>0$,所以 $x=3$ 是极小值点. $f(x)$ 的极小值为 $f(3)=-26$.

求函数的极值可以按以下步骤进行:

(1) 求出函数 $f(x)$ 的定义域;

(2) 求导数 $f'(x)$,令 $f'(x)=0$,求出 $f(x)$ 在定义域内的所有驻点,以及 $f'(x)$ 不存在的点;

(3) 用极值判别法 Ⅰ 或极值判别法 Ⅱ 分别考察每个驻点或导数不存在的点是否为极值点,是极大值点还是极小值点;

(4) 求出各极值点的函数值.

3. 函数的最值

函数的最值及曲线的凹向与拐点

在生产实践中,常常遇到在一定条件下,怎样用料最省、产量最大、效率最高、时间最短等问题. 这类问题在数学上归结为求某一函数的最大值与最小值问题.

对于闭区间$[a,b]$上的连续函数$f(x)$,必定存在最大值和最小值,并且最大值和最小值只能在极值点或端点上取得.

如图1-2-7所示,x_1,x_2,x_3是驻点,x_4是不可导但连续的点,a,b是端点,比较$f(a)$,$f(b)$,$f(x_1)$,$f(x_2)$,$f(x_3)$,$f(x_4)$,其中$f(x_4)$为最大值,$f(b)$为最小值.

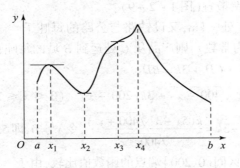

图1-2-7

因此,只要求出函数$f(x)$的所有极值和端点值,它们之中最大的就是最大值,最小的就是最小值.

求连续函数$f(x)$在闭区间$[a,b]$上的最大值和最小值的方法如下:

(1)求出$f(x)$在(a,b)内的所有驻点和一阶导数不存在的连续点,并计算各点的函数值.

(2)求出端点的函数值$f(a)$和$f(b)$.

(3)比较前面求出的所有函数值,其中最大的就是$f(x)$在$[a,b]$上的最大值M,最小的就是$f(x)$在$[a,b]$上的最小值m.

例1-2-38 求函数$f(x)=\sqrt[3]{x^2}+1$在$[-1,2]$上的最大值与最小值.

解:$f'(x)=\dfrac{2}{3\sqrt[3]{x}}$,令$f'(x)=0$,方程无解. 当$x=0$时,$f'(x)$不存在.

由于$f(0)=1$,$f(-1)=2$,$f(2)=\sqrt[3]{4}+1$,所以$f(x)$在$[-1,2]$上的最大值为$f(2)=\sqrt[3]{4}+1$,最小值为$f(0)=1$,如图1-2-8所示.

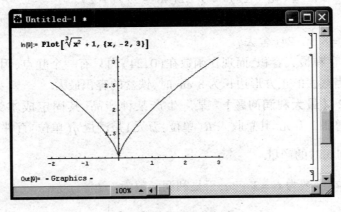

图1-2-8

案例 1-2-10 【货场设置问题】 设铁路边上离工厂 C 最近的点 A 距工厂 20 km，铁路边上 B 城距 A 点 200 km，现要在铁路线 AB 上选一点 D 修筑一条公路，已知铁路与公路每吨千米的货运费之比为 3:5，问 D 选在何处时，才能使产品从工厂 C 运到 B 城的每吨货物的总运费最省（图 1-2-9）？

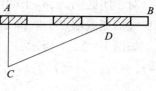

图 1-2-9

解：设 D 点选在距离 A 处 x km，又设铁路与公路的每吨千米货运费分别为 $3k, 5k$（k 为常数），则产品从 C 处运到 B 城的每吨总运费为

$$y = 5k \cdot CD + 3k \cdot BD$$
$$= 5k\sqrt{400+x^2} + 3k(200-x) \quad (0 \leqslant x \leqslant 200).$$

因为 $y' = 5k\dfrac{x}{\sqrt{400+x^2}} - 3k = \dfrac{k(5x - 3\sqrt{400+x^2})}{\sqrt{400+x^2}}$，令 $y'=0$，即 $5x = 3\sqrt{400+x^2}$，得 $x = 15$.

将 $y|_{x=15} = 680k$，与闭区间 $[0,200]$ 端点的函数值比较，由于

$$y|_{x=0} = 700k, \quad y|_{x=200} = 5\sqrt{40\,400}\,k > 1\,000k,$$

因此，当 D 点选在距离 A 点 15 km 处时每吨货物的总运费最省．

在实际问题中，如果函数 $f(x)$ 在某区间内只有唯一的驻点 x_0，而且从实际问题本身又可以知道 $f(x)$ 在该区间内必定有最大值或最小值，那么 $f(x_0)$ 就是所要求的最大值或最小值，而不必与区间的端点值比较．

案例 1-2-11 【铁盒制作问题】 用边长为 48 cm 的正方形铁皮做一个无盖的铁盒时，在铁皮的四角各截去一个面积相等的小正方形（图 1-2-10），然后把四边形折起，就能焊成铁盒．问在四角截去多大的正方形，才能使所做的铁盒容积最大？

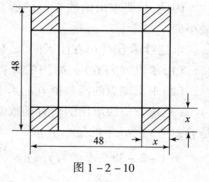

图 1-2-10

解：设截去的小正方形的边长为 x cm，铁盒的容积为 V cm³，由题意知

$$V = x(48-2x)^2 \quad (0 < x < 24).$$
$$V' = (48-2x)^2 + x \cdot 2(48-2x)(-2)$$
$$= (48-2x)(48-6x) = 12(24-x)(8-x).$$

令 $V' = 0$，得 $x = 8, x = 24$（舍去）．

由于铁盒必然存在最大容积，而现在函数在 $(0,24)$ 内只有一个驻点，因此，当 $x = 8$ 时，函数取得最大值，即当截去的正方形边长为 8 cm 时，铁盒的容积最大．

案例 1-2-12 【最大利润问题】 某厂生产某种产品，其固定成本为 3 万元，每生产 100 件产品，成本增加 2 万元．其总收入 R（单位：万元）是产量 q（单位：百件）的函数：$R = 5q - \dfrac{1}{2}q^2$，求达到最大利润时的产量．

解：由题意，成本函数为 $C = 3 + 2q$，于是利润函数为

$$L = R - C = -3 + 3q - \dfrac{1}{2}q^2.$$

$L' = 3 - q$，令 $L' = 0$，得 $q = 3$（百件）．

因为 $q=3$ 是唯一的驻点,所以它就是最大值点,即产量为 300 件时取得最大利润.

案例 1-2-13【最小成本问题】 已知某个企业的成本函数为 $C=q^3-9q^2+30q+25$,其中 C 表示成本(单元:千元),q 表示产量(单位:t),求平均可变成本 y(单位:千元)的最小值.

解:平均可变成本 $y=\dfrac{C-25}{q}=q^2-9q+30$,

$y'=2q-9$,令 $y'=0$,得 $q=4.5(\mathrm{t})$.

由于 $q=4.5$ 是唯一的驻点,所以它就是最小值点.

$$y\Big|_{q=4.5}=(4.5)^2-9\times(4.5)+30=9.75(千元).$$

即产量为 4.5 t 时,平均可变成本取得最小值 9 750 元.

案例 1-2-14【商品征税问题】 某商家的一种商品的价格 $P=7-0.2Q$(万元/t),Q 为销售量,商品的成本函数为 $C(Q)=3Q+1$(万元).

(1)若每销售 1 t 商品,政府要征税 t 万元,求该商家获得最大利润时的销售量和价格.

(2)t 为何值时,政府的税收总额最大?

解:(1)商家的税后利润为

$$\begin{aligned}L(Q)&=R(Q)-C(Q)-T(Q)\\&=PQ-(3Q+1)-tQ\\&=(7-0.2Q)Q-(3Q+1)-tQ\\&=0.2Q^2+(4-t)Q-1,\end{aligned}$$

$$L'(Q)=-0.4Q+4-t.$$

令 $L'(Q)=0$,得唯一驻点 $Q=\dfrac{5}{2}(4-t)$,则该商家获得最大利润时的销售量为 $Q=\dfrac{5}{2}(4-t)(\mathrm{t})$. 此时,价格应定为

$$P=7-0.2\times\dfrac{5}{2}(4-t)=5-0.5t(万元/\mathrm{t}).$$

(2)政府税收总额 $T(t)=tQ=\dfrac{5}{2}(4-t)t=-\dfrac{5}{2}t^2+10t\quad(0<t<4)$.

令 $T'(t)=-5t+10=0$,得 $t=2$,则在每吨商品征税 2 万元时,政府的税收总额最大.

4. 曲线的凹向和拐点

研究函数的单调性与极值,对于了解函数的性态、描绘函数的图形起了很大的作用. 但是,仅依赖这些知识,还不能比较准确地描绘出函数的图形. 例如,同样是单调上升的曲线,但在上升的过程中,弯曲方向不同,图形也不同,如图 1-2-11 所示. 图形的弯曲方向,在几何上是用曲线的"凹向"来描述的.

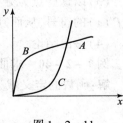

图 1-2-11

1)曲线的凹向及其判定

定义 1-2-4 如果在某区间内,曲线弧位于其上任意一点的切线的上方,则称曲线在这个区间内是上凹的或凹的,如图 1-2-12 所示;如果在某区间内,曲线弧位于其上任意一点的

切线的下方,则称曲线在这个区间内是下凹的或凸的,如图 1-2-13 所示.

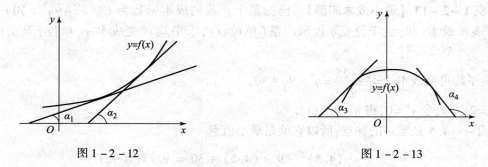

图 1-2-12　　　　　　　　　图 1-2-13

定理 1-2-8　设函数 $f(x)$ 在区间 (a,b) 内存在二阶导数:
(1) 若 $a<x<b$ 时,恒有 $f''(x)>0$,则曲线 $y=f(x)$ 在 (a,b) 内上凹(凹);
(2) 若 $a<x<b$ 时,恒有 $f''(x)<0$,则曲线 $y=f(x)$ 在 (a,b) 内下凹(凸).

因为 $f''(x)>0$ 时,$f'(x)$ 单调增加,$\tan\alpha$ 从小变大;反之,当 $f''(x)<0$ 时,$f'(x)$ 单调减少,$\tan\alpha$ 从大变小.

例 1-2-39　判定曲线 $y=x^3$ 的凹向.

解:函数的定义域为 $(-\infty,+\infty)$.
$$y'=3x^2,\ y''=6x.$$
因为当 $x<0$ 时,$y''<0$,当 $x>0$ 时,$y''>0$,所以曲线在 $(-\infty,0)$ 内是下凹的,在 $(0,+\infty)$ 内是上凹的(这里 $x=0$ 是凹向的分界点).

2) 曲线的拐点

定义 1-2-5　曲线上凹与下凹的分界点称为曲线的拐点.

注意:拐点是指曲线上的点,因此要用有序数组表示,例如 $(x_0,f(x_0))$.

拐点既然是上凹和下凹的分界点,那么在拐点的左、右邻近 $f''(x)$ 必然异号,因而在拐点处有 $f''(x)=0$ 或 $f''(x)$ 不存在.

求曲线的凹向区间与拐点的一般步骤如下:
(1) 求函数的定义域;
(2) 求函数的一阶导数 $f'(x)$ 和二阶导数 $f''(x)$,令 $f''(x)=0$,解出全部根,并求出所有二阶导数不存在的点;
(3) 以这些点为分界点,将定义域分为若干个子区间,以列表分析的形式在各个子区间讨论 $f''(x)$ 的符号,从而判定出曲线的凹向区间与拐点;
(4) 写出结论.

例 1-2-40　求曲线 $y=x^4-2x^3+1$ 的凹向区间与拐点.

解:函数的定义域为 $(-\infty,+\infty)$.
$$y'=4x^3-6x^2,\ y''=12x^2-12x=12x(x-1).$$
令 $y''=0$,解得 $x=0,x=1$.

列表分析(见表 1-2-5,为了清楚起见,表中"∪"表示上凹,"∩"表示下凹).

表 1-2-5

x	$(-\infty,0)$	0	$(0,1)$	1	$(1,+\infty)$
$f''(x)$	+	0	-	0	+
$f(x)$	∪	拐点$(0,1)$	∩	拐点$(1,0)$	∪

故曲线在区间$(-\infty,0)$及$(1,+\infty)$上凹,在区间$(0,1)$下凹,$(0,1)$和$(1,0)$是它的两个拐点,如图 1-2-14 所示.

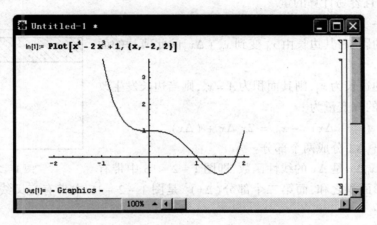

图 1-2-14

例 1-2-41 求曲线 $y=2+(x-4)^{\frac{1}{3}}$ 的凹向区间与拐点.

解:函数的定义域为$(-\infty,+\infty)$.

$$y' = \frac{1}{3}(x-4)^{-\frac{2}{3}}, y'' = -\frac{2}{9}(x-4)^{-\frac{5}{3}}.$$

y''在$(-\infty,+\infty)$内恒不为 0,但 $x=4$ 时,y''不存在.
列表分析(表 1-2-6).

表 1-2-6

x	$(-\infty,4)$	4	$(4,+\infty)$
$f''(x)$	+	不存在	-
$f(x)$	∪	拐点$(4,2)$	∩

故曲线在$(-\infty,4)$内是上凹的,在$(4,+\infty)$内是下凹的,点$(4,2)$是曲线的拐点,如图 1-2-15 所示.

从图 1-2-15 不难看出,点$(4,2)$确实是曲线的拐点,只不过该点处的切线为铅垂方向的,故一阶导数、二阶导数都不存在.

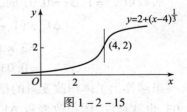

图 1-2-15

1.2.4 微分及其应用

1. 微分的定义

导数表示函数在点 x 处的变化率,它描述函数在点 x 处变化的快慢程度,但有时还需要了解函数在某一点处当自变量有一个微小的改变量时,函数所取得的相应改变量,而用公式 $\Delta y = f(x + \Delta x) - f(x)$ 计算往往比较麻烦,于是需要寻求一种当 Δx 很小时,能近似代替 Δy 并且容易计算的量.

案例 1-2-15【薄片面积的改变量】 一个正方形金属薄片因受温度的影响,其边长由 x_0 变到 $x_0 + \Delta x$,问此薄片的面积增长了多少?

设此薄片的边长为 x_0,则其面积为 $A = x_0^2$,则当边长发生改变时,相应面积的改变量为

$$\Delta A = (x_0 + \Delta x)^2 - x_0^2 = 2x_0 \Delta x + (\Delta x)^2,$$

从上式可以看出,ΔA 分成两个部分:

第一部分 $2x_0 \Delta x$ 是 Δx 的线性函数,即图 1-2-16 中带有斜线的两个矩形面积之和,而第二个部分 $(\Delta x)^2$ 是图 1-2-16 中带有交叉线的小正方形的面积.

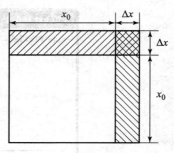

图 1-2-16

假设取 $x_0 = 1, \Delta x = 0.01$ 时,Δx 相对于 x_0 是一个微小的改变量,相应面积的改变量为

$$\Delta A = (1 + 0.01)^2 - 1^2 = 2 \times 1 \times 0.01 + (0.01)^2 = 0.0201.$$

虽然算出了面积改变量的精确值,但在实际应用中,一般保留小数点后两位,即取近似值 0.02,也就是说,面积改变量 ΔA 的第二个部分 $(\Delta x)^2$ 被省略了,这是因为 $(\Delta x)^2 = 0.0001$ 比 Δx 还要小,对 ΔA 的影响微乎其微,可以忽略不计.

当 $\Delta x \to 0$ 时,第二个部分 $(\Delta x)^2$ 是比 Δx 高阶的无穷小,即 $(\Delta x)^2$ 趋近于 0 的速度比 Δx 快,而第一部分 $2x_0 \Delta x$ 中的 $2x_0$ 恰好是 x^2 在点 x_0 处的导数,因此,ΔA 可改写为

$$\Delta A = (x^2)' \big|_{x = x_0} \Delta x + \Delta x \text{ 的高阶无穷小}.$$

案例 1-2-16【铁块体积的改变量】 为了防止正方体铁块生锈,可以在其表面镀上一层不易生锈的金属锌,试问镀锌后体积增加了多少?

设铁块的棱长为 x_0,体积为 $V = x_0^3$,镀锌后棱长改变量为 Δx,体积改变量为 ΔV.

$$\Delta V = (x_0 + \Delta x)^3 - x_0^3 = 3x_0^2 \Delta x + 3x_0 (\Delta x)^2 + (\Delta x)^3.$$

假设取 $x_0 = 1, \Delta x = 0.01$ 时,Δx 相对于 x_0 是一个微小的改变量,相应体积改变量为

$$\begin{aligned}\Delta V &= (1 + 0.01)^3 - 1^3 \\ &= 3 \times 1^2 \times 0.01 + 3 \times 1 \times (0.01)^2 + (0.01)^3 \\ &= 0.030301.\end{aligned}$$

虽然算出了体积改变量的精确值,但在实际应用中,一般保留小数点后两位,即取近似值 0.03,也就是说,体积改变量 ΔV 中 $3x_0 (\Delta x)^2 + (\Delta x)^3$ 部分被省略了,这是因为 $3x_0 (\Delta x)^2 + (\Delta x)^3 = 0.000301$,比 Δx 还小,对 ΔV 的影响微乎其微,可以忽略不计.

当 $\Delta x \to 0$ 时,$3x_0 (\Delta x)^2 + (\Delta x)^3$ 是比 Δx 高阶的无穷小,即 $3x_0 (\Delta x)^2 + (\Delta x)^3$ 趋近于 0 的

速度比 Δx 快,而第一部分 $3x_0^2\Delta x$ 中的 $3x_0^2$ 恰好是 x^3 在点 x_0 处的导数,因此,ΔV 可改写为
$$\Delta V = (x^3)'|_{x=x_0}\Delta x + \Delta x \text{ 的高阶无穷小}.$$

上述两个案例的实际意义不同,但都进行相同的数学运算,即函数的改变量可以等于函数在点 x_0 处的导数与自变量改变量 Δx 的乘积加上一个 Δx 的高阶无穷小,并且,当 Δx 很小时,函数的改变量可以近似等于这个乘积,并称其为函数的微分,下面给出函数微分的定义.

定义 1-2-6 如果函数 $y=f(x)$ 在点 x_0 处有导数 $f'(x_0)$,则称 $f'(x_0)\Delta x$ 为 $y=f(x)$ 在点 x_0 处的微分,记作 $\mathrm{d}y|_{x=x_0}$,即 $\mathrm{d}y|_{x=x_0}=f'(x_0)\Delta x$. 此时,也称 $y=f(x)$ 在点 x_0 处可微.

例如,案例 1-2-15 中金属片面积的改变量 $\Delta A \approx \mathrm{d}A|_{x=x_0}=(x^2)'|_{x=x_0}\Delta x=2x_0\Delta x$,案例 1-2-16 中铁块体积的改变量 $\Delta V \approx \mathrm{d}V=(x^3)'|_{x=x_0}\Delta x=3x_0^2\Delta x$.

函数 $y=f(x)$ 在任意点 x 处的微分,叫作函数的微分,记作 $\mathrm{d}y=f'(x)\Delta x$.

如果将自变量 x 当作自己的函数 $y=x$,则有 $\mathrm{d}x=\mathrm{d}y=(x)'\Delta x=\Delta x$,说明自变量的微分 $\mathrm{d}x$ 就等于它的改变量 Δx,于是函数的微分可以写成
$$\mathrm{d}y = f'(x)\mathrm{d}x,$$
即 $f'(x)=\dfrac{\mathrm{d}y}{\mathrm{d}x}$,也就是说,函数的微分 $\mathrm{d}y$ 与自变量的微分 $\mathrm{d}x$ 之商等于该函数的导数,因此,导数又叫作微商.

例 1-2-42 求函数 $y=x^3\mathrm{e}^{2x}$ 的微分 $\mathrm{d}y$.

解: $y'=3x^2\mathrm{e}^{2x}+2x^3\mathrm{e}^{2x}=x^2\mathrm{e}^{2x}(3+2x)$,所以
$$\mathrm{d}y = y'\mathrm{d}x = x^2\mathrm{e}^{2x}(3+2x)\mathrm{d}x.$$

例 1-2-43 求函数 $y=\arctan\dfrac{1}{x}$ 在点 $x=1$ 处的微分 $\mathrm{d}y|_{x=1}$.

解: $y'=\dfrac{-\dfrac{1}{x^2}}{1+\dfrac{1}{x^2}}=-\dfrac{1}{1+x^2}$,所以
$$\mathrm{d}y|_{x=1} = -\dfrac{1}{1+x^2}\bigg|_{x=1}\mathrm{d}x = -\dfrac{1}{2}\mathrm{d}x.$$

由此可见,要计算函数的微分 $\mathrm{d}y$,只要求出导数 $f'(x)$,再乘以自变量的微分 $\mathrm{d}x$ 就可以了.

下面讨论复合函数的微分.

设 $y=f(u)$ 及 $u=\varphi(x)$ 都可导,则复合函数 $y=f[\varphi(x)]$ 的微分为
$$\mathrm{d}y = y_x'\mathrm{d}x = f'(u)\varphi'(x)\mathrm{d}x.$$
由于 $\varphi'(x)\mathrm{d}x=\mathrm{d}u$,所以,复合函数 $y=f[\varphi(x)]$ 的微分公式也可以写成
$$\mathrm{d}y = f'(u)\mathrm{d}u \text{ 或 } \mathrm{d}y = y_u'\mathrm{d}u.$$
由此可见,无论 u 是自变量还是另一个变量的可微函数,微分形式 $\mathrm{d}y=f'(u)\mathrm{d}u$ 保持不变. 这一性质称为微分形式不变性. 这一性质表示,当变换自变量时,微分形式 $\mathrm{d}y=f'(u)\mathrm{d}u$ 并不改变.

例 1-2-44 求函数 $y=\sin(2x+1)$ 的微分 $\mathrm{d}y$.

解: 把 $2x+1$ 看成中间变量 u,则 $y=\sin u, u=2x+1$.

$$dy = d(\sin u) = \cos u\, du = \cos(2x+1)d(2x+1)$$
$$= \cos(2x+1)\cdot 2dx = 2\cos(2x+1)dx.$$

在求复合函数的微分过程中,可以不写出中间变量.

例 1-2-45 求函数 $y = \ln(1+e^{x^2})$ 的微分 dy.

解: $dy = d\ln(1+e^{x^2}) = \dfrac{1}{1+e^{x^2}}d(1+e^{x^2})$

$= \dfrac{1}{1+e^{x^2}}\cdot e^{x^2}d(x^2) = \dfrac{1}{1+e^{x^2}}\cdot e^{x^2}\cdot 2x\,dx = \dfrac{2xe^{x^2}}{1+e^{x^2}}dx$.

另外,求复合函数的微分还可以直接用微分的定义 $dy = f'(x)dx$,即先求出复合函数的导数再乘以 dx 即可.

2. 微分的几何意义

函数的微分有着明显的几何意义. 设函数 $y=f(x)$ 的图形是一条曲线,如图 1-2-17 所示,在曲线上取一点 $M_0(x_0, y_0)$,过点 M_0 作曲线的切线 M_0T,它与 Ox 轴的交角为 α,则该切线的斜率为 $\tan\alpha = f'(x_0)$. 当自变量在点 x_0 处取得改变量 Δx 时,就得到曲线上另一点 $M(x_0+\Delta x, y_0+\Delta y)$,过点 M 作平行于 y 轴的直线,它与切线交于 T 点,与过点 M_0 平行于 x 轴的直线交于点 N,于是曲线的纵坐标得到相应的改变量

$$\Delta y = f(x_0 + \Delta x) - f(x_0) = NM,$$

同时点 M_0 处的切线的纵坐标也得到相应的改变量 NT,

$$NT = \tan\alpha \cdot M_0N = f'(x_0)\Delta x = dy\big|_{x=x_0}.$$

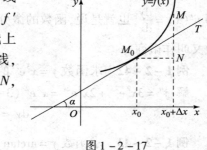

图 1-2-17

可见函数微分的几何意义就是在曲线上某一点处,当自变量取得改变量 Δx 时,曲线在该点处切线纵坐标的改变量. 该点处的切线在该点附近相当小的范围内,可以与曲线密合得难以区分. 这种近似使对复杂函数的研究得到局部简化.

3. 微分在近似计算中的应用

1) 计算函数改变量的近似值

利用微分可以进行近似计算. 由微分的定义知,当 $|\Delta x|$ 很小时,有近似公式 $\Delta y \approx dy = f'(x_0)\Delta x$. 这个公式可以直接用来计算函数改变量的近似值.

案例 1-2-17【收入核算】 飞龙计算机软件公司开发新型的软件程序,若 x 为公司一个月的产量,则收入函数为 $R = 36x - \dfrac{x^2}{20}$(单位:百元),如果公司 2005 年 12 月份的产量从 250 套增加到 260 套,请估计公司 12 月份的收入增加了多少.

解:公司 12 月份产量的增加量为 $\Delta x = 260 - 250 = 10$(套),因为 $|\Delta x|$ 很小,可用微分 dR 来估计 12 月份收入的增加量 ΔR,即

$$\Delta R \approx dR = \left(36x - \dfrac{x^2}{20}\right)'\Delta x \bigg|_{x=250, \Delta x=10} = \left(36 - \dfrac{x}{10}\right)\Delta x \bigg|_{x=250, \Delta x=10} = 110(\text{百元}),$$

该公司 2005 年 12 月份的收入大约增加了 11 000 元.

案例 1-2-18【球壳体积】 一个外直径为 10 cm 的球,球壳厚度为 $\dfrac{1}{16}$ cm,试求球壳体积的近似值.

解:半径为 r 的球的体积为 $V = f(r) = \dfrac{4}{3}\pi r^3$,球壳体积为 ΔV,这就是求球的体积改变量的问题. $r = 5$,$\Delta r = \dfrac{1}{16}$,因为 $|\Delta r|$ 很小,可用微分近似代替改变量,即

$$\Delta V \approx dV = f'(r)\Delta r = 4\pi r^2 \Delta r = 4\pi \times 25 \times \dfrac{1}{16} \approx 19.63(\text{cm}^3).$$

球壳体积的近似值为 $19.63(\text{cm}^3)$.

案例 1-2-19【热胀冷缩】 某一机械挂钟的钟摆的周期为 1 s,在冬季摆长因热胀冷缩而缩短了 0.01 cm. 已知单摆的周期为 $T = 2\pi\sqrt{\dfrac{l}{g}}$,其中 $g = 980 \text{ cm/s}^2$. 问该挂钟每秒大约变化了多少?

解:因为钟摆的周期为 $T = 1$,所以有 $1 = 2\pi\sqrt{\dfrac{l}{g}}$,解得摆长为 $l = \dfrac{g}{(2\pi)^2}$,又摆长的改变量为 $\Delta l = -0.01 \text{ cm}, \dfrac{dT}{dl} = \pi\dfrac{1}{\sqrt{gl}}$,用 dT 近似计算 ΔT,得

$$\Delta T \approx dT = \dfrac{dT}{dl}\Delta l = \pi\dfrac{1}{\sqrt{gl}}\Delta l.$$

将 $\Delta l = -0.01, l = \dfrac{g}{(2\pi)^2}$ 代入上式得

$$\Delta T \approx dT = \pi\dfrac{1}{\sqrt{gl}}\Delta l = \dfrac{\pi}{\sqrt{g \cdot \dfrac{g}{(2\pi)^2}}} \times (-0.01) = \dfrac{2\pi^2}{g} \times (-0.01) \approx -0.0002 \text{ (s)}.$$

因此,由于摆长缩短了 0.01 cm,使钟摆的周期相应地缩短了约 0.0002 s,所以该挂钟每秒约快了 0.0002 s.

2) 计算函数值的近似值

由

$$\Delta y = f(x_0 + \Delta x) - f(x_0) \approx f'(x_0)\Delta x,$$

得

$$f(x_0 + \Delta x) \approx f(x_0) + f'(x_0)\Delta x.$$

这个公式可以用来计算函数在某一点附近的函数值的近似值.

例 1-2-46 求 $\sqrt[3]{1.02}$ 的近似值.

解:这个问题即求函数 $f(x) = \sqrt[3]{x}$ 当 $x = 1.02$ 时的近似值. 现取 $x_0 = 1, \Delta x = 0.02$,则有 $f(1.02) \approx f(1) + f'(1) \cdot \Delta x$,又 $f(1) = \sqrt[3]{1} = 1$,$f'(1) = (\sqrt[3]{x})'|_{x=1} = \left(\dfrac{1}{3 \cdot \sqrt[3]{x^2}}\right)\Big|_{x=1} = \dfrac{1}{3}$,由近似公式得

$$\sqrt[3]{1.02} \approx 1 + \dfrac{1}{3} \times 0.02 \approx 1.0067.$$

案例 1-2-20 【国民经济消费】 设某国的国民经济消费模型为 $y = 10 + 0.4x + 0.01x^{\frac{1}{2}}$. 其中，$y$ 为总消费(单位:10 亿元)，x 为可支配收入(单位:10 亿元). 当 $x = 100.05$ 时，问总消费是多少？

解：令 $x_0 = 100$，$\Delta x = 0.05$，因为 Δx 相对于 x_0 较小，可用上面的近似公式来求值.

$$f(x_0 + \Delta x) \approx f(x_0) + f'(x_0)\Delta x$$

$$= (10 + 0.4 \times 100 + 0.01 \times 100^{\frac{1}{2}}) + (10 + 0.4x + 0.01x^{\frac{1}{2}})'\bigg|_{x=100} \cdot \Delta x$$

$$= 50.1 + \left(0.4 + \frac{0.01}{2\sqrt{x}}\right)\bigg|_{x=100} \times 0.05$$

$$= 50.120\ 025(10\ 亿元).$$

【阅读材料】

一、数学的应用

数学起源于计数、丈量土地等实际的生产活动. 17 世纪牛顿根据力学上的需要发明微积分之后，在很长的时间里，很多数学家同时也是力学家、物理学家，对他们来说，理论和应用是密不可分的. 从那时到 20 世纪初，数学的应用领域主要是力学、物理、天文以及传统工业. 恩格斯在《自然辩证法》中说过："数学的应用：在刚体力学中是绝对的，在气体力学中是近似的，在液体力学中就已经比较困难了；在物理学中是实验性和相对的；在化学中是最简单的一次方程式；在生物学中等于零."

第二次世界大战期间，数学在高速飞行、核弹设计、火炮控制、物资调运、密码破译及军事运筹等方面发挥了重大作用，涌现了一批新的应用数学科学，使应用数学包括了很多学科及门类，形成了强大的阵容，树起了自己的旗帜. 数学的应用已经拓展到几乎每个科学领域和应用部门，而且在其中起着关键的、不可替代的重要作用.

近几十年来，随着科学技术和数学本身的飞速发展以及计算机技术的兴起和发展，数学(包括其中最抽象的分支)在其他领域中空前广泛的渗透和应用是有目共睹的，可以说数学的作用无所不在，且扮演着越来越重要的角色. 一门科学只有当它充分利用了数学之后，才能成为一门精确的科学.

数学的应用领域虽无边界，但大致也可以分为三方面：经济建设(工、农、商等)、科学与技术(特别是高科技)、军事与国防.

在经济建设方面：通过对数据的处理，人们可以探明地下几百千米处的油气储量；在制造业中，涡轮机、压缩机、内燃机、发电机、数据存储磁盘、大规模集成电路、汽车车身、船体等的设计中也都用到了先进的数学设计方法；应用数学，企业家可以探求销售的产品结构，提高产品质量，经济学可以预测价格变动趋势、指明未来经济走向.

在科学与技术方面：数学作为科学的语言和工具，在科学研究与发明、工程技术上起着关键性的作用. 除了在传统的力学、物理学、天文学领域继续扮演重要角色外，数学在生物学、医学及脑科学等领域也取得了突破，无论是 CT 机的问世、DNA 结构模型的描述，还是测定分子结构新方法的产生等,无不渗透着数学的思想.同时,数学在社会科学中也开辟了领域,如用数学进行作品鉴真和史学研究,从而也产生了诸如数理语言学之类的边缘学科.信息时代就是数学时代.

在军事与国防方面:早在古罗马时代,阿基米德就在兵器制造中应用了数学原理.现在,数学与国防军事有更密切的关系,数学家的研究工作可能与空气动力学、流体动力学、弹道学、雷达与声呐、原子弹、密码与情报、空照地图、气象学、计算器等有关,从而直接或间接地影响武器或战术.20世纪90年代初的海湾战争从某个角度上讲就是数学战.我国成功研制出原子弹、氢弹和其他先进武器,发射火箭与卫星,其中也凝聚着数学家的劳动和智慧.在维护国家安全上,信息的加密与破密、刑事案件的侦破等也都直接与数学有关.

近数十年,计算工具飞速进步,大规模应用软件的产生,使数学的应用领域更为宽广,人们可以期待数学为国家和人民创造越来越多的财富.

二、一年中哪一天白天最"长"

据资料记载,五、六月份白天最长.某地某年五、六月份间隔30天的日出、日落时间见表1-2-7.

表1-2-7

日期		5月1日	5月31日	6月30日
时间	日出	4:51	4:17	4:16
	日落	19:04	19:38	19:50

请问,这一年中哪一天白天最"长"?

分析:为了解决这个问题,首先简要介绍插值的相关知识.

在实际应用中,许多函数只能通过观测得出其若干点处的函数值,此类函数一般用表格形式来表示,见表1-2-8.

表1-2-8

x	x_1	x_2	$\cdots$	x_n
$y = f(x)$	y_0	y_1		y_n

由于在这类表格中函数在观测点以外的函数值是未知的,故不利于分析其性质和变化规律.因此,人们常常希望能找到这种函数的一个分析表达式,即使是近似的也好.

插值法就是寻求近似函数表达式的一种常用方法.由于代数多项式最简单,所以人们常用它近似表达表格函数.也就是说,如果已知函数 $y = f(x)$ 在 $n+1$ 个点 $x_0, x_1, \cdots, x_n$ 上的值为 $y_0, y_1, \cdots, y_n$,要求一个次数不超过 n 的多项式 $p(x)$,使得 $p_i(x) = y_i (i = 0, 1, 2, \cdots, n)$. 用这种方法求出的多项式 $p(x)$ 就称为函数 $y = f(x)$ 的插值多项式. 插值多项式有多种,这里直接选用拉格朗日插值公式,即

$$f(x) \approx L_n(x) = \sum_{i=0}^{n} \prod_{\substack{j=0 \\ j \neq i}}^{n} \left(\frac{x - x_j}{x_i - x_j} \right) y_i.$$

例如,当 $n = 1$ 时,

$$L_1(x) = \frac{x - x_1}{x_0 - x_1} y_0 + \frac{x - x_0}{x_1 - x_0} y_1;$$

当 $n=2$ 时,
$$L_2(x) = \frac{(x-x_1)(x-x_2)}{(x_0-x_1)(x_0-x_2)}y_0 + \frac{(x-x_0)(x-x_2)}{(x_1-x_0)(x_1-x_2)}y_1 + \frac{(x-x_0)(x-x_1)}{(x_2-x_0)(x_2-x_1)}y_2.$$

现在回答前面的问题. 不妨设从 5 月 1 日开始计算天数为 x,把 5 月 1 日看作第 0 天($x=0$),再设每天白天的长度(日出到日落的时数)为 14 h 13 min + y min(因为 5 月 1 日白天的长度为 14 h 13 min),于是,天数和白天的长度可以用点 (x,y) 表示. 题中记载的三天数据对应于点 $(0,0),(30,68),(60,81)$,将它们代入 $n=2$ 时的拉格朗日插值公式,得

$$y = \frac{(x-30)(x-60)}{(0-30)(0-60)} \times 0 + \frac{(x-0)(x-60)}{(30-0)(30-60)} \times 68 + \frac{(x-0)(x-30)}{(60-0)(60-30)} \times 81.$$

化简得 $y = \dfrac{x(-11x+1\,146)}{360}$,因此,问题转化为求此函数的最大值点.

令 $y' = \dfrac{-11x+573}{180} = 0$,得唯一驻点 $x = \dfrac{573}{11} \approx 52.09$,所以,最长的一天应该是 5 月 1 日以后的第 52 天,即 6 月 22 日. 再由 $y_{\max} = y|_{x=52} = 83\,(\text{min})$,可得这一天的白天长度为 15 h 36 min.

据《恪遵宪度抄本》记载:"日北至,日长之至,日影短至,故曰夏至. 至者,极也."民间也有"吃过夏至面,一天短一线"的说法. "夏至"这一天,太阳直射地面的位置到达一年中的最北端,北半球的白昼达到最长,这一天一般是每年的 6 月 21 日或 6 月 22 日,因此,本例所得结果与上述常识是吻合的.

应用二 练习

一、基础练习

1. 已知物体的运动规律为 $s = t^3\,(\text{m})$,求物体在 $t = 2\,(\text{s})$ 时的速度.

2. 求曲线 $y = e^x$ 过原点的切线方程.

3. 求下列函数的导数:

(1) $y = x^4, y = \sqrt[3]{x^2}, y = x^{1.6}, y = \sqrt{x}$,求 y';

(2) $f(x) = 2^x$,求 $f'(x), f'(-2), f'(0)$;

(3) $y = \log_3 x, y = \lg x, y = \ln x$,求 $y', y'|_{x=1}$.

4. 求下列函数的导数:

(1) $y = 3^x + x^3 + 3^2$;   (2) $y = 3e^x - 2\ln x + 5$;

(3) $y = \sin x + 2\cos x + \sin\dfrac{\pi}{3}$;   (4) $y = \tan x \cdot \sec x$;

(5) $y = x^2 \cdot \sin x \cdot e^x$;   (6) $y = \arctan x \cdot \csc x$;

(7) $y = \dfrac{\ln x}{x}$;   (8) $y = \dfrac{\arccos x}{x^3}$.

5. 求下列函数的导数:

(1) $y = e^{x^2}$;   (2) $y = \cos(4-3x)$;

(3) $y = \sec(1+2x^2)$;   (4) $y = \tan x^3$;

$(5) y = (\arcsin x)^4$; 　　　　　　　$(6) y = \log_3(x^2 + x + 1)$;

$(7) y = \sin^2(2x + 1)$; 　　　　　　$(8) y = \arctan e^{3x}$;

$(9) y = 5^{x \ln x}$; 　　　　　　　　$(10) y = \sin^2 x \cos 2x$.

6. 利用隐函数的求导法则求下列函数的导数:

$(1) x^3 + y^3 + 7 = 0$; 　　　　　　$(2) x^2 + y^2 - 3x^3 y + 9 = 0$;

$(3) e^y \cdot x - 5 + y^2 = e$; 　　　　$(4) x e^y + y e^x = 2$.

7. 求下列参数方程确定的函数的导数:

$(1) \begin{cases} x = at^2, \\ y = bt^3; \end{cases}$ 　　　　　　　　$(2) \begin{cases} x = t(1 - \sin t), \\ y = t \cos t. \end{cases}$

8. 求下列函数的高阶导数:

$(1) y = x^3$, 求 y''; 　　　　　　　　$(2) y = (1 + x^2) \arctan x$, 求 $\dfrac{d^2 y}{dx^2}$;

$(3) y = x^2 \cos x$, 求 $y''\left(\dfrac{\pi}{2}\right)$; 　　　　$(4) y = x^4 \ln x$, 求 $y^{(4)}$;

$(5) y = x^n$, 求 $y^{(n)}$; 　　　　　　　$(6) y = 2^x$, 求 $y^{(n)}$;

$(7) y = x^n + e^x$, 求 $\dfrac{d^n y}{dx^n}$; 　　　　$(8) y = x \cdot e^x$, 求 $\dfrac{d^n y}{dx^n}\bigg|_{x=0}$.

9. 用洛必达法则求下列极限:

$(1) \lim\limits_{x \to 0} \dfrac{1 - \cos x}{x^2}$; 　　　　　　$(2) \lim\limits_{x \to 0} \dfrac{e^x - e^{-x}}{\sin x}$;

$(3) \lim\limits_{x \to \infty} \dfrac{\ln(1 + x^2)}{x}$; 　　　　$(4) \lim\limits_{x \to 1} \dfrac{x^3 - 3x^2 + 2}{x^3 - x^2 - x + 1}$;

$(5) \lim\limits_{x \to 0} x^2 \cdot e^{\frac{1}{x^2}}$; 　　　　　　$(6) \lim\limits_{x \to 1} \left(\dfrac{x}{x - 1} - \dfrac{1}{\ln x}\right)$.

10. 求下列函数的单调区间和极值:

$(1) y = 2x^3 - 6x^2 - 18x - 13$; 　　$(2) y = x - e^x$;

$(3) y = x^2 \ln x$; 　　　　　　　　　$(4) y = 2 - (x - 1)^{\frac{2}{3}}$.

11. 求下列函数在给定区间上的最大值和最小值:

$(1) f(x) = x^3 - 3x^2 - 9x + 10, x \in [-2, 4]$;

$(2) f(x) = x^2 e^{-x}, x \in [-4, 4]$.

12. 求下列曲线的凹向和拐点:

$(1) y = x^3 - 5x^2 + 3x - 5$; 　　　　$(2) y = x e^{-x}$.

13. 设半径为 10 cm 的金属圆片,加热后半径伸长了 0.05 cm,求所增加面积的精确值与近似值.

14. 计算下列函数在相应点的微分:

$(1) y = \sin x, x = \dfrac{\pi}{4}$; 　　　　　$(2) y = 2^x + x^2, x = 0$;

$(3) y = \cos x + \arcsin x, x = 0$; 　　$(4) y = \ln x + e^x, x = 3$.

15. 求下列函数的微分:

(1) $y = x^3 + 2e^x - 3\ln x$; (2) $y = \sin x + \arctan x + \cos\dfrac{\pi}{3}$;

(3) $y = \ln(1 + x^2)$; (4) $y = \sec 2x \cdot \cot x$.

16. 利用微分求近似值:

(1) $\sqrt[5]{0.99}$; (2) $e^{0.01}$.

二、应用练习

1.【加速问题】在 5 s 内一辆正在加速的汽车的速度从 0 km/h 提高到了 90 km/h, 表 1-2-9 给出了它在不同时刻的速度(其中速度单位由 km/h 转化为 m/s).

表 1-2-9

时刻 t/s	0	1	2	3	4	5
速度 $v/(m \cdot s^{-1})$	0	9	15	21	23	25

(1) 分别计算当 t 从 0 变为 1 时、从 3 变为 5 时, 速度 v 关于时间 t 的平均变化率, 并解释它们的实际意义.

(2) 根据上面的数据, 可以得到速度 v 关于时间 t 的函数关系式: $v = -t^2 + 10t$, 求汽车在 $t = 1$ 时的加速度.

2.【电流强度】通过某导体的电量 Q (单位: C) 与时间 t (单位: s) 的关系是 $Q = 2t^2 + 3t$, 求 $t = 5$ s 时的电流强度.

3.【收益最大】某房地产公司有 50 套公寓要出租, 当租金定位为每月 1 800 元时, 公寓可全部租出, 当租金每月增加 100 元时, 公寓就会少租出一套, 租出去的房子每月需花费 200 元的整修维护费. 请为公司的月租金定价, 使公司的收益最大.

4.【成本最低】一长方形土地, 其一边沿着一条河, 相邻一边沿着公路, 除沿河的一边不需要篱笆外, 其他三边均需要修筑篱笆, 公路的一边篱笆的造价为 15 元/m, 另两边的篱笆造价为 10 元/m. 现需围长方形的面积为 1 600 000 m², 试问如何设计篱笆的尺寸, 才能使篱笆的造价成本最低?

5.【造价最低】要设计一个容积为 $V = 20\pi$ m³ 的有盖圆柱形储油桶, 已知上盖单位面积造价是侧面的一半, 而侧面单位面积的造价又是底面的一半, 问储油桶半径 r 为多少时, 总造价最低?

6.【汽车流量】纽约市隧道局的一份调查工作显示, 通过隧道的车流量(辆/s)与平均速度(km/h)具有下面的关系:

$$f(v) = \dfrac{35v}{1.6v + \dfrac{v^2}{22} + 22}.$$

(1) 平均车速多大时, 车流量最大?

(2) 最大车流量是多少?

7.【下载速度】某同学在上网时, 通过下载一个文件对自家的网速进行简单的测量, 假设下载量 y 与时间 t 的函数关系为: $y = 320t - 5t^2 + \dfrac{1}{3}t^3$ (KB). 试求 t 为何值时, 下载速度最小.

8.【镀铜问题】有一批半径为 1 cm 的球, 为了降低球面的粗糙度, 要镀上一层铜, 厚度为

0.01 cm，问每个球大约需要用铜多少克？（铜的密度是 8.9 g/cm³）

9.【贷款增加】张先生一家最近考虑买一套商品房，需要向银行抵押贷款 600 000 元，设贷款年利率为 r，每月等额还款，30 年内还清贷款，每月应还银行款额为 $p(r) = \dfrac{600\,000 \times \dfrac{r}{12}}{1 - \left(1 + \dfrac{r}{12}\right)^{-360}}$ （元），如果银行的年利率由 10/% 增加到 10.2/%，试估算张先生每月向银行多付多少元贷款.

应用三 积分学及其应用

"无限细分,无限求和"的积分思想在古代就已经萌芽,最早可以追溯到古希腊由阿基米德等人提出的计算面积和体积的方法. 但直到 17 世纪,莱布尼茨和牛顿才确立微分和积分是互逆的两种运算,建立了微积分学. 不定积分和定积分是积分学中的两个基本概念,其中不定积分是微分的逆运算. 定积分是特定和式的极限,由牛顿 – 莱布尼茨公式将二者联系在一起.

本节讨论不定积分与定积分的概念,它们之间的联系、运算及应用问题,并给出计算积分的方法.

1.3.1 积分的概念

1. 不定积分的概念

在微分学中,研究的问题是寻求已知函数的导数,但在许多实际问题中,常常需要研究相反的问题,就是已知函数的导数,求原来的函数. 本小节首先给出原函数和不定积分的概念,然后介绍不定积分的几何意义和性质,最后给出基本积分公式.

1) 原函数的概念

案例 1 – 3 – 1【自由落体】 已知自由落体运动的速度 $v(t) = gt$,求该物体的运动方程.

解:设该物体的运动方程为 $s = s(t)$,由于 $v(t) = \dfrac{\mathrm{d}s}{\mathrm{d}t} = s'(t)$,即

$$s'(t) = gt,$$

又因为 $\left(\dfrac{1}{2}gt^2 + C\right)' = gt$(其中 C 为任意常数),所以有

$$s(t) = \dfrac{1}{2}gt^2 + C.$$

如果已知物体初始时的位置,例如当 $t = 0$ 时,$s = 2$,则可求得

$$s(t) = \dfrac{1}{2}gt^2 + 2,$$

即该物体的运动规律.

案例 1 – 3 – 2【收入问题】 某煤炭公司生产 q t 煤时的边际收入为 990 元/t,不生产时收入为 0,求该煤炭公司生产 q t 煤时的收入函数.

解:设该煤炭公司生产 q t 煤时的收入为 $R(q)$ 元,按题意,有 $R'(q) = 990$. 由幂函数求导公式知,$R(q) = 990q + C$(其中 C 为任意常数),因为 $R(0) = 0$,故 $C = 0$,于是所求收入函数为 $R(q) = 990q$.

案例 1 – 3 – 3【曲线方程】 已知曲线 $y = f(x)$ 在任意点处的切线斜率为 $k = 2x$,且经过原点,求曲线方程.

解:设所求曲线方程为 $y = f(x)$. 由导数的几何意义得,过曲线上任意一点 (x,y) 的切线斜率为 $f'(x) = 2x$,因为 $(x^2)' = 2x$,对于任意的常数 C,都有

$$(x^2+C)'=2x,$$

所以
$$f(x)=x^2+C.$$

又曲线 $y=f(x)$ 过点 $(0,0)$，有 $C=0$，于是所求曲线方程为
$$y=x^2.$$

上述案例实际上就是一个与微分学中求导数(或微分)相反的问题.

定义 1-3-1　设函数 $f(x)$ 在区间 I 上有定义. 如果存在函数 $F(x)$，对于该区间上任意一点 x，都有
$$F'(x)=f(x) \text{ 或 } \mathrm{d}F(x)=f(x)\mathrm{d}x,$$
则称函数 $F(x)$ 是函数 $f(x)$ 在 I 上的一个原函数.

例如，案例 1-3-1 中 $s(t)=\frac{1}{2}gt^2+2$ 是 $v(t)=gt$ 的一个原函数；案例 1-3-2 中收入 $R(q)=990q$ 是边际收入 $R'(q)=990$ 的一个原函数；案例 1-3-3 中曲线方程 $y=x^2$ 是切线斜率 $k=2x$ 的一个原函数.

如果函数 $f(x)$ 在区间 I 上连续，则在这个区间 I 上存在可导的函数 $F(x)$，使得对于任意 $x\in I$，都有 $F'(x)=f(x)$. 简单地说就是：连续函数一定有原函数.

注意：(1) 如果函数 $f(x)$ 在区间 I 上有原函数，则 $f(x)$ 在区间 I 上就有无穷多个原函数.

(2) 如果 $F(x)$ 和 $G(x)$ 都是 $f(x)$ 在区间 I 上的原函数，则 $F(x)-G(x)=C$.

一般地，如果 $F(x)$ 是 $f(x)$ 在区间 I 上的一个原函数，则 $f(x)$ 在区间 I 上的全部原函数就是 $F(x)+C$（C 为任意常数）.

例 1-3-1　设函数 $f(x)=\cos x, x\in(-\infty,+\infty)$. 由于函数 $F(x)=\sin x$ 在 $(-\infty,+\infty)$ 上满足 $F'(x)=(\sin x)'=\cos x$，所以 $F(x)=\sin x$ 是 $\cos x$ 在 $(-\infty,+\infty)$ 上的一个原函数. 显然 $\sin x+1, \sin x+2, \sin x+C$（$C$ 为任意常数）都是 $\cos x$ 在 $(-\infty,+\infty)$ 上的原函数，并且 $f(x)=\cos x$ 在 $(-\infty,+\infty)$ 上的全部原函数就是 $\sin x+C$（C 为任意常数）.

2) 不定积分的定义

定义 1-3-2　函数 $f(x)$ 的全部原函数 $F(x)+C$ 称为 $f(x)$ 的不定积分，记作 $\int f(x)\mathrm{d}x$，即
$$\int f(x)\mathrm{d}x=F(x)+C,$$

其中"$\int$"称为积分号，x 称为积分变量，$f(x)$ 称为被积函数，$f(x)\mathrm{d}x$ 称为被积表达式.

因此，求函数 $f(x)$ 的不定积分，只需求出 $f(x)$ 的一个原函数再加上积分常数 C 即可.

例 1-3-2　求下列函数的不定积分：

(1) $f(x)=x^\alpha, \alpha\neq -1$;　　　　(2) $f(x)=\dfrac{1}{x}$.

解：(1) 因为 $\left(\dfrac{1}{\alpha+1}x^{\alpha+1}\right)'=x^\alpha$，所以 $\int x^\alpha \mathrm{d}x=\dfrac{1}{\alpha+1}x^{\alpha+1}+C$（$C$ 为任意常数）.

(2) 被积函数的定义域为 $(-\infty,0)\cup(0,+\infty)$.

当 $x>0$ 时，$(\ln x)'=\dfrac{1}{x}$，所以 $\int \dfrac{1}{x}\mathrm{d}x=\ln x+C (x>0)$.

当 $x<0$ 时,$[\ln(-x)]' = -\dfrac{1}{x} \cdot (-1) = \dfrac{1}{x}$,所以 $\int \dfrac{1}{x}dx = \ln(-x) + C (x<0)$.

结合上面的讨论,将 $x>0$ 和 $x<0$ 的结果综合起来,可写为 $\int \dfrac{1}{x}dx = \ln|x| + C(x \neq 0)$.

3)不定积分的几何意义

如果 $F(x)$ 是 $f(x)$ 的一个原函数,则 $\int f(x)dx = F(x) + C$. 对于 C 每取一个确定值 C_0,就确定 $f(x)$ 的一个原函数 $F(x) + C_0$. 它表示直角坐标系中一条确定的曲线,这条曲线称为 $f(x)$ 的一条积分曲线. 由于 C 可以取任意值,因此不定积分 $\int f(x)dx$ 表示 $f(x)$ 的一族积分曲线,称为积分曲线族. 它的方程为 $y = F(x) + C$. 积分曲线族中的任一条曲线都可以由某一条确定的积分曲线沿着 y 轴的方向上、下平移得到. 因为 $[F(x) + C]' = f(x)$,所以 $f(x)$ 的积分曲线族有以下的特点:其中的每一条曲线在对应于同一横坐标 x 的点处的切线有相同的斜率 $f(x)$,所以这些切线相互平行(图 1-3-1). 这就是不定积分的几何意义.

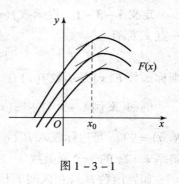

图 1-3-1

例 1-3-3 设曲线过点 $(-1,2)$,并且曲线上任意一点处切线的斜率等于该点横坐标的 3 倍,求此曲线的方程.

解:设所求曲线方程为 $y = f(x)$. 由导数的几何意义得,过曲线上任意一点 (x,y) 的切线斜率为 $\dfrac{dy}{dx} = 3x$,即 $f(x)$ 是 $3x$ 的一个原函数. 由不定积分的定义得,$\int 3xdx = \dfrac{3}{2}x^2 + C$,故 $f(x) = \dfrac{3}{2}x^2 + C$. 又曲线 $y = f(x)$ 过点 $(-1,2)$,有 $2 = \dfrac{3}{2}(-1)^2 + C$,即 $C = \dfrac{1}{2}$,于是所求曲线方程为 $y = \dfrac{3}{2}x^2 + \dfrac{1}{2}$.

4)不定积分的性质

根据不定积分的定义可以推得以不定积分性质:

性质 1-3-1 不定积分与导数或微分互为逆运算.

(1) $\left[\int f(x)dx\right]' = f(x)$ 或 $d\left[\int f(x)dx\right] = f(x)dx$.

(2) $\int f'(x)dx = f(x) + C$ 或 $\int df(x) = f(x) + C$.

性质 1-3-1 表明求导(或微分)运算和不定积分运算是互逆的,对一个函数先积分再求导(或微分),结果是两者作用抵消,若先求导(或微分)再积分,则结果只相差一个任意常数.

性质 1-3-2 被积表达式中的非零常数因子,可以移到积分号前.

$$\int kf(x)dx = k\int f(x)dx (k \neq 0, 常数).$$

性质 1-3-3 两个函数代数和的不定积分,等于两个函数不定积分的代数和.

$$\int [f(x) \pm g(x)dx] = \int f(x)dx \pm \int g(x)dx.$$

这一结论可以推广到任意有限多个函数的代数和的情形,即

$$\int [f_1(x) \pm f_2(x) \pm \cdots \pm f_n(x)]dx = \int f_1(x)dx \pm \int f_2(x)dx \pm \cdots \pm \int f_n(x)dx.$$

5)基本积分公式

由于求不定积分是求导数的逆运算,所以由导数的基本公式及不定积分的概念可以得到相应的基本积分公式. 下面列出的基本积分公式, 通常称为基本积分表, 为了便于对照, 右边同时列出了求导公式.

基本积分表   求导公式

(1) $\int k dx = kx + C$ (k 为常数); $(C)' = 0$;

(2) $\int x^\alpha dx = \dfrac{1}{\alpha+1}x^{\alpha+1} + C (\alpha \neq -1)$; $(x^\alpha)' = \alpha x^{\alpha-1}$;

(3) $\int \dfrac{1}{x} dx = \ln|x| + C$; $(\ln x)' = \dfrac{1}{x}$;

(4) $\int a^x dx = \dfrac{1}{\ln a} a^x + C (a > 0 \text{ 且 } a \neq 1)$; $(a^x)' = a^x \ln a$;

(5) $\int e^x dx = e^x + C$; $(e^x)' = e^x$;

(6) $\int \sin x dx = -\cos x + C$; $(\cos x)' = -\sin x$;

(7) $\int \cos x dx = \sin x + C$; $(\sin x)' = \cos x$;

(8) $\int \sec^2 x dx = \tan x + C$; $(\tan x)' = \sec^2 x$;

(9) $\int \csc^2 x dx = -\cot x + C$; $(\cot x)' = -\csc^2 x$;

(10) $\int \sec x \tan x dx = \sec x + C$; $(\sec x)' = \sec x \tan x$;

(11) $\int \csc x \cot x dx = -\csc x + C$; $(\csc x)' = -\csc x \cot x$;

(12) $\int \dfrac{dx}{\sqrt{1-x^2}} = \arcsin x + C$; $(\arcsin x)' = \dfrac{1}{\sqrt{1-x^2}}$;

(13) $\int \dfrac{1}{1+x^2} dx = \arctan x + C$; $(\arctan x)' = \dfrac{1}{1+x^2}$.

例 1 - 3 - 4   求 $\int (e^x - 3\sin x)dx$.

解: $\int (e^x - 3\sin x)dx = \int e^x dx - 3 \int \sin x dx = (e^x + C_1) - 3[(-\cos x) + C_2]$

$$= e^x + 3\cos x + (C_1 - 3C_2)$$

$$= e^x + 3\cos x + C.$$

其中 $C = C_1 - 3C_2$, 即任意常数的四则运算结果还是任意常数, 所以最后只写一个任意常数 C 即可. 检验积分结果是否正确, 只需对结果求导, 看结果是否等于被积函数. 如例 1 - 3 - 4, 由于 $(e^x + 3\cos x + C)' = e^x - 3\sin x$, 所以结果正确.

例 1 - 3 - 5   求 $\int \dfrac{1 - x + x^2 - x^3}{x^2} dx$.

解: $\int \dfrac{1-x+x^2-x^3}{x^2}\mathrm{d}x = \int\left(\dfrac{1}{x^2} - \dfrac{1}{x} + 1 - x\right)\mathrm{d}x$

$\qquad\qquad\qquad\qquad = \int\dfrac{1}{x^2}\mathrm{d}x - \int\dfrac{1}{x}\mathrm{d}x + \int\mathrm{d}x - \int x\mathrm{d}x$

$\qquad\qquad\qquad\qquad = -\dfrac{1}{x} - \ln|x| + x - \dfrac{1}{2}x^2 + C.$

例 1-3-6 求下列不定积分:

(1) $\int \dfrac{x^4}{1+x^2}\mathrm{d}x$; (2) $\int \sin^2\dfrac{x}{2}\mathrm{d}x.$

解: (1) 先把被积函数化简:

$$\int\dfrac{x^4}{1+x^2}\mathrm{d}x = \int\dfrac{x^4-1+1}{1+x^2}\mathrm{d}x = \int(x^2-1)\mathrm{d}x + \int\dfrac{1}{1+x^2}\mathrm{d}x$$

$$= \int x^2\mathrm{d}x - \int\mathrm{d}x + \int\dfrac{1}{1+x^2}\mathrm{d}x = \dfrac{1}{3}x^3 - x + \arctan x + C.$$

(2) 利用三角函数的半角公式, 有 $\sin^2\dfrac{x}{2} = \dfrac{1-\cos x}{2}$, 所以

$$\int\sin^2\dfrac{x}{2}\mathrm{d}x = \int\dfrac{1-\cos x}{2}\mathrm{d}x = \dfrac{1}{2}\int\mathrm{d}x - \dfrac{1}{2}\int\cos x\mathrm{d}x$$

$$= \dfrac{1}{2}(x - \sin x) + C.$$

注意: 当不定积分不能直接应用基本积分表和不定积分的性质进行计算时, 需先将被积函数化简或变形再进行计算. 计算的结果是否正确, 只需对结果求导, 看其导数是否等于被积函数.

案例 1-3-4 【篮球与大厦】 一只篮球在地球引力的作用下从一幢大厦的屋顶掉下, 5 s 后落地, 求此大厦的高度(空气阻力不计).

解: 由于篮球从大厦顶掉下是在地球引力的作用下作自由落体运动, 由加速度与速度的关系, 有

$$a = \dfrac{\mathrm{d}v}{\mathrm{d}t} = g, \text{且} t = 0 \text{时}, v = 0,$$

所以

$$v = \int g\mathrm{d}t = gt + C_1.$$

将 $v(0) = 0$ 代入上式, 得 $C_1 = 0$, 于是, 篮球作自由落体运动的速度方程为

$$v = gt,$$

又 $v = \dfrac{\mathrm{d}s}{\mathrm{d}t} = gt$, 所以 $s = \int gt\mathrm{d}t = \dfrac{1}{2}gt^2 + C_2.$

将 $s(0) = 0$ 代入上式, 得 $C_2 = 0$, 即篮球的运动方程为

$$s = \dfrac{1}{2}gt^2.$$

由于 $t = 5$ s 时篮球落地, 所以大厦的高度为

$$h = \dfrac{1}{2}g \cdot 5^2 = 12.5g = 122.5(\mathrm{m}) \quad (\text{其中重力加速度 } g = 9.8 \text{ m/s}^2).$$

案例 1-3-5【复合的伤口】 医学研究发现,刀割伤口表面修复的速度为

$$\frac{dA}{dt} = -5t^{-2}(cm^2/天)(1 \leq t \leq 5),$$

其中 A 表示伤口的面积,假设 $A(1)=5$,问受伤 5 天后该病人的伤口表面积为多大?

解:由 $\frac{dA}{dt} = -5t^{-2}$,得

$$A(t) = \int -5t^{-2}dt = 5t^{-1} + C.$$

将 $A(1)=5$ 代入上式得 $C=0$,则 $A(t)=5t^{-1}$,所以 5 天后病人的伤口表面积 $A(5) = 5 \times 5^{-1} = 1(cm^2)$.

2. 定积分的概念

1)引例

定积分的概念

定积分概念的形成与导数概念的形成一样,也是在解决实际问题的过程中引出的. 这些问题的具体内容虽然各不相同,但是,解决问题的思维方法和步骤是完全一样的. 下面讨论几个实际问题.

案例 1-3-6【曲边梯形的面积】 由区间 $[a,b]$ 上的连续曲线 $y=f(x)(f(x) \geq 0)$,x 轴与直线 $x=a$,$x=b$ 所围成的平面图形称为曲边梯形(图 1-3-2).

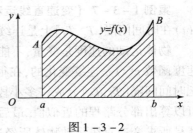

图 1-3-2

由于曲边梯形底边上各点处的高 $f(x)$ 在区间 $[a,b]$ 上是变动的,所以不能利用已有的面积公式求出面积. 为计算曲边梯形 $AabB$ 的面积,可按下述方法进行:

(1)分割. 用任意的 $n-1$ 个分点 $a = x_0 < x_1 < \cdots < x_{n-1} < x_n = b$ 把区间 $[a,b]$ 分成 n 个小区间:$[x_0, x_1], [x_1, x_2], \cdots, [x_{n-1}, x_n]$,其中第 i 个小区间长度为

$$\Delta x_i = x_i - x_{i-1} (i=1,2,\cdots,n).$$

过每一分点 $x_i (i=1,2,\cdots,n-1)$ 作 x 轴的垂线,把曲边梯形 $AabB$ 分成 n 个小曲边梯形,其中第 i 个小曲边梯形的面积记为 ΔA_i (图 1-3-3). 曲边梯形 $AabB$ 的面积 A 等于 n 个小区间的面积之和.

(2)近似. 在每一小区间 $[x_{i-1}, x_i]$ 内任取一点 $\xi_i (i=1,2,\cdots,n)$,以 Δx_i 为底边,以 $f(\xi_i)$ 为高作小矩形(图 1-3-4),其面积为

$$f(\xi_i) \Delta x_i \quad (i=1,2,\cdots,n).$$

当 Δx_i 很小时 $\Delta A_i \approx f(\xi_i) \Delta x_i$.

(3)求和. 把这 n 个小曲边梯形的面积的近似值加起来,便得到曲边梯形 $AabB$ 的面积近似值,即

$$A = \sum_{i=1}^{n} \Delta A_i \approx f(\xi_1)\Delta x_1 + \cdots + f(\xi_n)\Delta x_n = \sum_{i=1}^{n} f(\xi_i)\Delta x_i.$$

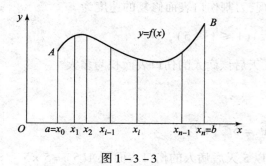 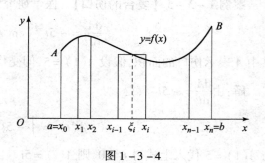

图 1-3-3　　　　　　　　　　　图 1-3-4

(4) 取极限. 设 $\lambda = \max\limits_{1 \leq i \leq n}\{\Delta x_i\}$，则当分点数无限增多，即 $n \to \infty$，且 λ 趋于 0 时，所有小区间的长度 $\Delta x_i (i = 1, \cdots, n)$ 就会无限减小，从而 $\sum\limits_{i=1}^{n} f(\xi_i) \Delta x_i$ 无限接近 A. 由极限的定义得 $\lim\limits_{\lambda \to 0} \sum\limits_{i=1}^{n} f(\xi_i) \Delta x_i$ 就是曲边梯形 $AabB$ 的面积 A，即

$$A = \lim_{\lambda \to 0} \sum_{i=1}^{n} f(\xi_i) \Delta x_i.$$

案例 1-3-7【变速直线运动物体所经过的路程】　设一物体沿直线运动，已知速度 $v = v(t)$ 在时间间隔 $[T_1, T_2]$ 上是连续函数，且 $v(t) \geq 0$，求物体在这段时间内所经过的路程 s.

物体运动的速度是变量，不能用匀速直线运动的路程公式来计算，然而，由于物体运动的速度函数 $v(t)$ 是连续变化的，在很小的一个时间段内，速度的变化很小，近似等速，因此，如果把时间间隔 $[T_1, T_2]$ 分成许多小段，在这些小段内，以等速运动近似地代替变速运动，那么就可以算出部分路程的近似值. 最后使时间间隔无限缩短，所有部分路程的近似值之和的极限，就是所求变速直线运动物体所经过的路程的精确值. 于是，类似于求曲边梯形面积的方法，按下面的步骤计算变速直线运动物体所经过的路程 s：

(1) 分割. 用 $n - 1$ 个分点 $T_1 = t_0 < t_1 < t_2 < \cdots < t_{n-1} < t_n = T_2$ 将时间间隔 $[T_1, T_2]$ 分成 n 个小区间：

$$[t_0, t_1], [t_1, t_2], \cdots, [t_{n-1}, t_n].$$

各小时间段的长度记为 $\Delta t_i = t_i - t_{i-1} (i = 1, 2, \cdots, n)$.

相应地，在各时间段内物体经过的路程依次为 $\Delta s_1, \Delta s_2, \cdots, \Delta s_n$.

(2) 近似. 在时间段 $[t_{i-1}, t_i]$ 上任取一时刻 $\xi_i (t_{i-1} \leq \xi_i \leq t_i)$，以速度 $v(\xi_i)$ 替代 $[t_{i-1}, t_i]$ 上各时刻的速度，可得该时间段上路程 Δs_i 的近似值，即

$$\Delta s_i = v(\xi_i) \Delta t_i.$$

(3) 求和. 将这 n 段路程的近似值加起来，可得到变速直线运动物体所经过的路程 s 的近似值，即

$$s = \sum_{i=1}^{n} \Delta s_i \approx v(\xi_1) \Delta t_1 + v(\xi_2) \Delta t_2 + \cdots + v(\xi_n) \Delta t_n = \sum_{i=1}^{n} v(\xi_i) \Delta t_i.$$

(4) 取极限. 如果记 $\lambda = \max\{\Delta t_1, \Delta t_2, \cdots, \Delta t_n\}$，则当 $\lambda \to 0$ 时，便可得到变速直线运动物体所经过的路程 s 的精确值，即

$$s = \lim_{\lambda \to 0} \sum_{i=1}^{n} v(\xi_i) \Delta t_i.$$

2) 定积分的定义

对于上面的实际问题,从抽象的数量关系看,解决问题的方法都是相同的,即求某个函数在某个区间上具有相同结构的一种特定和式的极限. 如果抛开实际问题的具体意义,将它们在数量关系上共同的本质加以概括,就抽象出一个重要的数学概念——定积分.

定义 1-3-3 设函数 $f(x)$ 在区间 $[a,b]$ 上有定义. 用点 $a=x_0<x_1<x_2<\cdots x_{n-1}<x_n=b$ 把区间 $[a,b]$ 任意分为 n 个小区间:

$$[x_0,x_1],[x_1,x_2],\cdots,[x_{n-1},x_n],$$

记 $\Delta x_i = x_i - x_{i-1}(i=1,2,\cdots,n)$ 为第 i 个小区间的长度,$\lambda = \max\limits_{1\leq i\leq n}\{\Delta x_i\}$ 为 n 个小区间长度中的最大值. 在每一小区间 $[x_{i-1},x_i]$ 上任取一点 ξ_i,作乘积 $f(\xi_i)\Delta x_i(i=1,\cdots,n)$,并作出和式 $\sum\limits_{i=1}^{n}f(\xi_i)\Delta x_i$. 若极限 $\lim\limits_{\lambda\to 0}\sum\limits_{i=1}^{n}f(\xi_i)\Delta x_i$ 存在,则称函数 $f(x)$ 在区间 $[a,b]$ 上可积,此极限值称为函数 $f(x)$ 在区间 $[a,b]$ 上的定积分,记作 $\int_a^b f(x)\mathrm{d}x$,即

$$\int_a^b f(x)\mathrm{d}x = \lim_{\lambda\to 0}\sum_{i=1}^{n}f(\xi_i)\Delta x_i.$$

其中 $f(x)$ 称为被积函数,$[a,b]$ 称为积分区间,a 称为积分下限,b 称为积分上限,x 称为积分变量,$f(x)\mathrm{d}x$ 称为被积表达式,$\sum\limits_{i=1}^{n}f(\xi_i)\Delta x_i$ 称为积分和.

由定义 1-3-3,上面所讨论的问题可分别叙述为:

(1) 曲边梯形 $AabB$ 的面积 A 是曲边方程 $y=f(x)$ 在区间 $[a,b]$ 上的定积分,即

$$A = \int_a^b f(x)\mathrm{d}x.$$

(2) 变速直线运动物体所经过的路程 s 是速度 $v(t)$ 在区间 $[T_1,T_2]$ 上的定积分,即

$$s = \int_{T_1}^{T_2} v(t)\mathrm{d}t.$$

对于定积分的概念,作如下说明:

(1) 函数 $f(x)$ 在区间 $[a,b]$ 上的定积分是积分和的极限,如果这一极限存在,则它是一个确定的常量. 它只与被积函数 $f(x)$ 和积分区间 $[a,b]$ 有关,而与积分变量使用的字母的选取无关.

$$\int_a^b f(x)\mathrm{d}x = \int_a^b f(t)\mathrm{d}t.$$

(2) 在定积分的定义中,总是假设 $a<b$,如果 $b<a$,规定

$$\int_a^b f(x)\mathrm{d}x = -\int_b^a f(x)\mathrm{d}x.$$

特别地,当 $a=b$ 时有 $\int_a^a f(t)\mathrm{d}t = 0$.

(3) 定积分存在的充分条件:若函数 $f(x)$ 在区间 $[a,b]$ 上连续或在区间 $[a,b]$ 上只有有限个跳跃间断点,则 $f(x)$ 在区间 $[a,b]$ 上可积.

3) 定积分的几何意义

根据定积分的定义,可看出定积分的几何意义:

(1) 如果在 $[a,b]$ 上，$f(x) \geq 0$，定积分 $\int_a^b f(x)\mathrm{d}x$ 表示由曲线 $y=f(x)$，$x=a$，$x=b$，与 x 轴所围的位于 x 轴上方的曲边梯形的面积（图 1-3-5），即 $A = \int_a^b f(x)\mathrm{d}x$.

(2) 如果在 $[a,b]$ 上，$f(x) < 0$，则曲边梯形位于 x 轴下方，这时 $\int_a^b f(x)\mathrm{d}x$ 表示对应曲边梯形面积的负值（图 1-3-6），即 $-A = \int_a^b f(x)\mathrm{d}x$.

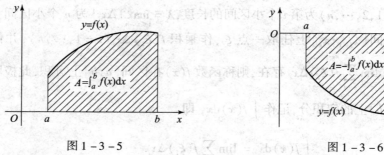

图 1-3-5   图 1-3-6

(3) $[a,b]$ 上 $f(x)$ 有正有负（图 1-3-7），此时，定积分 $\int_a^b f(x)\mathrm{d}x$ 表示若干个曲边梯形面积的代数和，其中位于 x 轴上方的部分取"＋"号，位于 x 轴下方的部分取"－"号. 即

$$\int_a^b f(x)\mathrm{d}x = A_1 - A_2 + A_3.$$

例 1-3-7 利用定积分的几何意义计算 $\int_0^1 \sqrt{1-x^2}\mathrm{d}x$.

解：如图 1-3-8 可知在区间 $[0,1]$ 上的被积函数 $y = \sqrt{1-x^2}$ 对应半径为 1 的圆在第一象限的部分，所以根据定积分的几何意义可知 $\int_0^1 \sqrt{1-x^2}\mathrm{d}x = \frac{1}{4}\pi$.

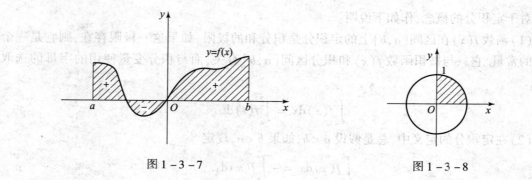

图 1-3-7   图 1-3-8

4) 定积分的性质

由定积分的定义以及极限的运算法则与性质，可推得下列定积分的性质. 假设下列定积分都是存在的，如不特别说明，积分上、下限的大小均不加限制.

性质 1-3-4 被积表达式中的常数因子可以提到积分号前，即

$$\int_a^b kf(x)\mathrm{d}x = k\int_a^b f(x)\mathrm{d}x \quad (k \text{ 为常数}).$$

性质1-3-5 两个函数代数和的积分等于各函数积分的代数和,即

$$\int_a^b [f(x) \pm g(x)] dx = \int_a^b f(x) dx \pm \int_a^b g(x) dx.$$

这两个结论可以推广到任意有限多个函数代数和的情况,即

$$\int_a^b [k_1 f_1(x) + k_2 f_2(x) + \cdots + k_n f_n(x)] dx$$
$$= k_1 \int_a^b f_1(x) dx + k_2 \int_a^b f_2(x) dx + \cdots + k_n \int_a^b f_n(x) dx.$$

性质1-3-6 对任意的点 c,有

$$\int_a^b f(x) dx = \int_a^c f(x) dx + \int_c^b f(x) dx.$$

这一性质称为定积分的可加性.应注意,c 的任意性意味着,不论 $c \in [a,b]$ 还是 $c \notin [a,b]$,这一性质均成立.

性质1-3-7 如果在区间 $[a,b]$ 上,恒有 $f(x) \leqslant g(x)$,则

$$\int_a^b f(x) dx \leqslant \int_a^b g(x) dx.$$

性质1-3-8（估值性质） 如果函数 $f(x)$ 在 $[a,b]$ 上有最大值 M 和最小值 m,则

$$m(b-a) \leqslant \int_a^b f(x) dx \leqslant M(b-a).$$

性质1-3-9 如果函数 $f(x)$ 在区间 $[a,b]$ 上连续,则在区间 $[a,b]$ 内至少有一点 ξ,使得 $\int_a^b f(x) dx = f(\xi)(b-a), \xi \in (a,b)$.

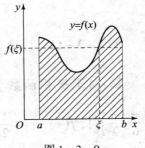

这一性质的几何意义是:由曲线 $y = f(x)$,x 轴和直线 $x = a, x = b$ 所围成的曲边梯形的面积等于区间 $[a,b]$ 上某个矩形的面积,这个矩形的底是区间 $[a,b]$,其高为区间 $[a,b]$ 内某一点 ξ 处的函数值 $f(\xi)$,如图 1-3-9 所示.

由上式得到的 $f(\xi) = \dfrac{1}{b-a} \int_a^b f(x) dx$,称为函数 $f(x)$ 在区间 $[a,b]$ 上的平均值.

图 1-3-9

3. 微积分基本定理

按照定义计算定积分是一件非常困难的事情,用几何意义只能求很简单的定积分,所以迫切需要寻求计算定积分的普遍方法.

微积分基本定理

由上面的讨论可知,物体在时间间隔 $[T_1, T_2]$ 上作变速直线运动的路程 s 是速度 $v(t)$ 在区间 $[T_1, T_2]$ 上的定积分,即 $s = \int_{T_1}^{T_2} v(t) dt$.另一方面,物体在 $[T_1, T_2]$ 上的路程 s 为路程函数 $s(t)$ 的增量 $s(T_2) - s(T_1)$,因此得 $\int_{T_1}^{T_2} v(t) dt = s(T_2) - s(T_1)$.

由于 $s(t)$ 是 $v(t)$ 的原函数,上式表明:速度函数在区间 $[T_1, T_2]$ 上的定积分等于它的一个原函数在区间 $[T_1, T_2]$ 上的增量.这个结论对一般的可积函数也成立.

定理1-3-1 设 $f(x)$ 在区间 $[a,b]$ 上连续,$F(x)$ 是 $f(x)$ 的一个原函数,则

$$\int_a^b f(x)\mathrm{d}x = F(x)\Big|_a^b = F(b) - F(a).$$

此公式也称为牛顿-莱布尼茨公式. 这一定理揭示了定积分与不定积分的联系, 因此也称为微积分基本定理. 它给定积分提供了有效而简单的计算方法.

例 1-3-8 计算 $\int_0^1 x^2 \mathrm{d}x$.

解: $\int_0^1 x^2 \mathrm{d}x = \frac{1}{3}x^3\Big|_0^1 = \frac{1}{3}(1^3 - 0^3) = \frac{1}{3}$.

例 1-3-9 计算 $\int_0^2 (2x-5)\mathrm{d}x$.

解: $\int_0^2 (2x-5)\mathrm{d}x = \int_0^2 2x\mathrm{d}x - \int_0^2 5\mathrm{d}x = x^2\Big|_0^2 - 5x\Big|_0^2 = (2^2 - 0^2) - 5(2-0) = -6$.

例 1-3-10 求 $\int_{-1}^1 f(x)\mathrm{d}x$, 其中 $f(x) = \begin{cases} 1 + x^2, & x < 0, \\ \mathrm{e}^x, & x \geq 0. \end{cases}$

解: $\int_{-1}^1 f(x)\mathrm{d}x = \int_{-1}^0 (1+x^2)\mathrm{d}x + \int_0^1 \mathrm{e}^x \mathrm{d}x$

$$= \left(x + \frac{1}{3}x^3\right)\Big|_{-1}^0 + \mathrm{e}^x\Big|_0^1 = \left[0 - \left(-1 - \frac{1}{3}\right)\right] + (\mathrm{e} - 1)$$

$$= \frac{1}{3} + \mathrm{e}.$$

例 1-3-11 计算 $\int_0^{\frac{\pi}{2}} \left|\frac{1}{2} - \sin x\right| \mathrm{d}x$.

解: 对于被积函数 $f(x) = \left|\frac{1}{2} - \sin x\right|$, 当 $x \in \left[0, \frac{\pi}{6}\right]$ 时, $f(x) = \frac{1}{2} - \sin x$; 当 $x \in \left[\frac{\pi}{6}, \frac{\pi}{2}\right]$ 时, $f(x) = -\left(\frac{1}{2} - \sin x\right)$, 所以

$$\int_0^{\frac{\pi}{2}} \left|\frac{1}{2} - \sin x\right| \mathrm{d}x = \int_0^{\frac{\pi}{6}} \left(\frac{1}{2} - \sin x\right)\mathrm{d}x + \int_{\frac{\pi}{6}}^{\frac{\pi}{2}} \left(\sin x - \frac{1}{2}\right)\mathrm{d}x$$

$$= \left(\frac{1}{2}x + \cos x\right)\Big|_0^{\frac{\pi}{6}} - \left(\frac{1}{2}x + \cos x\right)\Big|_{\frac{\pi}{6}}^{\frac{\pi}{2}}$$

$$= \left(\frac{\pi}{12} + \frac{\sqrt{3}}{2} - 1\right) - \left(\frac{\pi}{4} + 0 - \frac{\pi}{12} - \frac{\sqrt{3}}{2}\right) = \sqrt{3} - 1 - \frac{\pi}{12}.$$

由例 1-3-10 和例 1-3-11 可以看出, 当被积函数为分段函数或含绝对值符号时, 应利用定积分的可加性把积分区间分成若干个子区间, 分别在各子区间上求定积分, 从而求得定积分.

例 1-3-12 计算下列定积分:

(1) $\int_1^2 \frac{1}{x^2(x^2+1)} \mathrm{d}x$;   (2) $\int_0^{\frac{\pi}{2}} \frac{\cos 2x}{\cos x - \sin x} \mathrm{d}x$.

解: (1) $\int_1^2 \frac{1}{x^2(x^2+1)} \mathrm{d}x = \int_1^2 \frac{1 + x^2 - x^2}{x^2(x^2+1)} \mathrm{d}x = \int_1^2 \left(\frac{1}{x^2} - \frac{1}{x^2+1}\right)\mathrm{d}x$

$$= \left(-\frac{1}{x} - \arctan x\right)\Big|_1^2 = -\frac{1}{2} - \arctan 2 + 1 + \arctan 1$$

$$= \frac{1}{2} - \arctan 2 + \frac{\pi}{4}.$$

(2) $\int_0^{\frac{\pi}{2}} \frac{\cos 2x}{\cos x - \sin x} dx = \int_0^{\frac{\pi}{2}} \frac{\cos^2 x - \sin^2 x}{\cos x - \sin x} dx = \int_0^{\frac{\pi}{2}} (\cos x + \sin x) dx$

$$= (\sin x - \cos x)\Big|_0^{\frac{\pi}{2}} = (1 - 0) - (0 - 1) = 2.$$

上面这种直接利用牛顿-莱布尼茨公式,或被积函数经过适当的化简或恒等变形后,再利用牛顿-莱布尼茨公式求出被积函数的积分的方法称为直接积分法.

案例 1-3-8【蜜蜂的繁殖】 一个蜜蜂种群开始有 100 只蜜蜂,并以每周增加 $m'(t)$ 只的速度增长,那么 $100 + \int_0^{10} m'(t) dt$ 表示什么?

解:由微积分基本公式,有

$$100 + \int_0^{10} m'(t) dt = 100 + m(10) - m(0),$$

该式表示第 10 周后蜜蜂的数目.

案例 1-3-9【储水量】 水从储藏箱的底部以速度 $v(t) = 200 - 4t$(单位:L/s)流出,其中 $0 \leq t \leq 50$. 求在前 10 s 流出的总量.

解:水的总量为

$$\int_0^{10} v(t) dt = \int_0^{10} (200 - 4t) dt = (200t - 2t^2)\Big|_0^{10} = 1\ 800(\text{L}).$$

在给出微积分基本定理的证明过程之前,先介绍一个函数.

定义 1-3-4 若函数 $f(x)$ 在区间 $[a,b]$ 上连续,那么在区间 $[a,b]$ 上每一点 x 就有一个确定的定积分 $\int_a^x f(t) dt$ 的值与 x 对应,即构成一个新的函数,称为积分上限函数或变上限定积分,记为 $\Phi(x)$,即

$$\Phi(x) = \int_a^x f(t) dt, x \in [a,b].$$

定理 1-3-2 如果函数 $f(x)$ 在区间 $[a,b]$ 上连续,则变上限定积分

$$\Phi(x) = \int_a^x f(t) dt$$

在区间 (a,b) 内可导,且 $\Phi(x)$ 的导数等于被积函数在积分上限 x 处的取值,即

$$\Phi'(x) = \left[\int_a^x f(t) dt\right]' = f(x).$$

证明:根据导数的定义,有

$$\Phi'(x) = \lim_{\Delta x \to 0} \frac{\Phi(x + \Delta x) - \Phi(x)}{\Delta x}.$$

而 $\Phi(x + \Delta x) - \Phi(x) = \int_a^{x+\Delta x} f(t) dt - \int_a^x f(t) dt$

$$= \int_a^{x+\Delta x} f(t) dt + \int_x^a f(t) dt = \int_x^{x+\Delta x} f(t) dt.$$

因为 $f(x)$ 在 $[a,b]$ 上连续，所以由积分中值定理，在区间 $[x, x+\Delta x]$ 内至少存在一点 ξ，使 $\int_x^{x+\Delta x} f(t)dt = f(\xi)\Delta x$，并注意到当 $\Delta x \to 0$ 时，$\xi \to x$，得

$$\Phi'(x) = \lim_{\xi \to x} f(\xi) = f(x).$$

由定理 1-3-2 可知，如果函数 $f(x)$ 在区间 $[a,b]$ 上连续，则函数 $\Phi(x) = \int_a^x f(t)dt$ 就是 $f(x)$ 在区间 $[a,b]$ 上的一个原函数。

例 1-3-13 计算：(1) $\dfrac{d}{dx}\int_x^0 e^{-t}\sin t\, dt$；(2) $\dfrac{d}{dx}\int_0^{x^2} \cos t\, dt$.

解：(1) $\dfrac{d}{dx}\int_x^0 e^{-t}\sin t\, dt = \dfrac{d}{dx}\left(-\int_0^x e^{-t}\sin t\, dt\right) = -e^{-x}\sin x.$

(2) 设 $u = x^2$，则 $\int_0^{x^2} \cos t\, dt = \int_0^u \cos t\, dt = \Phi(u)$，所以

$$\dfrac{d}{dx}\int_0^{x^2} \cos t\, dt = \dfrac{d\Phi(u)}{du}\cdot\dfrac{du}{dx} = \dfrac{d}{du}\int_0^u \cos t\, dt \dfrac{d}{dx}(x^2)$$

$$= \cos u \cdot 2x = 2x\cos x^2.$$

一般地，如果 $g(x)$ 可导，则 $\left[\int_a^{g(x)} f(t)dt\right]' = f[g(x)]\cdot g'(x)$.

由例 1-3-13 可见，积分上限函数是一类构造形式全新的函数，它对变化的上限的导数是一类新型函数的求导问题，完全可以与导数有关的内容相结合，如导数的运算法则、洛必达法则求极限等。

例 1-3-14 求 $\lim\limits_{x\to 0}\dfrac{1}{x^2}\int_0^x \ln(1+t)dt$.

解：当 $x \to 0$ 时，有 $\int_0^x \ln(1+t)dt \to 0, x^2 \to 0$，由洛必达法则，有

$$\lim_{x\to 0}\dfrac{\int_0^x \ln(1+t)dt}{x^2} = \lim_{x\to 0}\dfrac{\left[\int_0^x \ln(1+t)dt\right]'}{(x^2)'} = \lim_{x\to 0}\dfrac{\ln(1+x)}{2x}$$

$$= \lim_{x\to 0}\dfrac{\dfrac{1}{1+x}}{2} = \dfrac{1}{2}.$$

1.3.2 积分的运算

利用基本积分公式和性质，只能求出一些简单的积分，本小节介绍几种主要的积分方法，用以计算比较复杂函数的积分。

1. 换元积分法

1）第一类换元积分法

定理 1-3-3 设函数 $f(x)$ 具有原函数 $F(u)$，$u = \varphi(x)$ 具有连续导数，则 $F[\varphi(x)]$ 是 $f[\varphi(x)]\varphi'(x)$ 的原函数，即

不定积分的凑微分法

$$\int f[\varphi(x)]\varphi'(x)\mathrm{d}x = \int f[\varphi(x)]\mathrm{d}\varphi(x) = \int f(u)\mathrm{d}u = F(u) + C = F[\varphi(x)] + C.$$

用此换元积分法求积分时,关键的一步是凑一个函数的微分,即 $\varphi'(x)\mathrm{d}x = \mathrm{d}\varphi(x)$,因此又称为凑微分法.

例 1-3-15 计算下列积分:

(1) $\int \sin 2x\,\mathrm{d}x$; (2) $\int \dfrac{1}{\sqrt{3-2x}}\mathrm{d}x$.

解: (1) 设 $u = 2x$,则 $\mathrm{d}u = 2\mathrm{d}x$,所以

$$\int \sin 2x\,\mathrm{d}x = \frac{1}{2}\int \sin 2x \cdot 2\mathrm{d}x = \frac{1}{2}\int \sin 2x\,\mathrm{d}2x = \frac{1}{2}\int \sin u\,\mathrm{d}u = -\frac{1}{2}\cos u + C,$$

再将 $u = 2x$ 代入,得 $\int \sin 2x\,\mathrm{d}x = -\dfrac{1}{2}\cos 2x + C$.

注意: 在对变量代换比较熟练后,不必写出 u,而直接凑微分:

$$\int \sin 2x\,\mathrm{d}x = \frac{1}{2}\int \sin 2x \cdot 2\mathrm{d}x = \frac{1}{2}\int \sin 2x\,\mathrm{d}2x = -\frac{1}{2}\cos 2x + C.$$

(2) $\displaystyle\int \frac{1}{\sqrt{3-2x}}\mathrm{d}x = \int (3-2x)^{-\frac{1}{2}}\mathrm{d}x = \left(-\frac{1}{2}\right)\int (3-2x)^{-\frac{1}{2}}(-2)\mathrm{d}x$

$= \left(-\dfrac{1}{2}\right)\int (3-2x)^{-\frac{1}{2}}(-2)\mathrm{d}x = \left(-\dfrac{1}{2}\right)\int (3-2x)^{-\frac{1}{2}}\mathrm{d}(3-2x)$

$= \left(-\dfrac{1}{2}\right)\dfrac{1}{1-\frac{1}{2}}(3-2x)^{1-\frac{1}{2}} = -\sqrt{3-2x} + C.$

例 1-3-16 计算下列积分:

(1) $\int 2x\cos x^2\,\mathrm{d}x$; (2) $\int \dfrac{1}{\sqrt{x}}e^{\sqrt{x}}\mathrm{d}x$;

(3) $\int e^x\cos e^x\,\mathrm{d}x$; (4) $\int \dfrac{\ln x}{x}\mathrm{d}x$;

(5) $\int \tan x\,\mathrm{d}x$.

解: (1) $\int 2x\cos x^2\,\mathrm{d}x = \int \cos x^2 \cdot 2x\,\mathrm{d}x = \int \cos x^2\,\mathrm{d}(x^2) = \sin x^2 + C.$

(2) $\displaystyle\int \frac{1}{\sqrt{x}}e^{\sqrt{x}}\mathrm{d}x = 2\int e^{\sqrt{x}}\frac{1}{2\sqrt{x}}\mathrm{d}x = 2\int e^{\sqrt{x}}\mathrm{d}\sqrt{x} = 2e^{\sqrt{x}} + C.$

(3) $\int e^x\cos e^x\,\mathrm{d}x = \int \cos e^x \cdot e^x\,\mathrm{d}x = \int \cos e^x\,\mathrm{d}e^x = \sin e^x + C.$

(4) $\displaystyle\int \frac{\ln x}{x}\mathrm{d}x = \int \ln x \cdot \frac{1}{x}\mathrm{d}x = \int \ln x\,\mathrm{d}\ln x = \frac{1}{2}\ln^2 x + C.$

(5) $\displaystyle\int \tan x\,\mathrm{d}x = \int \frac{\sin x}{\cos x}\mathrm{d}x = -\int \frac{1}{\cos x}\mathrm{d}\cos x = -\ln|\cos x| + C.$

案例 1-3-10【能源消耗】 电力消耗随经济的增长而增长. 某市每年的电力消耗率呈指数增长,且增长指数大约为 0.07. 1990 年年初,消耗量大约为每年 161 亿度. 设 $R(t)$ 表示从 1990 年起第 t 年的电力消耗率,则 $R(t) = 161e^{0.07t}$(亿度). 试用此式估算从 1990—2010 年间

电力消耗的总量.

解：设 $T(t)$ 表示从 1990 年起到第 t 年（$T(0)=0$）电力消耗的总量. 要求从 1990—2010 年间电力消耗的总量，即求 $T(20)$. 由于 $T(t)$ 是电力消耗的总量，所以 $T'(t)$ 就是电力消耗率 $R(t)$，即 $T'(t)=R(t)$，那么 $T(t)$ 是 $R(t)$ 的一个原函数.

$$T(t) = \int R(t)\mathrm{d}t = \int 161\mathrm{e}^{0.07t}\mathrm{d}t = \frac{161}{0.07}\mathrm{e}^{0.07t} + C$$

$$= 2\,300\mathrm{e}^{0.07t} + C.$$

因为 $T(0)=0$，所以 $C=-2\,300$，$T(t)=2\,300(\mathrm{e}^{0.07t}-1)$.

从 1990 年起到 2010 年，电力消耗总量为

$$T(20) = 2\,300(\mathrm{e}^{0.07\times 20}-1) \approx 7\,027(亿度).$$

定理 1-3-4 设函数 $f(u)$ 在区间 $[a,b]$ 上具有原函数 $F(u)$，$u=\varphi(x)$ 在 $[\alpha,\beta]$ 上具有连续的导数，则有

$$\int_a^b f[\varphi(x)]\varphi'(x)\mathrm{d}x = \int_a^b f[\varphi(x)]\mathrm{d}\varphi(x) = F[\varphi(x)]\Big|_a^b.$$

例 1-3-17 计算下列积分：

(1) $\int_0^1 (2-3x)^4 \mathrm{d}x$；　　　　(2) $\int_0^1 \frac{x^5}{1+x^6}\mathrm{d}x$；　　　　(3) $\int_1^2 \frac{3^{\frac{1}{x}}}{x^2}\mathrm{d}x$；

(4) $\int_0^{\ln 2} \mathrm{e}^x \sin \mathrm{e}^x \mathrm{d}x$；　　(5) $\int_e^{e^2} \frac{1}{x\ln x}\mathrm{d}x$；　　(6) $\int_0^{\frac{\pi}{2}} \cos^3 x \sin x \mathrm{d}x$.

解：(1) $\int_0^1 (2-3x)^4 \mathrm{d}x = -\frac{1}{3}\int_0^1 (2-3x)^4 \mathrm{d}(3-2x)$

$$= -\frac{1}{15}(2-3x)^5 \Big|_0^1 = -\frac{1}{15}[(-1)^5 - 2^5] = \frac{33}{15}.$$

(2) $\int_0^1 \frac{x^5}{1+x^6}\mathrm{d}x = \frac{1}{6}\int_0^1 \frac{1}{1+x^6}\mathrm{d}(1+x^6) = \frac{1}{6}\ln(1+x^6)\Big|_0^1 = \frac{1}{6}\ln 2.$

(3) $\int_1^2 \frac{3^{\frac{1}{x}}}{x^2}\mathrm{d}x = -\int_1^2 3^{\frac{1}{x}}\mathrm{d}\left(\frac{1}{x}\right) = -\frac{3^{\frac{1}{x}}}{\ln 3}\Big|_1^2 = \frac{3-\sqrt{3}}{\ln 3}.$

(4) $\int_0^{\ln 2} \mathrm{e}^x \sin \mathrm{e}^x \mathrm{d}x = \int_0^{\ln 2} \sin \mathrm{e}^x \mathrm{d}\mathrm{e}^x = -\cos \mathrm{e}^x \Big|_0^{\ln 2} = \cos 1 - \cos 2.$

(5) $\int_e^{e^2} \frac{1}{x\ln x}\mathrm{d}x = \int_e^{e^2} \frac{1}{\ln x}\mathrm{d}\ln x = \ln|\ln x| \Big|_e^{e^2} = \ln 2.$

(6) $\int_0^{\frac{\pi}{2}} \cos^3 x \sin x \mathrm{d}x = \int_0^{\frac{\pi}{2}} \cos^3 x \mathrm{d}(-\cos x) = -\frac{1}{4}\cos^4 x \Big|_0^{\frac{\pi}{2}} = \frac{1}{4}.$

2）第二类换元积分法

如果被积表达式 $f(x)\mathrm{d}x$ 不易直接应用基本积分表计算，也可以引入新变量 t，并选择代换 $x=\phi(t)$，其中 $\phi(t)$ 可导，且 $\phi'(t)$ 连续，将被积表达式 $f(x)\mathrm{d}x$ 化为 $f[\phi(t)]\phi'(t)\mathrm{d}t$，如果容易求得 $f[\phi(t)]\phi'(t)$ 的原函数 $F(t)$，而 $x=\phi(t)$ 的反函数 $t=\phi^{-1}(x)$ 存在且可导，则 $F[\phi^{-1}(x)]$ 为 $f(x)$ 的原函数，这样就得到下面的定理.

定理 1-3-5 设 $x=\phi(t)$ 可导，且 $\phi'(t)\neq 0$，又设 $f[\phi(t)]\phi'(t)$ 具有原函数 $G(t)$，则

$$\int f(x)\mathrm{d}x = \int f[\phi(t)]\phi'(t)\mathrm{d}t = G(t) + C = G[\phi^{-1}(x)] + C,$$

其中 $t = \phi^{-1}(x)$ 是 $x = \phi(t)$ 的反函数.

例 1-3-18 求下列积分：

(1) $\int \dfrac{dx}{1+\sqrt{3-x}}$; (2) $\int \dfrac{x}{\sqrt{x+1}}dx$.

解：(1) 设 $t = \sqrt{3-x}$，则 $x = 3 - t^2, dx = -2t dt$.

$$\int \dfrac{dx}{1+\sqrt{3-x}} = -\int \dfrac{2t}{1+t}dt = -2\int \dfrac{1+t-1}{1+t}dt$$

$$= -2\int \left(1 - \dfrac{1}{1+t}\right)dt = -2(t - \ln|1+t|) + C$$

$$= -2(\sqrt{3-x} - \ln(1+\sqrt{3-x})) + C.$$

应注意，此例在最后的结果中必须代入 $t = \sqrt{3-x}$，返回到原积分变量 x.

(2) 设 $t = \sqrt{x+1}$，则 $x = t^2 - 1, dx = -2t dt$.

$$\int \dfrac{x}{\sqrt{x+1}}dx = \int \dfrac{t^2-1}{t} \cdot 2t dt = \int (t^2 - 1)dt$$

$$= \dfrac{2}{3}t^3 - 2t + C = \dfrac{2}{3}\sqrt{(x+1)^3} - 2\sqrt{x+1} + C.$$

定理 1-3-6 设函数 $f(x)$ 在区间 $[a,b]$ 上连续，函数 $x = \phi(t)$ 在区间 $[\alpha,\beta]$ 上满足条件：

(1) $\phi(\alpha) = a, \phi(\beta) = b$；

(2) $\phi(t)$ 在 $[\alpha,\beta]$ 上具有连续的导数，同时其值不超过 $[a,b]$；

(3) 又设 $f[\phi(t)]\phi'(t)$ 具有原函数 $G(t)$，则有

$$\int_a^b f(x)dx = \int_\alpha^\beta f[\phi(t)]\phi'(t)dt = G(t)\big|_\alpha^\beta.$$

定积分的换元法

应用定积分的换元积分法计算积分时用 $x = \phi(t)$ 将变量 x 换成 t 时，积分限也要换成新变量 t 的积分限，即换元需换限.

例 1-3-19 求下列积分：

(1) $\int_2^4 \dfrac{dx}{x\sqrt{x-1}}$; (2) $\int_0^{\ln 5} \sqrt{e^x - 1} dx$;

(3) $\int_0^a \sqrt{a^2 - x^2} dx \quad (a > 0)$.

解：(1) 设 $t = \sqrt{x-1}$，则 $x = 1 + t^2, dx = 2t dt$.

当 $x = 2$ 时，$t = 1$；当 $x = 4$ 时，$t = \sqrt{3}$. 所以

$$\int_2^4 \dfrac{dx}{x\sqrt{x-1}} = \int_1^{\sqrt{3}} \dfrac{2t dt}{(1+t^2)t} = 2\int_1^{\sqrt{3}} \dfrac{1}{1+t^2}dt = 2\arctan t\Big|_1^{\sqrt{3}} = 2\left(\dfrac{\pi}{3} - \dfrac{\pi}{4}\right) = \dfrac{\pi}{6}.$$

(2) 设 $t = \sqrt{e^x - 1}$，则 $x = \ln(1+t^2), dx = \dfrac{2t}{1+t^2}dt$.

当 $x = 0$ 时，$t = 0$；当 $x = \ln 5$ 时，$t = 2$. 所以

$$\int_0^{\ln 5} \sqrt{e^x - 1} dx = \int_0^2 t \cdot \dfrac{2t}{1+t^2} dt = 2\int_0^2 \dfrac{t^2}{1+t^2} dt$$

$$= 2\int_0^2 \left(1 - \frac{1}{1+t^2}\right)dt = 2(t - \arctan t)\Big|_0^2 = 4 - 2\arctan 2.$$

(3) 设 $x = a\sin t\left(-\frac{\pi}{2} < t < \frac{\pi}{2}\right)$,则 $\sqrt{a^2 - x^2} = a\cos t, dx = a\cos t dt.$

当 $x = 0$ 时,$t = 0$;当 $x = a$ 时,$t = \frac{\pi}{2}$。所以

$$\int_0^a \sqrt{a^2 - x^2}\,dx = \int_0^{\frac{\pi}{2}} a\cos t \cdot a\cos t\,dt = a^2 \int_0^{\frac{\pi}{2}} \cos^2 t\,dt$$

$$= a^2 \int_0^{\frac{\pi}{2}} \frac{1 + \cos 2t}{2}dt = \frac{a^2}{2}\left(t + \frac{1}{2}\sin 2t\right)\Big|_0^{\frac{\pi}{2}} = \frac{\pi a^2}{4}.$$

例 1-3-20【对称函数积分】 设函数 $f(x)$ 在区间 $[-a, a]$ 上连续 ($a > 0$),则

(1) 当 $f(x)$ 为偶函数时,$\int_{-a}^{a} f(x)dx = 2\int_0^a f(x)dx$;

(2) 当 $f(x)$ 为奇函数时,$\int_{-a}^{a} f(x)dx = 0.$

证:由定积分的可加性,有 $\int_{-a}^{a} f(x)dx = \int_{-a}^{0} f(x)dx + \int_0^a f(x)dx.$

对于等号右端的第一项,令 $x = -t$,则 $dx = -dt$,且当 $x = -a$ 时,$t = a$,当 $x = 0$ 时,$t = 0$。于是,$\int_{-a}^{0} f(x)dx = -\int_a^0 f(-t)dt = \int_0^a f(-t)dt = \int_0^a f(-x)dx$,所以

$$\int_{-a}^{a} f(x)dx = \int_0^a f(-x)dx + \int_0^a f(x)dx.$$

(1) 当 $f(x)$ 为偶函数时,即 $f(-x) = f(x)$,于是

$$\int_{-a}^{a} f(x)dx = \int_0^a f(x)dx + \int_0^a f(x)dx = 2\int_0^a f(x)dx.$$

(2) 当 $f(x)$ 为奇函数时,即 $f(-x) = -f(x)$,于是

$$\int_{-a}^{a} f(x)dx = -\int_0^a f(x)dx + \int_0^a f(x)dx = 0.$$

本例的结果可以作为定理使用。使用此结果可以简化奇、偶函数在对称区间上的积分.

例 1-3-21 计算 $\int_{-2}^{2} \frac{x}{2 + x^2}dx.$

解:因为被积函数 $f(x) = \frac{x}{2 + x^2}$ 是对称区间 $[-2, 2]$ 上的奇函数,所以

$$\int_{-2}^{2} \frac{x}{2 + x^2}dx = 0.$$

例 1-3-22 计算 $\int_{-2}^{2} \frac{x + |x|}{2 + x^2}dx.$

解:$\int_{-2}^{2} \frac{x + |x|}{2 + x^2}dx = \int_{-2}^{2} \frac{x}{2 + x^2}dx + \int_{-2}^{2} \frac{|x|}{2 + x^2}dx$

$$= 0 + 2\int_0^2 \frac{x}{2 + x^2}dx = \int_0^2 \frac{1}{2 + x^2}d(2 + x^2)$$

$$= \ln(2 + x^2)\Big|_0^2 = \ln 3.$$

2. 分部积分法

设函数 $u = u(x)$, $v = v(x)$ 具有连续导数. 根据乘积的求导法则 $(uv)' = u'v + uv'$, 可得

$$\int uv'dx = \int udv = uv - \int vdu,$$

称为不定积分分部积分公式.

类似地, 有

$$\int_a^b uv'dx = \int_a^b udv = uv\Big|_a^b - \int_a^b vdu,$$

称为定积分分部积分公式.

不定积分的分部积分法

定积分的分部积分法

例 1-3-23 求下列积分:

(1) $\int x\sin x dx$;   (2) $\int_0^1 xe^{-x}dx$;

(3) $\int_1^e \ln x dx$;   (4) $\int x\arctan x dx$.

解: (1) 设 $u = x$, $v' = \sin x$, 则 $v = -\cos x$, 所以

$$\int x\sin x dx = \int xd(-\cos x) = -\int xd\cos x$$
$$= -x\cos x + \int \cos x dx = -x\cos x + \sin x + C.$$

(2) 设 $u = x$, $v' = e^{-x}$, 则 $v = -e^{-x}$, 所以

$$\int_0^1 xe^{-x}dx = \int_0^1 xd(-e^{-x}) = -\int_0^1 xde^{-x} = -xe^{-x}\Big|_0^1 + \int_0^1 e^{-x}dx$$
$$= -xe^{-x}\Big|_0^1 - e^{-x}\Big|_0^1 = -2e^{-1} + 1.$$

(3) 设 $u = \ln x$, $v' = 1$, 则 $v = x$, 所以

$$\int_1^e \ln x dx = x\ln x\Big|_1^e - \int_1^e xd\ln x = e - \int_1^e x \cdot \frac{1}{x}dx$$
$$= e - e + 1 = 1.$$

(4) 设 $u = \arctan x$, $v' = x$, 则 $v = \frac{1}{2}x^2$, 所以

$$\int x\arctan x dx = \int \arctan x d\left(\frac{1}{2}x^2\right) = \frac{1}{2}\int \arctan x dx^2$$
$$= \frac{1}{2}x^2\arctan x - \frac{1}{2}\int x^2 d\arctan x$$
$$= \frac{1}{2}x^2\arctan x - \frac{1}{2}\int \frac{x^2}{1+x^2}dx$$
$$= \frac{1}{2}x^2\arctan x - \frac{1}{2}\int\left(1 - \frac{1}{1+x^2}\right)dx$$
$$= \frac{1}{2}x^2\arctan x - \frac{1}{2}x + \frac{1}{2}\arctan x + C.$$

在使用分部积分时, 正确地选择 u 和 dv 是关键. 选择 u 和 dv 的原则是: (1) v 容易求得; (2) 积分 $\int vdu$ 容易求出. 一般选择 u 的规律为: 最先考虑反三角函数或对数函数, 其次考虑幂

函数,最后考虑三角函数或指数函数.

案例 1 – 3 – 11 【石油产量】 石化油田一口新井的原油产出率为 $R(t) = 1 - 0.02t\sin(2\pi t)$ (t 的单位为年),求开始 3 年内生产的石油总量.

解:设开始 3 年内生产的石油总量为 W,则 $W' = R(t)$,故

$$\begin{aligned}
W &= \int_0^3 R(t)\,dt = \int_0^3 [1 - 0.02t\sin(2\pi t)]\,dt \\
&= \int_0^3 1\,dt - \int_0^3 0.02t\sin(2\pi t)\,dt \\
&= 3 + \frac{0.01}{\pi}\int_0^3 t\,d\cos(2\pi t) \\
&= 3 + \frac{0.01}{\pi}t\cos(2\pi t)\Big|_0^3 - \frac{0.01}{\pi}\int_0^3 \cos(2\pi t)\,dt \\
&= 3 + \frac{0.03}{\pi} - \frac{0.01}{2\pi^2}\sin(2\pi t)\Big|_0^3 = 3 + \frac{0.03}{\pi} \approx 3.0095.
\end{aligned}$$

本小节所总结的积分方法应灵活应用,切忌死套公式.有些积分可以用换元法,也可以用分部积分法,有时还需兼用这两种方法.

例 1 – 3 – 24 求下列积分.

(1) $\int \arctan\sqrt{x}\,dx$;　　　　(2) $\int_0^1 x^3 e^{x^2}\,dx$.

解:(1) 设 $t = \sqrt{x}$,则 $x = t^2$,$dx = 2t\,dt$,所以

$$\begin{aligned}
\int \arctan\sqrt{x}\,dx &= 2\int t\arctan t\,dt = \int \arctan t\,d(t^2) \\
&= t^2\arctan t - \int \frac{t^2}{1+t^2}\,dt \\
&= t^2\arctan t - \int \left(1 - \frac{1}{1+t^2}\right)dt \\
&= t^2\arctan t - t + \arctan t + C \\
&= x\arctan\sqrt{x} - \sqrt{x} + \arctan\sqrt{x} + C.
\end{aligned}$$

(2) $\int_0^1 x^3 e^{x^2}\,dx = \frac{1}{2}\int_0^1 x^2 e^{x^2}\,dx^2 = \frac{1}{2}\int_0^1 t e^t\,dt = \frac{1}{2}\int_0^1 t\,de^t$

$= \frac{1}{2}te^t\Big|_0^1 - \frac{1}{2}\int_0^1 e^t\,dt = \frac{1}{2}e - \frac{1}{2}e^t\Big|_0^1 = \frac{1}{2}.$

令 $x = 0$,得 $A = 1$,令 $x = 2$,得 $B = 0$,所以

$$\int \frac{x^2+1}{x(x-1)^2}\,dx = \int \frac{1}{x}\,dx + \int \frac{2}{(x-1)^2}\,dx$$

$$= \ln|x| - \frac{2}{x-1} + C.$$

3. 广义积分

前面讲的定积分 $\int_a^b f(x)\,dx$ 的积分区间 $[a,b]$ 为有限的,并且被积函数在 $[a,b]$ 上也是有

界的,一般称这样的积分为常义积分.但在一些实际问题中,经常会遇到积分区间为无限区间,或者被积函数为无界函数的积分,它们已经不属于前面所说的定积分了.因此对定积分作如下推广,从而形成广义积分的概念.本书主要介绍无限区间上的广义积分.

首先,将定积分的概念推广到无限区间.这类积分称为无限区间上的广义积分.

案例 1-3-12【不封闭的曲边梯形的面积】 求由曲线 $y=\dfrac{1}{x^2}$,x 轴及直线 $x=1$ 右边所围成的不封闭的曲边梯形的面积 s.

因为这个图形不是封闭的曲边梯形,不能用定积分来计算面积.

任取 $b>1$,如图 1-3-10 所示.在区间 $[1,b]$ 上由曲线 $y=\dfrac{1}{x^2}$ 所围成的曲边梯形的面积为

$$\int_1^b \frac{1}{x^2}dx = \left[-\frac{1}{x}\right]_1^b = 1-\frac{1}{b}.$$

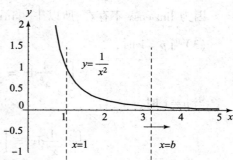

图 1-3-10

很显然,当 b 越来越大时,这个曲边梯形的面积越来越接近要求的面积 s,由极限的定义得

$$s = \lim_{b\to+\infty}\int_1^b \frac{1}{x^2}dx = \lim_{b\to+\infty}\left[-\frac{1}{x}\right]_1^b = \lim_{b\to+\infty}\left(1-\frac{1}{b}\right)=1,$$

即所要求的不封闭曲边梯形的面积 $s=1$.因此,可得下面的概念:

定义 1-3-5 设函数 $f(x)$ 在区间 $[a,+\infty)$ 上连续,如果极限

$$\lim_{b\to+\infty}\int_a^b f(x)dx \quad (a<b)$$

存在,则称此极限为 $f(x)$ 在区间 $[a,+\infty)$ 上的广义积分,记作

$$\int_a^{+\infty}f(x)dx = \lim_{b\to+\infty}\int_a^b f(x)dx \quad (a<b).$$

这时也称广义积分 $\int_a^{+\infty}f(x)dx$ 收敛;如果上述极限不存在,就称广义积分 $\int_a^{+\infty}f(x)dx$ 发散.

类似地,可以定义函数 $f(x)$ 在 $(-\infty,b]$ 和 $(-\infty,+\infty)$ 上的广义积分,即

$$\int_{-\infty}^b f(x)dx = \lim_{a\to-\infty}\int_a^b f(x)dx \quad (a<b),$$

$$\int_{-\infty}^{+\infty}f(x)dx = \lim_{a\to-\infty}\int_a^c f(x)dx + \lim_{b\to+\infty}\int_c^b f(x)dx, c\in(-\infty,+\infty).$$

上述三种广义积分都称为无限区间上的广义积分.按照广义积分的定义,它是一类常义积分的极限.因此,广义积分的计算就是先计算常义积分,再取极限.

例 1-3-25 讨论下列广义积分的敛散性:

(1) $\int_0^{+\infty}e^{-2x}dx$; (2) $\int_0^{+\infty}\sin x dx$; (3) $\int_1^{+\infty}\dfrac{1}{x^p}dx$.

解:(1) $\int_0^{+\infty}e^{-2x}dx = \lim_{b\to+\infty}\int_0^b e^{-2x}dx = \lim_{b\to+\infty}\left(-\dfrac{1}{2}e^{-2x}\right)\Big|_0^b$

$= \lim_{b\to+\infty}\left(-\dfrac{1}{2}e^{-2b}+\dfrac{1}{2}\right)=\dfrac{1}{2}.$

为了方便,在计算过程中可以省去极限符号. 例如,例 1-3-25(1)的计算过程可以写成

$$\int_0^{+\infty} e^{-2x} dx = -\frac{1}{2} e^{-2x} \Big|_0^{+\infty} = \lim_{x \to +\infty}\left(-\frac{1}{2} e^{-2x}\right) + \frac{1}{2} = \frac{1}{2}.$$

即约定 $F(x)\big|_a^{+\infty} = \lim\limits_{x \to +\infty} F(x) - F(a)$.

(2) $\int_0^{+\infty} \sin x dx = (-\cos x)\big|_0^{+\infty} = -\lim\limits_{x \to +\infty} \cos x + 1.$

因为 $\lim\limits_{x \to +\infty} \cos x$ 不存在,所以 $\int_0^{+\infty} \sin x dx$ 发散.

(3) 当 $p = 1$ 时,

$$\int_1^{+\infty} \frac{1}{x^p} dx = \int_1^{+\infty} \frac{1}{x} dx = \ln x \Big|_1^{+\infty} = +\infty.$$

当 $p \neq 1$ 时,

$$\int_1^{+\infty} \frac{1}{x^p} dx = \left[\frac{x^{1-p}}{1-p}\right]_1^{+\infty} = \begin{cases} \dfrac{1}{p-1}, & p > 1, \\ +\infty, & p < 1. \end{cases}$$

因此,当 $p > 1$ 时,这个广义积分收敛,其值为 $\dfrac{1}{p-1}$;当 $p \leq 1$ 时,这个广义积分发散.

例 1-3-26 计算曲线 $y = \dfrac{1}{1+x^2}$ 和 x 轴之间的面积,如图 1-3-11 所示.

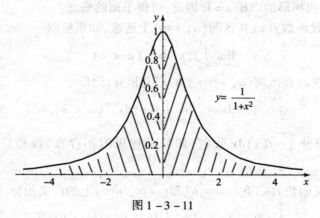

图 1-3-11

解:由题意,所求图形的面积为广义积分

$$\int_{-\infty}^{+\infty} \frac{1}{1+x^2} dx = \int_{-\infty}^0 \frac{1}{1+x^2} dx + \int_0^{+\infty} \frac{1}{1+x^2} dx.$$

因为

$$\int_{-\infty}^0 \frac{1}{1+x^2} dx = \arctan x \Big|_{-\infty}^0 = 0 - \lim_{x \to -\infty} \arctan x = 0 - \left(-\frac{\pi}{2}\right) = \frac{\pi}{2},$$

而

$$\int_0^{+\infty} \frac{1}{1+x^2} dx = \arctan x \Big|_0^{+\infty} = \lim_{x \to +\infty} \arctan x - 0 = \frac{\pi}{2},$$

所以

$$\int_{-\infty}^{+\infty} \frac{1}{1+x^2} dx = \frac{\pi}{2} + \frac{\pi}{2} = \pi,$$

即所求图形的面积为 π.

1.3.3 定积分的应用

定积分的应用

定积分的应用十分广泛,本小节着重介绍定积分在几何上的应用,同时简单介绍定积分在经济和物理方面的应用,不仅导出一些几何量、经济量及物理量的计算公式,更重要的是介绍导出这些公式的方法——定积分的微元法.

1. 定积分的微元法

用定积分表示一个量,如几何量、物理量或其他量,一般分成四步来考虑,例如,求曲边梯形面积的过程.

(1) 分割:将区间 $[a,b]$ 任意分成 n 个小区间 $[x_{i-1},x_i]$ $(i=1,2,\cdots,n)$,其中 $x_0=a, x_n=b$.

(2) 近似:在小区间 $[x_{i-1},x_i]$ 上,任取一点 ξ_i,作小曲边梯形面积 ΔA_i 的近似值,

$$\Delta A_i \approx f(\xi_i) \Delta x_i.$$

(3) 求和:曲边梯形面积

$$A = \sum_{i=1}^{n} \Delta A_i \approx \sum_{i=1}^{n} f(\xi_i) \Delta x_i.$$

(4) 取极限:令 $\lambda = \max\{\Delta x_i\} \to 0$,则

$$A = \lim_{\lambda \to 0} \sum_{i=1}^{n} f(\xi_i) \Delta x_i = \int_a^b f(x) dx.$$

以上四个步骤中,第二步确定 $\Delta A_i \approx f(\xi_i) \Delta x_i$ 是关键. 在实用上通常把上列四步简化成三步,其步骤如下:

第一步:选积分变量为 $x \in [a,b]$.

第二步:任取一个子区间 $[x, x+dx] \subset [a,b]$,在 $[x, x+dx]$ 上用区间长 dx 作为矩形的底,用 x 处的高 $f(x)$ 作为矩形的高,用矩形面积 $f(x) dx$ 近似代替小曲边梯形的面积 ΔA(图 1-3-12),得 $\Delta A \approx f(x) dx$,并称 $f(x) dx$ 为面积的微元(或元素),记作 $dA = f(x) dx$.

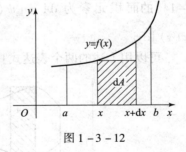

图 1-3-12

第三步:以 $dA = f(x) dx$ 为被积表达式,在区间 $[a,b]$ 上积分,即得曲边梯形的面积

$$A = \int_a^b dA = \int_a^b f(x) dx.$$

由上例可知,用定积分的基本思想求某个量 I 的步骤如下:

第一步:选取积分变量,例如选为 x,并确定其范围,例如 $x \in [a,b]$.

第二步:在区间 $[a,b]$ 内任取一个小区间,用 $[x, x+dx]$ 表示,求出所求量 I 的微元(或元素) dI,即 $dI = f(x) dx$.

第三步:以 $dI = f(x) dx$ 为被积表达式,在区间 $[a,b]$ 上积分,便得所求量 I,即

$$I = \int_a^b dI = \int_a^b f(x)dx.$$

上述方法称为定积分的微元法(或元素法). 在实际问题中,应用微元法的关键是正确找出所求量的微元表达式.

案例 1-3-13 【游泳池储水】 设水流到游泳池的速度为 $v(t) = 20e^{0.04t}$ (t/h),问从 $t=0$ (游泳池存水为0)到 $t=2$ h 这段时间内游泳池的储水总量 W 是多少?

解:第一步:选取积分变量 $t \in [0,2]$.

第二步:在区间 $[0,2]$ 内任取一个小区间 $[t,t+dt]$,在 $[t,t+dt]$ 时间段内,"以常代变",将水的流速看成匀速的,得水量微元 $dW = v(t)dt$.

第三步:以 $dW = v(t)dt$ 为被积表达式,在时间段 $[0,2]$ 内积分,得 $t=0$ 到 $t=2$ h 这段时间内游泳池的储水总量

$$W = \int_0^2 dW = \int_0^2 v(t)dt = 20\int_0^2 e^{0.04t}dt = \frac{20}{0.04}e^{0.04t}\Big|_0^2 = 40(t).$$

2. 平面图形的面积

应用定积分,不但可以计算曲边梯形的面积,还可以计算一些比较复杂的平面图形的面积.

一般地,如果函数 $y = f(x), y = g(x)$ 在区间 $[a,b]$ 上连续,并且在 $[a,b]$ 上有 $g(x) \leq f(x)$,则介于两条曲线 $y = f(x), y = g(x)$ 以及两条直线 $x = a, x = b$ 之间的平面图形的面积元素(图 1-3-13 中的阴影部分)为 $dA = [f(x) - g(x)]dx$,因此平面图形的面积为

$$A = \int_a^b [f(x) - g(x)]dx.$$

同样地,如果函数 $x = \varphi(y), x = \psi(y)$ 在区间 $[c,d]$ 上连续,并且在 $[c,d]$ 上有 $\varphi(y) \leq \psi(y)$,则介于两条曲线 $x = \varphi(y), x = \psi(y)$ 以及两条直线 $y = c, y = d$ 之间的平面图形(图 1-3-14)的面积元素为 $dA = [\psi(y) - \varphi(y)]dy$,因此平面图形的面积为 $A = \int_c^d [\psi(y) - \varphi(y)]dy$.

可以用上述的两个表达式直接求平面图形的面积.

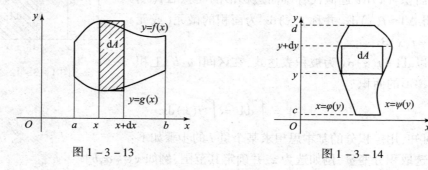

图 1-3-13　　　　　　　　图 1-3-14

例 1-3-27 求曲线 $y = e^x, y = e^{-x}$ 与直线 $x = 1$ 所围成的平面图形的面积.

解:如图 1-3-15 所示,曲线 $y = e^x, y = e^{-x}$ 与直线 $x = 1$ 的交点分别为 $A(1,e), B(1,e^{-1})$,则所求面积

$$S = \int_0^1 (e^x - e^{-x})dx = (e^x + e^{-x})\Big|_0^1 = e + e^{-1} - 2.$$

案例 1-3-14【公园的大小】 为了充分利用土地进一步美化城市,城市的某街边公园的形状设计成由抛物线 $4y^2 = x$ 与直线 $x + y = \dfrac{3}{2}$ 所围成的图形,求此公园的面积.

解:如图 1-3-16 所示,先确定两条曲线交点的坐标.

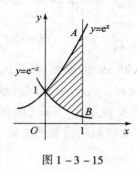

图 1-3-15

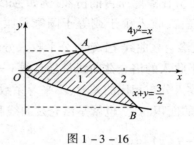

图 1-3-16

解方程组 $\begin{cases} 4y^2 = x, \\ x + y = \dfrac{3}{2}, \end{cases}$ 得交点 $A\left(1, \dfrac{1}{2}\right), B\left(\dfrac{9}{4}, -\dfrac{3}{4}\right)$.

以 y 为积分变量,则所求面积为

$$S = \int_{-\frac{3}{4}}^{\frac{1}{2}} \left[\left(\dfrac{3}{2} - y\right) - 4y^2\right]dy = \left(\dfrac{3}{2}y - \dfrac{1}{2}y^2 - \dfrac{4}{3}y^3\right)\Big|_{-\frac{3}{4}}^{\frac{1}{2}} = \dfrac{125}{96}.$$

注意:如果以 x 为积分变量,则所求面积为

$$S = \int_0^1 \left[\dfrac{\sqrt{x}}{2} - \left(-\dfrac{\sqrt{x}}{2}\right)\right]dx + \int_1^{\frac{9}{4}}\left[\left(\dfrac{3}{2} - x\right) - \left(-\dfrac{\sqrt{x}}{2}\right)\right]dx,$$

这时所求面积需分块计算,计算较繁.

例 1-3-28 求在区间 $[0, \pi]$ 上曲线 $y = \cos x$ 与 $y = \sin x$ 之间所围成的平面图形的面积.

解:如图 1-3-17 所示. 曲线 $y = \cos x$ 与 $y = \sin x$ 的交点坐标为 $\left(\dfrac{\pi}{4}, \dfrac{\sqrt{2}}{2}\right)$.

因此,所求面积为

$$S = \int_0^{\frac{\pi}{4}} (\cos x - \sin x)dx + \int_{\frac{\pi}{4}}^{\pi} (\sin x - \cos x)dx$$

$$= (\sin x + \cos x)\Big|_0^{\frac{\pi}{4}} + (-\cos x - \sin x)\Big|_{\frac{\pi}{4}}^{\pi} = 2\sqrt{2}.$$

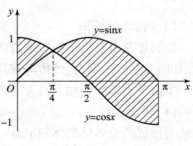

图 1-3-17

由上面的例题可总结出求若干条曲线围成的平面图形的面积的步骤:

(1)画草图:在平面直角坐标系中,画出有关曲线,确定各曲线所围成的平面区域;

(2)求各曲线交点的坐标:求解每两条曲线方程所构成的方程组,得到各交点的坐标;

(3)求面积:利用 $A = \int_a^b [f(x) - g(x)]dx$ 或 $A = \int_c^d [\psi(y) - \varphi(y)]dy$,适当地选择积分变

量,确定积分的上、下限,列式计算出平面图形的面积.

案例1-3-15【基尼系数】 如图1-3-18所示,经济学家利用洛伦兹曲线的密度函数来描述国家的家庭收入的差异. 特别地,洛伦兹曲线在$[0,1]$上有定义:它以$(0,0)$和$(1,1)$为端点,并且是连续的、上凹的增函数. 该曲线上的点是这样得到的:首先将家庭收入按高低分类,然后计算低于或等于国家总收入某个百分比家庭所占的份额. 例如,如果少于或等于$a\%$的低收入家庭,其收入少于或等于国家总收入的$b\%$,那么点$(a\%,b\%)$在洛伦兹曲线上. 绝对公平收入分布是指低收入的$a\%$的家庭,其收入是总收入的$a\%$,绝对公平收入的洛伦兹曲线是指直线$y=x$. 洛伦兹曲线和直线$y=x$之间区域的面积表示与绝对公平收入分布相比的差异,不平等系数等于洛伦兹曲线和直线$y=x$之间区域的面积与直线$y=x$下的面积的比,也就是洛伦兹曲线和直线$y=x$之间区域的面积的2倍,即不平等系数 $=2\int_0^1[x-L(x)]dx$.

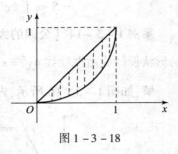

图1-3-18

例1-3-29 已知用来描述某个国家收益分布的洛伦兹曲线定义为$L(x)=\dfrac{5}{12}x^2+\dfrac{7}{12}x$,计算收入较低的50%家庭占总收入的百分比,并求不平等系数.

解:由题意可知,收入较低的50%家庭占总收入的百分比为

$$L(0.5)=\dfrac{5}{12}\times 0.5^2+\dfrac{7}{12}\times 0.5=\dfrac{4.75}{12}\approx 40\%$$

此时不平等系数为

$$2\int_0^1[x-L(x)]dx=2\int_0^1\left[x-\dfrac{5}{12}x^2-\dfrac{7}{12}x\right]dx=2\left[\dfrac{1}{2}x^2-\dfrac{5}{136}x^3-\dfrac{7}{24}x^2\right]_0^1=\dfrac{5}{36}.$$

3. 体积

1)旋转体的体积

旋转体是由一个平面图形绕该平面上一条直线旋转一周而成的立体,这条直线称为旋转轴. 如圆柱、圆锥、圆台、球体等都是旋转体.

下面分别以x轴和y轴为旋转轴,用微元法来求其旋转体的体积.

(1)求由曲线$y=f(x)(f(x)\geqslant 0)$,x轴及直线$x=a,x=b(a<b)$所围成的曲边梯形绕x轴旋转而形成的旋转体的体积V.

取横坐标x为积分变量,它的变化区间为$[a,b]$,在$[a,b]$上取任一小区间$[x,x+dx]$,相应于$[x,x+dx]$上的小薄片的体积近似等于以$f(x)$为底圆半径,以dx为高的扁圆柱体的体积(图1-3-19),从而得到体积元素dV,即$dV=\pi[f(x)]^2dx$. 以$dV=\pi[f(x)]^2dx$为被积表达式,$[a,b]$上的定积分就是所求的体积V,即

$$V=\int_a^b\pi[f(x)]^2dx=\pi\int_a^b[f(x)]^2dx.$$

(2)类似地可以推出:由连续曲线$x=\varphi(y)(\varphi(y)\geqslant 0)$,$y$轴及直线$y=c,y=d(c<d)$所围成的曲边梯形绕$y$轴旋转而成的旋转体的体积为

$$V = \int_c^d \pi [\varphi(y)]^2 dy.$$

例 1-3-30 证明底面半径为 r,高为 h 的圆锥体的体积为 $V = \dfrac{1}{3}\pi r^2 h$.

证:如图 1-3-20 所示建立坐标系,设圆锥的旋转轴重合于 x 轴,即圆锥是由直角三角形 ABO 绕 OB 旋转而成的,其中点 A、B 的坐标分别为 (h,r) 和 $(h,0)$,直线 OA 的方程为

$$y = \frac{r}{h}x.$$

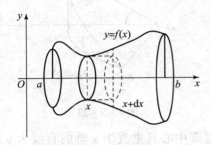

图 1-3-19

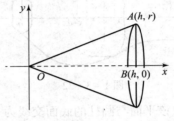

图 1-3-20

取 x 为积分变量,它的变化范围为 $[0,h]$,得到所求体积为

$$V = \int_0^h \pi \left(\frac{r}{h}x\right)^2 dx = \pi \int_0^h \left(\frac{r}{h}x\right)^2 dx = \frac{\pi r^2}{h^2}\left(\frac{x^3}{3}\right)\bigg|_0^h = \frac{1}{3}\pi r^2 h.$$

例 1-3-31 求椭圆 $\dfrac{x^2}{a^2} + \dfrac{y^2}{b^2} = 1$ 绕 y 轴旋转所形成的椭球的体积.

解:如图 1-3-21 所示,此椭球可看成是右半椭圆与 y 轴所围成的图形绕 y 轴旋转而成的立体. 取 y 为积分变量,它的变化范围为 $[-b,b]$. 由椭圆方程解出右半椭圆的方程为 $x = \dfrac{a}{b}\sqrt{b^2 - y^2}$.
于是得所求体积为

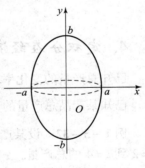

$$V = \int_{-b}^b \pi \left(\frac{a}{b}\sqrt{b^2-y^2}\right)^2 dy = 2\pi \int_0^b \pi \left(\frac{a}{b}\sqrt{b^2-y^2}\right)^2 dy$$

$$= \frac{2\pi a^2}{b^2}\int_0^b (b^2 - y^2) dy = \frac{2\pi a^2}{b^2}\left(b^2 y - \frac{1}{3}y^3\right)\bigg|_0^b$$

$$= \frac{2\pi a^2}{b^2}\left(b^3 - \frac{1}{3}b^3\right) = \frac{4}{3}\pi a^2 b.$$

图 1-3-21

2)平行截面面积已知的立体的体积

如果一个立体不是旋转体,但却知道该立体垂直于一定轴的各个截面的面积,那么这个立体的体积也可以用定积分来计算.

如图 1-3-22 所示,取定轴为 x 轴,设一立体的两个端面分别在过点 $x = a, x = b$ 且垂直于 x 轴的两平面内. 以 $A(x)$ 表示过点 x 且垂直于 x 轴的截面面积,并假定 $A(x)$ 在区间 $[a,b]$ 上连续. 以 x 为积分变量,对于任一小区间 $[x, x+dx] \subset [a,b]$ 上的小薄片的体积近似等于以 $A(x)$ 为底,以 dx 为高的薄柱体的体积,即体积元素为 $dV = A(x)dx$. 因此,所求立体的体积为

$$V = \int_a^b A(x)\,dx.$$

案例 1-3-16【儿童座椅】 制作儿童座椅时,需准备一些塑料材料. 其大体形状是由一平面经过半径为 R 的圆柱体的中心,并与底面交成角 α（图 1-3-23）截圆柱体所得到的. 计算该塑料材料的体积.

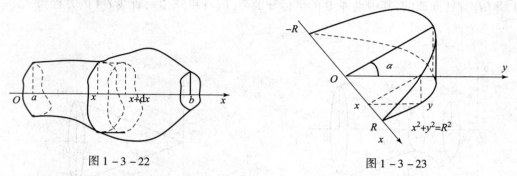

图 1-3-22　　　　　　　　　图 1-3-23

解：取该平面与圆柱的底面交线为 x 轴,底面上过圆中心且垂直于 x 轴的直线为 y 轴,那么底圆方程为 $x^2 + y^2 = R^2$. 立体中过点 x 且垂直于 x 轴的截面是一个直角三角形,它的两条直角边的长度分别为 y 和 $y\tan\alpha$,即 $\sqrt{R^2 - x^2}$ 和 $\sqrt{R^2 - x^2}\tan\alpha$,因此这个直角三角形截面的面积为 $A(x) = \frac{1}{2}(R^2 - x^2)\tan\alpha$,于是所求立体的体积为

$$V = \int_{-R}^{R} A(x)\,dx = \int_{-R}^{R} \frac{1}{2}(R^2 - x^2)\tan\alpha\,dx$$
$$= \frac{1}{2}\tan\alpha \left(R^2 x - \frac{1}{3}x^3\right)\Big|_{-R}^{R} = \frac{2}{3}R^3 \tan\alpha.$$

4. 定积分在经济上的应用

已知总产量的变化率求总产量.

已知某产品总产量的变化率为 $f(t)$,则该产品在 $t \in [a,b]$ 内的总产量为 $Q = \int_a^b f(t)\,dt$.

例 1-3-32 设某产品在时刻 t 总产量的变化率为 $f(t) = 100 + 12t - 0.6t^2$（件/h）,求从 $t = 2$ 到 $t = 4$ 的总产量.

解：$Q = \int_2^4 f(t)\,dt = \int_2^4 (100 + 12t - 0.6t^2)\,dt = (100t + 6t^2 - 0.2t^3)\Big|_2^4 = 260.8 \approx 261$,

即所求的总产量为 261 件.

案例 1-3-17【广告策略】 某出口公司每月销售额是 1 000 000 美元,平均利润是销售额的 10%. 根据公司以往的经验,广告宣传期间月销售额的变化率近似服从增长曲线 $R'(t) = 1\,000\,000\mathrm{e}^{0.02t}$（$t$ 以月为单位）. 该公司现在需要决定是否举行一次为期一年的总成本为 130 000 美元的广告活动. 按惯例,对于超过 100 000 美元的广告活动,如果做广告所产生的实际利润超过广告投资的 10%,则决定做广告. 试问该公司按惯例是否该做此广告？

解：一年的总销售额为

$$R = \int_0^{12} R'(t)\,dt = \int_0^{12} 1\,000\,000\mathrm{e}^{0.02t}\,dt = \frac{1\,000\,000\mathrm{e}^{0.02t}}{0.02}\bigg|_0^{12} \approx 1\,356\,246(\text{美元}),$$

而公司的利润是销售额的 10%,所以新增销售额产生的利润是

$$0.1 \times (13\,562\,458 - 12\,000\,000) = 156\,246(美元),$$

故做广告所产生的实际利润为 $156\,246 - 130\,000 = 26\,246$(美元),这说明盈利大于广告成本的 10%,该公司应该做此广告.

案例 1-3-18【资本现值与投资问题】 若现有 a 元货币,按年利率为 r 作连续复利计算,则 t 年后的价值为 ae^{rt} 元;反过来,若 t 年后有 a 元货币,则按连续复利计算,现应有 ae^{-rt} 元,这就称为资本现值.

设在时间段 $[0,T]$ 内 t 时刻的单位时间收入为 $R'(t)$,称为收入率,若按年利率为 r 的连续复利计算,则在 $[0,T]$ 内的总收入为

$$R = \int_0^T R'(t) e^{-rt} dt.$$

若收入率 $R'(t) = A$(A 为常数),称为均匀收入率,如果年利率 r 也为常数,则总收入的现值为

$$R = \int_0^T A e^{-rt} dt = A \left. \frac{-1}{r} e^{-rt} \right|_0^T = \frac{A}{r}(1 - e^{-rT}).$$

若在 $t=0$ 时,一次投入的资金为 a 元,则在 $[0,T]$ 内的纯收入的贴现值(也称投资效益)为

$$R^* = R - a = \int_0^T A e^{-rt} dt - a,$$

即纯收入的贴现值 = 总收入现值 - 总投资.

当总收入的现值等于投资 $\frac{A}{r}(1 - e^{-rT}) = a$ 时,即收回投资,则收回投资的时间为

$$T = \frac{1}{r} \ln \frac{A}{A - ar}.$$

如果回收期为无限时期,则纯收入的贴现值为

$$R^* = R - a = \int_0^{+\infty} A e^{-rt} dt - a.$$

显然,R^* 的值越大,投资效益越好.

例 1-3-33 若某企业投资 800 万元,年利率为 5%,设在 20 年内的均匀收入率为 200 万元/年,试求:

(1)该投资的纯收入贴现值;
(2)收回该笔投资的时间.

解: 总收入的现值为

$$R = \frac{A}{r}(1 - e^{-rT}) = \frac{200}{0.05}(1 - e^{-0.05 \times 20}) = 4\,000(1 - e^{-1}) \approx 2\,528.5(万元),$$

从而投资所得纯收入贴现值为

$$R^* = R - a = 2\,528.5 - 800 = 1\,728.5(万元),$$

收回投资的时间为

$$T = \frac{1}{r} \ln \frac{A}{A - ar} = \frac{1}{0.05} \ln \frac{200}{200 - 800 \times 0.05} = 20 \ln 1.25 \approx 4.46(年).$$

例 1-3-34 有一个大型的投资项目,投资成本为 10 000 万元,投资年利率为 5%,每年

的均匀收入为 2 000 万元,求该无限期投资的纯收入贴现值.

解:无限期投资的纯收入贴现值为

$$R^* = R - a = \int_0^{+\infty} Ae^{-rt}dt - a = \int_0^{+\infty} 2\,000e^{-0.05t}dt - 10\,000 = 30\,000(万元).$$

例 1-3-35 某企业想购买一台设备,该设备成本为 5 000 元. T 年后该设备的报废价值为 $S(t) = 5\,000 - 400t$(元),使用该设备在 t 年时可使企业增加收入 $850 - 40t$(元). 若年利率为 5%,计算连续复利,企业应在什么时候报废这台设备?此时,总利润的现值是多少?

解:T 年后总收入的现值为

$$R = \int_0^T R'(t)e^{-rt}dt = \int_0^T (850 - 40t)e^{-0.05t}dt.$$

T 年后总利润的现值为

$$L(T) = \int_0^T (850 - 40t)e^{-0.05t}dt + (5\,000 - 400T)e^{-0.05T} - 5\,000$$

$$L'(T) = (850 - 40T)e^{-0.05T} - 400e^{-0.05T} - 0.05(5\,000 - 400T)e^{-0.05T}$$

$$= (200 - 20T)e^{-0.05T}.$$

令 $L'(T) = 0$,得 $T = 10$. 当 $T < 10$ 时,$L'(T) > 0$,当 $T < 10$ 时,$L'(T) < 0$,则 $T = 10$ 是唯一的极大值点,即 $T = 10$ 时,总利润的现值最大,故应在使用 10 年后报废这台设备. 此时企业所得的利润的现值为

$$L(10) = \int_0^{10} (200 - 20T)e^{-0.05T}dT = (400T + 4\,000)e^{-0.05T}\Big|_0^{10} \approx 852.25(元).$$

5. 定积分在物理方面的应用

1)变力沿直线所做的功

例 1-3-36 把一个带 $+q_0$ 电量的点电荷放在 r 轴上的坐标原点 O 处,它产生一个电场. 这个电场对周围的电荷有作用力. 如果另一个电荷 $+q$ 放在这个电场中距离原点 O 为 r 的地方,电场对它的作用力为

$$F = k\frac{q_0 q}{r^2}(k \text{ 是常数}).$$

求这个点电荷从 $r = a$ 处移动到 $r = b(a < b)$ 处时,电场力 F 对它所做的功.

解:如图 1-3-24 所示,在上述移动过程中,电场对这个点电荷 $+q$ 的作用力是变化的. 取 r 为积分变量,它的变化区间为 $[a,b]$. 设 $[r, r+dr]$ 为 $[a,b]$ 上的任一小区间. 当点电荷 $+q$ 从 r 移动到 $r + dr$ 时,电场对它所做的功近似为 $k\dfrac{q_0 q}{r^2}dr$,即功元素为

图 1-3-24

$$dW = k\frac{q_0 q}{r^2}dr.$$

在闭区间 $[a,b]$ 上作定积分,便得所求的功为

$$W = \int_a^b k\frac{q_0 q}{r^2}dr = kq_0 q\left(-\frac{1}{r}\right)\Big|_a^b = kq_0 q\left(\frac{1}{a} - \frac{1}{b}\right).$$

如果将点电荷 $+q$ 从该点($r=a$)处移动到无穷远处,电场力所做的功 W 就是广义积分

$$W = \int_a^{+\infty} k\frac{q_0 q}{r^2}\mathrm{d}r = kq_0 q\left(-\frac{1}{r}\right)\Big|_a^{+\infty} = \lim_{r\to+\infty} kq_0 q\left(\frac{1}{a}-\frac{1}{r}\right) = \frac{kq_0 q}{a}.$$

案例 1-3-19【抽水做功问题】 长 50 m、宽 20 m、深 3 m 盛满水的池子,现将水抽出,问需做功多少?

解:如图 1-3-25 所示建立坐标系. 取 y 为积分变量,它的变化区间为 $[0,3]$,设 $[y, y+\mathrm{d}y]$ 为 $[0,3]$ 上的任一小区间,对应的水的体积为 $1\,000\mathrm{d}y$,将这层水抽出池口的位移是 $3-y$,所以功元素为

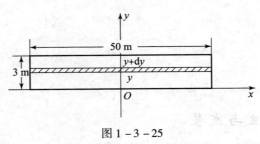

图 1-3-25

$$\mathrm{d}W = 9.8\times 10^6(3-y)\mathrm{d}y.$$

取水的相对密度 $r = 9\,800(\mathrm{kg/m^3})$. 所以,将水抽出所做的功为

$$W = \int_0^3 \mathrm{d}W = \int_0^3 9.8\times 10^6(3-y)\mathrm{d}y = 9.8\times 10^6\left(3y-\frac{1}{2}y^2\right)\Big|_0^3$$

$$= 4.41\times 10^7(\mathrm{J}).$$

2) 液体的压力

由物理学可知,在液体深 h 处的压强是 $p = \rho g h$. 如果有一面积为 A 的平板,水平地放在液体深 h 处,那么平板一侧受到液体的压力为

$$F = pA.$$

如果平板垂直放在液体中,那么液体的不同深处压强不同,所以这里用微元法来求解.

例 1-3-37 一个横放着的半径为 R 的圆柱形油桶,桶内盛有半桶油. 设油的密度为 ρ,求桶的一端面上所受的压力.

解:由题意,如图 1-3-26 所示选取坐标系,受到压力的半圆可表示为 $x^2+y^2\leq R^2(0\leq x\leq R)$. 取 x 为积分变量,它的变化区间为 $[0,R]$,该区间上任一小区间 $[x, x+\mathrm{d}x]$ 对应的窄条上各点处的压强近似等于 $\rho g x$,该窄条的面积近似为 $2\sqrt{R^2-x^2}\mathrm{d}x$. 因此,该窄条所受油的压力的近似值为 $2\rho g x\sqrt{R^2-x^2}\mathrm{d}x$,即压力元素为 $\mathrm{d}F = 2\rho g x\sqrt{R^2-x^2}\mathrm{d}x$,在 $[0,R]$ 上求定积分,便得所求压力

$$F = \int_0^R 2\rho g x\sqrt{R^2-x^2}\mathrm{d}x = -\rho g\int_0^R \sqrt{R^2-x^2}\mathrm{d}(R^2-x^2)$$

$$= -\rho g\frac{2}{3}(R^2-x^2)^{\frac{3}{2}}\Big|_0^R = \frac{2\rho g R^3}{3}.$$

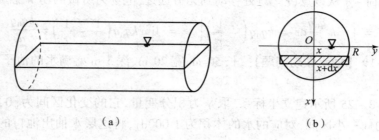

图 1-3-26

【阅读材料】

一、微积分的产生与发展

微积分的产生和发展被誉为"近代技术文明产生的关键事件之一,它引入了若干极其成功的、对以后许多数学的发展起决定性作用的思想"。它产生的思想基础就是极限,而极限的思想具有悠久的历史. 在我国古代哲学著作《庄子》"天下篇"中就有这样的话:"一尺之棰,日取其半,万世不竭."它描述的是截取过程中棒长剩余的变化情况,"万世不竭"就蕴含着无限趋近的极限思想. 公元3世纪的刘徽,公元5—6世纪的祖冲之、祖暅对圆周率、面积及体积的研究,也同样含有极限思想的萌芽.

微积分的真正发展是在17世纪后半叶的西欧,牛顿[(英)Isaac Newton,1642—1727,图1-3-27]和莱布尼茨[(德)Leibniz. G. W. ,1646—1716,图1-3-28]在17世纪后半叶各自独立地创立了微积分.

图 1-3-27

图 1-3-28

牛顿是从物理学观点来研究数学的,他创立的微积分原理是同他的力学研究分不开的. 他发现了力学三大定律和万有引力定律. 1687年,牛顿出版了他的名著《自然哲学的数学原理》,将整个力学建立在严谨的数学演绎的基础上,不仅推动了力学本身的发展,而且对力学的研究也带动了微积分学的发展变化,使数学发生了质的变化.

莱布尼茨是从几何学的角度去考虑微积分的. 1684年,他的第一篇微分文章《一种求极大、极小和切线的新方法》发表,他在文章中谈到变量的微分概念. 在17世纪70年代中期,莱布尼茨通过研究几何问题,建立了微积分的算法.他所引进的微积分符号比牛顿用的符号更灵活,更能反映微积分的本质.例如微分 dx,积分 $\int f(x)dx$,导数 $\dfrac{dy}{dx}$ 都非常简单、合适.这些符号一直沿用到今天,在促进微积分学发展方面起到了积极的促进作用.

虽然,人类对求积问题(积分学的中心问题)的探讨可以追溯到远古时代,但对切线问题(微分学的中心问题)的探讨却是比较晚的事,因此微分学的起点远远落后于积分学.牛顿、莱布尼茨将"微分"与"积分"这两个貌似毫不相关的问题紧密地联系起来,确立了两者之间的互逆关系,创建了"微积分基本定理"或称"牛顿-莱布尼茨公式".这一基本定理的建立使微积分的理论进一步深化、发展、完善,最终走向成熟.今天,微积分已成为一门独立的学科,它的基本理论广泛地应用于自然科学、工程技术、军事科学、医学科学、经济科学、社会科学等众多的领域.

二、除雪机除雪模型

有条 10 km 长的公路,由一台除雪机负责除雪.每当路面雪的平均厚度达到 0.5 m 时,除雪机即开始工作.但是雪仍在下,路面雪的厚度在不断增加,除雪机的前进速度不会降低.当雪的厚度达到 1.5 m 时,除雪机将无法工作.问除雪机能否将整条公路的积雪清除?当然,这与降雪的速度有关,以下在一些合理的假设下进行讨论和计算.

已知:在无雪的路面上除雪机的行驶速度为 10 m/s;雪下了 1 h,雪最大时路面积雪的厚度以 0.1 cm/s 的速度增加,前 0.5 h 雪越下越大,后 0.5 h 雪越下越小.

假设:除雪机的速度 v 随雪的厚度 h 线性变化,利用已知条件可得 $v = 10\left(1 - \dfrac{2}{3}h\right)$.而 h 是时间 t 的函数,设在前 0.5 h,$h'(t)$ 均匀增加,而在后 0.5 h 均匀减少,可得

$$h'(t) = \begin{cases} \dfrac{10^{-3}t}{1\,800}, & 0 \leqslant t \leqslant 1\,800, \\ 10^{-3}\left(2 - \dfrac{t}{1\,800}\right), & 1\,800 \leqslant t \leqslant 3\,600. \end{cases} \quad (单位:m/s)$$

再积分得到

$$h(t) = \int_0^t h'(s)ds.$$

注意:$h(t)$ 也是分段函数.

下面利用 Mathematica 软件计算.

先将分段函数合写成一个式子,如图 1-3-29 所示.

当 $t = 1\,800$ s 时,雪的厚度是 0.9 m;当 $t = 3\,600$ s 时,雪的厚度是 1.8 m.

除雪机从雪的厚度为 0.5 m 时开始工作,直到雪的厚度为 1.5 m 时停止工作,以下求出它开始工作和停止工作的时间,再积分得到它前进的距离,如图 1-3-30 所示.

说明:由于函数 $h(t)$ 是分段的,解方程的函数 Solve( ) 对它无能为力,只好分段求解.

命令"FullSimplify[h, t < 1 800]"是通过有条件的化简,成功地得到当 $t < 1\,800$ 时 $h(t)$ 的表达式.接下来,使用 Solve( ) 函数求除雪机开始工作的时刻 t_0,并从解集中提取出合理的答案.同样再得到除雪机停止工作的时刻 t_1,最后输入"$\int_{t_0}^{t_1} vdt$"求除雪机前进的距离,结果表明除雪机只能清除大约 4 km 长公路上的积雪.

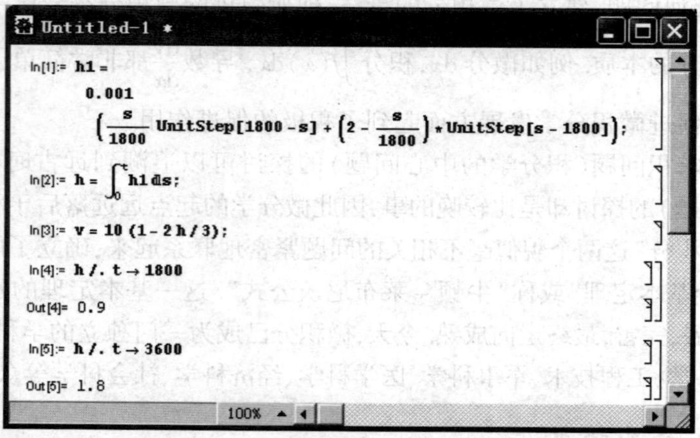

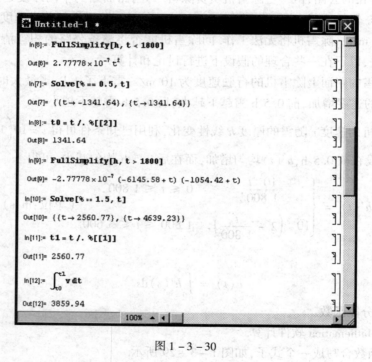

图 1-3-29

图 1-3-30

应用三 练习

一、基础练习

1. 验证函数 $F(x) = x(\ln x - 1)$ 是 $f(x) = \ln x$ 的一个原函数.

2. 一曲线过点 $(e, 2)$，且过曲线上任意一点的切线的斜率等于该点横坐标的倒数，求该曲线的方程.

3. 求下列积分：

(1) $\int (x^3 + 3^x) dx$;

(2) $\int \left(2e^x + \dfrac{3}{x}\right) dx$;

(3) $\int \cos^2 \dfrac{x}{2} dx$;

(4) $\int \dfrac{\cos 2x}{\sin x + \cos x} dx$;

(5) $\int \dfrac{du}{\sin^2 u \cos^2 u}$;

(6) $\int_0^1 \dfrac{1}{1+t^2} dt$;

(7) $\int_0^{\frac{\pi}{4}} (\sin t + \cos t) dt$;

(8) $\int_{-\frac{1}{2}}^{\frac{1}{2}} \dfrac{1}{\sqrt{1-x^2}} dx$;

(9) $\int_0^\pi |\cos t| dt$;

(10) $\int_1^2 \dfrac{(x+1)(x^2-3)}{x^2} dx$;

(11) $\int_0^2 f(x) dx$,其中 $f(x) = \begin{cases} 2x, & 0 \leqslant x < 1, \\ 5, & 1 < x \leqslant 2. \end{cases}$

4. 求下列函数的导数：

(1) $\Phi(x) = \int_0^x \sin t\, dt$;

(2) $\Phi(x) = \int_2^x e^t \cos t\, dt$;

(3) $\Phi(x) = \int_x^1 \dfrac{1-t^2}{1+t^2} dt$;

(4) $\Phi(x) = \int_0^{x^2} \dfrac{1}{1+t^2} dt$;

(5) $\Phi(x) = \int_{\cos x}^{\sin x} (1-t^2) dt$.

5. 求下列积分：

(1) $\int (2x-1)^{99} dx$;

(2) $\int \dfrac{1}{\sqrt{1-3x}} dx$;

(3) $\int e^{5x+3} dx$;

(4) $\int \cos(2-3x) dx$;

(5) $\int \dfrac{1}{5x-2} dx$;

(6) $\int x^2 \cos x^3 dx$;

(7) $\int \dfrac{x}{1+x^2} dx$;

(8) $\int e^x \sin e^x dx$;

(9) $\int \dfrac{e^x}{1+e^{2x}} dx$;

(10) $\int \dfrac{1}{x(1+\ln^2 x)} dx$;

(11) $\int e^{\sin x} \cos x\, dx$;

(12) $\int_0^1 \dfrac{1}{\sqrt{3x+1}} dx$;

(13) $\int_0^1 x e^{x^2} dx$;

(14) $\int_0^1 \dfrac{2x}{1+x^2} dx$;

(15) $\int_1^e \dfrac{1+\ln x+\ln^2 x}{x} dx$;

(16) $\int_0^{\frac{\pi}{2}} \sin^3 x \cos x\, dx$;

(17) $\int \dfrac{x}{\sqrt{x-3}} dx$;

(18) $\int_0^3 x\sqrt{x+1}\, dx$.

6. 求下列积分：

(1) $\int x \sin x\, dx$;

(2) $\int x \ln x\, dx$;

(3) $\int \arcsin x \, dx$;

(4) $\int \cos \sqrt{x} \, dx$;

(5) $\int_0^1 x \arctan x \, dx$;

(6) $\int_{e^{-1}}^{e} |\ln x| \, dx$;

(7) $\int_0^{\frac{\pi}{2}} x \cos x \, dx$;

(8) $\int_0^1 e^{\sqrt{x}} \, dx$.

7. 判断下列广义积分的收敛性，如果收敛求其值：

(1) $\int_1^{+\infty} \frac{dx}{x^4}$;

(2) $\int_1^{+\infty} \frac{dx}{\sqrt{x}}$;

(3) $\int_e^{+\infty} \frac{1}{x \ln^2 x} dx$;

(4) $\int_{-\infty}^{+\infty} \frac{-1}{1+x^2} dx$.

8. 求由下列曲线所围成的平面图形的面积：

(1) $y = \frac{1}{x}, y = x, x = 2$；

(2) $y = x^2, y = 1$；

(3) $y^2 = 2x, x + y = 4$.

9. 求由曲线 $y = x^2$ 与直线 $x = 1, y = 0$ 所围成的图形分别绕 x 轴、y 轴旋转所得的旋转体的体积.

二、应用练习

1.【运动问题】一物体由静止开始作直线运动，经 t 秒后的速度为 $3t^2$(m/s)，问：

(1) 经 3 s 后物体离开出发点的距离是多少？

(2) 物体与出发点的距离为 360 m 时经过了多长时间？

2.【制动问题】一列车以 108 km/h 的速度行驶，当制动时列车获得的加速度是 -0.4 m/s^2. 问列车应在进站前什么时候、距离车站多远的地方开始制动？

3.【污水问题】位于一条河边的小造纸厂，向河中排放含有四氯化碳的污水. 当地环保部门发现后，责令该厂立即安装过滤装置，以减少并最终停止向河中排放四氯化碳. 当过滤装置安装完毕，开始工作到完全停止排放污水，四氯化碳的排放速度可以由模型 $v(t) = \frac{3}{4}t^2 - 6t + 12$(m^3/年) 逼近，其中 $t = 0$ 时，过滤装置开始工作. 问从过滤装置开始工作到污水完全停止要用多长时间？在这期间有多少四氯化碳流入河中？

4.【优化设计】一煤矿投资 2 000 万元建成，开工采煤后，在时刻 t 的追加成本和追加收益分别为

$$C(t) = 5 + 2t^{\frac{2}{3}} (\text{百万元} / \text{年}),$$

$$R(t) = 17 - t^{\frac{2}{3}} (\text{百万元} / \text{年}).$$

试确定该矿在何时停止生产可获得最大利润，最大利润是多少.

5.【贴现问题】现对某企业给予一笔投资 100 万元，在 10 年中每年可获收益 25 万元，年利率为 5%，试求：(1) 该投资的纯收入贴现值；(2) 收回该笔投资的时间.

6.【汽车数量】从 A 城市到 B 城市有条长 30 km 的高速公路. 某天公路上距 A 城市 x km

处的汽车密度(每千米车辆数)为 $\rho(x) = 300 + 300\sin(2x+0.2)$，计算该高速公路上的汽车总数.

7.【投资问题】有一大型投资项目的投资成本为 $A = 10\,000$ 万元，投资年利率为 5%，每年的均匀收入率为 $a = 2\,000$ 万元，求该投资为无限期时的纯收入的贴现值.

模块二 微分方程

函数是客观事物的内部联系在数量方面的反映,利用函数关系又可以对客观事物的规律进行研究.因此,找到所需要的函数关系,在实践中具有重要意义.在许多问题中,往往不能直接找出所需要的函数关系,但是根据问题所提供的情况,有时可以列出含有需要的函数及其导数的关系式,这样的关系就是微分方程.微分方程建立以后,对它进行研究,找出未知函数,这就是解微分方程.

微分方程在工程技术、经济生活等各个领域有着广泛的应用.本模块主要介绍微分方程的基本概念和几种常用的微分方程的解法及其应用.

应用一 微分方程的概念

本节首先介绍微分方程的基本概念和用连续积分求一些简单的微分方程的方法,然后介绍求解常微分方程的方法.

2.1.1 微分方程的概念

案例 2-1-1【人口问题】 英国学者马尔萨斯认为人口的相对增长率为常数,即如果设 t 时刻人口总量为 $x(t)$,则人口增长速度 $\dfrac{\mathrm{d}x}{\mathrm{d}t}$ 与人口总量 $x(t)$ 成正比,从而建立了马尔萨斯模型:

$$\begin{cases} \dfrac{\mathrm{d}x}{\mathrm{d}t} = kx, \\ x(t_0) = x_0. \end{cases}$$

这是一个含有未知函数的一阶导数的模型.

案例 2-1-2【列车制动问题】 地铁进站后必须停在指定位置,以便于乘客上车,那么地铁在距离车站多少路程时开始制动,制动时的速度和加速度应该是多少才能停在指定位置?

假设地铁在直线轨道上以 20 m/s(相当于 72 km/h)的速度行驶,制动时获得的加速度为 -0.4 m/s^2.问开始制动后经过多长时间列车才能停住,以及列车在这段时间里行驶了多少路程?

设制动后地铁的运动方程为 $s = s(t)$,由二阶导数的物理意义知,函数 $s = s(t)$ 应满足关系式

$$\begin{cases} \dfrac{\mathrm{d}^2 s}{\mathrm{d}t^2} = -0.4, \\ s \big|_{t=0} = 0, \\ v \big|_{t=0} = 20. \end{cases}$$

这是一个含有未知函数的二阶导数的模型.

案例 2-1-3【电路应用】 某电子元件公司设计的电子元件中包含一个图 2-1-1 所示的电路,其中电阻为 $R = 10\ \Omega$, 电感为 $L = 2H$ 和电压为 $u = 50\sin 5t$ V. 开关 K 合上后,电路中有电流通过,试求该电子元件的电路中电流 $i(t)$ 的变化规律.

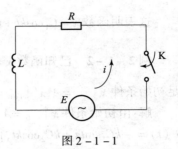

图 2-1-1

由回路电压定律知
$$u_R + u_L = u,$$
而
$$u_R = Ri,\quad u_L = L\frac{\mathrm{d}i}{\mathrm{d}t},$$
所以
$$2\frac{\mathrm{d}i}{\mathrm{d}t} + 10i(t) = 50\sin 5t.$$

这是一个含有未知函数的一阶导数的模型.

上面的案例尽管实际意义不同,但解决问题的方法都是建立一个含有未知函数导数的方程.

定义 2-1-1 含有未知函数导数(或微分)的方程称为**微分方程**. 未知函数是一元函数的微分方程,称为**常微分方程**,简称微分方程. 未知函数是多元函数的微分方程,称为**偏微分方程**. 本模块只介绍常微分方程.

定义 2-1-2 微分方程中所出现的未知函数的最高阶导数的阶数,称为微分方程的**阶**. 例如 $x^3 y''' + x^2 y'' - 4xy' = 3x^2$ 是三阶微分方程,$[y^{(4)}]^2 - 4y''' + 10y'' - 12y' + 5y = \sin 2x$ 是四阶微分方程,$y^{(n)} + 1 = 0$ 是 n 阶微分方程.

定义 2-1-3 把满足微分方程的函数(把函数代入微分方程能使该方程成为恒等式)称为该**微分方程的解**. 如果微分方程的解中含有独立(不可合并)的任意常数,且任意常数的个数与微分方程的阶数相同,这样的解称为微分方程的**通解**. 用于确定通解中任意常数的条件,称为**微分方程的初始条件**. 确定了通解中的任意常数以后,就得到微分方程的**特解**(即不含任意常数的解).

微分方程的每个特解在几何上表示一条平面曲线,称为微分方程的**积分曲线**. 而微分方程的通解中含有任意常数,所以它在几何上表示一族曲线,称为**积分曲线族**.

例 2-1-1 验证:函数 $x = C_1 \cos kt + C_2 \sin kt$ 是微分方程
$$\frac{\mathrm{d}^2 x}{\mathrm{d}t^2} + k^2 x = 0$$
的解.

解:求所给函数的导数:
$$\frac{\mathrm{d}x}{\mathrm{d}t} = -kC_1 \sin kt + kC_2 \cos kt,$$
$$\frac{\mathrm{d}^2 x}{\mathrm{d}t^2} = -k^2 C_1 \cos kt - k^2 C_2 \sin kt = -k^2(C_1 \cos kt + C_2 \sin kt).$$

将 $\dfrac{\mathrm{d}^2 x}{\mathrm{d}t^2}$ 及 x 的表达式代入所给方程,得

$$-k^2(C_1\cos kt + C_2\sin kt) + k^2(C_1\cos kt + C_2\sin kt) \equiv 0.$$

这表明函数 $x = C_1\cos kt + C_2\sin kt$ 满足方程 $\dfrac{d^2 x}{dt^2} + k^2 x = 0$，因此所给函数是所给方程的解．

例 2 - 1 - 2 已知函数 $x = C_1\cos kt + C_2\sin kt(k \neq 0)$ 是微分方程 $\dfrac{d^2 x}{dt^2} + k^2 x = 0$ 的通解，求满足初始条件 $x\vert_{t=0} = A, x'\vert_{t=0} = 0$ 的特解．

解：由初始条件 $x\vert_{t=0} = A$ 及 $x = C_1\cos kt + C_2\sin kt$，得 $C_1 = A$；再由初始条件 $x'\vert_{t=0} = 0$，及 $x'(t) = -kC_1\sin kt + kC_2\cos kt$，得 $C_2 = 0$．

把 C_1、C_2 的值代入 $x = C_1\cos kt + C_2\sin kt$ 中，得

$$x = A\cos kt.$$

2.1.2 形如 $\dfrac{d^n y}{dx^n} = f(x)$ 的微分方程

对微分方程 $\dfrac{d^n y}{dx^n} = f(x)$ 两边连续求积分可得微分方程的解．

案例 2 - 1 - 4【曲线方程问题】 已知曲线通过点 $(1,2)$，且在该曲线上任一点 $M(x,y)$ 处的切线的斜率为 $2x$，求该曲线的方程．

解：设所求曲线的方程为 $y = y(x)$．根据导数的几何意义，可知未知函数 $y = y(x)$ 应满足关系式（称为微分方程）

$$\dfrac{dy}{dx} = 2x, \tag{2-1-1}$$

且曲线过点 $(1,2)$，故有 $y\vert_{x=1} = 2$．

把式（2-1-1）两端积分，得 $y = \int 2x\,dx$，即

$$y = x^2 + C. \tag{2-1-2}$$

其中 C 是任意常数．

将 $x = 1, y = 2$ 代入式（2-1-2），得

$$2 = 1^2 + C,$$

由此求出 $C = 1$．

将 $C = 1$ 代入式（2-1-2），得所求曲线方程

$$y = x^2 + 1.$$

案例 2 - 1 - 5【列车制动问题】 求解案例 2 - 1 - 2 中的微分方程 $\begin{cases} \dfrac{d^2 s}{dt^2} = -0.4, \\ s\vert_{t=0} = 0, \\ v\vert_{t=0} = 20. \end{cases}$

解：把 $\dfrac{d^2 s}{dt^2} = -0.4$ 两端积分一次，得

$$v = \dfrac{ds}{dt} = -0.4t + C_1, \tag{2-1-3}$$

再积分一次，得

$$s = -0.2t^2 + C_1 t + C_2, \qquad (2-1-4)$$

这里 C_1,C_2 都是任意常数.

把 $v|_{t=0} = 20$ 代入式(2-1-3)得 $C_1 = 20$;把 $s|_{t=0} = 0$ 代入式(2-1-4)得 $C_2 = 0$.

把 C_1,C_2 的值代入式(2-1-3)和式(2-1-4)得

$$v = -0.4t + 20, \qquad (2-1-5)$$
$$s = -0.2t^2 + 20t. \qquad (2-1-6)$$

在式(2-1-5)中令 $v = 0$,得到列车从开始制动到完全停住所需的时间

$$t = \frac{20}{0.4} = 50(\text{s}).$$

再把 $t = 50$ 代入式(2-1-6),得到列车在制动阶段行驶的路程

$$s = -0.2 \times 50^2 + 20 \times 50 = 500(\text{m}).$$

【阅读材料】

代数方程与微分方程的异同

学过中学数学的人对于方程是比较熟悉的. 在初等数学中就有各种各样的方程,比如线性方程、二次方程、高次方程、指数方程、对数方程、三角方程和方程组等. 这些方程都是把研究的问题中的已知数和未知数之间的关系找出来,列出包含一个未知数或几个未知数的一个或者多个方程式,这类方程称为代数方程.

但是在实际工作中,常常出现一些特点和以上方程完全不同的问题,比如:物体在一定条件下的运动变化,要寻求它的运动、变化的规律;某个物体在重力作用下自由下落,要寻求下落距离随时间变化的规律;火箭在发动机推动下在空间飞行,要寻求它飞行的轨道,等等.

物体运动和它的变化规律在数学上是用函数关系来描述的,因此,这类问题就是寻求满足某些条件的一个或者几个未知函数. 也就是说,凡是这类问题都不是简单地去求一个或者几个固定不变的数值,而是求一个或者几个未知的函数.

解这类问题的基本思想和初等数学中解方程的基本思想很相似,也是把研究的问题中已知函数和未知函数之间的关系找出来,从列出的包含未知函数的一个或几个方程中去求得未知函数的表达式. 但是无论在方程的形式、求解的具体方法、求出解的性质等方面,它都和初等数学中的解方程有许多不同的地方.

在数学上,解这类方程,要用到微分和导数的知识,因此,凡是表示未知函数的导数以及自变量之间的关系的方程,就叫作微分方程.

微分方程差不多是和微积分同时产生的. 苏格兰数学家耐普尔创立对数的时候,就讨论过微分方程的近似解,牛顿在建立微积分的同时,对简单的微分方程用级数来求解,后来数学家雅各布·贝努利、欧拉、克雷洛、达朗贝尔、拉格朗日等人又不断地研究和丰富了微分方程的理论. 微分方程的形成与发展是和力学、天文学、物理学,以及其他科学技术的发展密切相关的. 数学的其他分支的新发展,如复变函数、李群、组合拓扑学等,都对微分方程的发展产生了深刻

的影响，当前计算机的发展更是为微分方程的应用及理论研究提供了非常有力的工具.

  牛顿研究天体力学和机械力学的时候，利用了微分方程这个工具，从理论上得到了行星运动规律. 后来，法国天文学家勒维烈和英国天文学家亚当斯各自使用微分方程计算出那时尚未发现的海王星的位置. 这些都使数学家认识到微分方程在认识自然、改造自然方面的巨大力量.

  微分方程的理论逐步完善，利用它就可以精确地表述事物变化所遵循的基本规律，微分方程成为最有生命力的数学分支.

应用一　练习

一、基础练习

1. 验证下列各题中的函数是否为所给微分方程的解：

(1) $xy' = 2y, y = 5x^2$；

(2) $y'' = x^2 + y^2, y = \dfrac{1}{x}$；

(3) $(x+y)\mathrm{d}x + x\mathrm{d}y = 0$，$y = \dfrac{C^2 - x^2}{2x}$ （C 为任意常数）.

2. 解下列微分方程：

(1) $\dfrac{\mathrm{d}^2 y}{\mathrm{d}x^2} = \dfrac{1}{x} + 1$；

(2) $y^{(4)} = 3x$；

(3) $y' = \cos x, y \big|_{x=0} = 1$；

(4) $\dfrac{\mathrm{d}^2 x}{\mathrm{d}t^2} = -2, x \big|_{t=0} = 0, x' \big|_{t=0} = 2$.

二、应用练习

1.【曲线方程】设曲线上任一点的切线斜率等于该点横坐标的倒数，且曲线经过点 $(\mathrm{e}^2, 3)$，求该曲线方程.

2.【运动方程】一物体作直线运动，其运动速度为 $v = 2\cos t (\mathrm{m/s})$，且当 $t = \dfrac{\pi}{4}(\mathrm{s})$ 时，物体与原点 O 相距 10 m，求物体的运动方程.

应用二 一阶微分方程及其应用

本节先介绍可分离变量的微分方程的解法及其应用,然后介绍一阶线性微分方程的解法及其应用.

2.2.1 可分离变量的微分方程

定义 2-2-1 如果一阶微分方程能写成
$$g(y)\mathrm{d}y = f(x)\mathrm{d}x (\text{或 } y' = \varphi(x)\Psi(y))$$
的形式,也就是说,微分方程能写成一端只含 y 的函数和 $\mathrm{d}y$,另一端只含 x 的函数和 $\mathrm{d}x$,那么原方程就称为可分离变量的微分方程.

例 2-2-1 求微分方程 $\dfrac{\mathrm{d}y}{\mathrm{d}x} = 2xy$ 的通解.

解:此方程为可分离变量方程,分离变量后得
$$\frac{1}{y}\mathrm{d}y = 2x\mathrm{d}x,$$

两边积分得
$$\int \frac{1}{y}\mathrm{d}y = \int 2x\mathrm{d}x,$$

即
$$\ln|y| = x^2 + C_1,$$

从而
$$y = \pm e^{x^2+C_1} = \pm e^{C_1} e^{x^2}.$$

因为 $\pm e^{C_1}$ 仍是任意常数,把它记作 C,便得所给方程的通解
$$y = Ce^{x^2}.$$

以后为了方便起见,可将 $\ln|y|$ 写成 $\ln y$,但要明确最终的结果中 C 是可正可负的任意常数.

可分离变量的微分方程的一般解法如下:

第一步,分离变量,将方程写成 $g(y)\mathrm{d}y = f(x)\mathrm{d}x$ 的形式;

第二步,两端积分:$\int g(y)\mathrm{d}y = \int f(x)\mathrm{d}x$;

第三步,求出积分即得方程的通解.

例 2-2-2 求微分方程 $\dfrac{\mathrm{d}y}{\mathrm{d}x} = 1 + x + y^2 + xy^2$ 满足初始条件 $y|_{x=0} = 0$ 的特解.

解:方程可化为
$$\frac{\mathrm{d}y}{\mathrm{d}x} = (1+x)(1+y^2),$$

分离变量得

$$\frac{1}{1+y^2}dy = (1+x)dx,$$

两边积分得

$$\int \frac{1}{1+y^2}dy = \int (1+x)dx,$$

即

$$\arctan y = \frac{1}{2}x^2 + x + C,$$

于是,原方程的通解为

$$\arctan y = \frac{1}{2}x^2 + x + C.$$

把初始条件 $y|_{x=0} = 0$ 代入通解中,得 $C = 0$,故所求特解为

$$\arctan y = \frac{1}{2}x^2 + x.$$

案例 2-2-1【曲线问题】 已知一曲线过点 $(2,3)$,且曲线上任一点的切线介于两坐标轴间的部分恰为切点所平分,求此曲线方程.

解: 设所求曲线方程为 $y = y(x)$,曲线上任意一点 $P(x,y)$ 处的切线与两坐标轴的交点坐标为 $(a,0),(0,b)$.

根据题意,得

$$\frac{a}{2} = x, \frac{b}{2} = y, 即 a = 2x, b = 2y,$$

则此切线的斜率为 $\frac{b-0}{0-a} = -\frac{2y}{2x} = -\frac{y}{x}$.

又由导数的几何意义知,曲线在点 $P(x,y)$ 处切线的斜率为 $\frac{dy}{dx}$,故有

$$\frac{dy}{dx} = -\frac{y}{x}.$$

由于所求曲线经过点 $(2,3)$,故有初始条件 $y|_{x=2} = 3$.

将方程分离变量,得

$$\frac{1}{y}dy = -\frac{1}{x}dx.$$

两边积分,得

$$\ln y = -\ln x + \ln C,$$

即

$$xy = C.$$

将初始条件代入上式,得 $C = 6$,于是,所求曲线为 $xy = 6$.

案例 2-2-2【商品销售量】 在商品销售预测中,t 时刻的销售量用 $x = x(t)$ 表示,如果商品销售的增长速度 $\frac{dx}{dt}$ 与销售量 x 和销售接近饱和水平程度 $\alpha - x$ 之积(α 为饱和水平)成正比,求销售量函数 $x(t)$.

解:由题意,可建立微分方程 $\dfrac{dx}{dt} = kx(\alpha - x)$,式中,$k$ 为比例常数.

将方程分离变量,得

$$\dfrac{dx}{x(\alpha - x)} = kdt,$$

即

$$\left(\dfrac{1}{x} + \dfrac{1}{\alpha - x}\right)dx = \alpha kdt.$$

两边积分,得

$$\ln x - \ln(\alpha - x) = \alpha kt + \ln C_1,$$

化简得 $\dfrac{x}{\alpha - x} = C_1 e^{\alpha kt}$,从而得通解为

$$x(t) = \dfrac{\alpha C_1 e^{\alpha kt}}{1 + C_1 e^{\alpha kt}} = \dfrac{\alpha}{1 + C e^{-\alpha kt}},$$

式中,$C = \dfrac{1}{C_1}$ 为任意常数,可由初始条件确定.

案例 2-2-3【谋杀在何时发生】 发生了一起谋杀案,警察在下午 4:00 到达现场. 法医测得尸体温度为 30℃,室温为 20℃,已知尸体在最初 2 h 降低 2℃,问谋杀是在什么时间发生的?

解:设 $T(t)$ 表示尸体在时刻 t 时的温度,则 $T(0) = 37$(人体的初始温度),$T(2) = 35$,T_e 表示环境温度 20℃. 由牛顿传热定律得

$$-\dfrac{dT}{dt} = -k(T - T_e).$$

将方程分离变量,得

$$\dfrac{dT}{T - 20} = -kdt,$$

两边求不定积分得

$$\ln(T - 20) = -kt + C_1,$$

所以

$$T - 20 = e^{C_1} e^{-kt},$$

即

$$T = 20 + C_2 e^{-kt} \quad (C_2 = e^{C_1}).$$

将 $T(0) = 37$ 代入上式得 $C_2 = 17$,于是 $T = 20 + 17e^{-kt}$,又 $T(2) = 20 + 17e^{-2k} = 35$,所以 $e^{-2k} = \dfrac{15}{17}$,$k = \ln(17/15)/2 \approx 0.0626$.

再由 $T(t) = 20 + 17e^{-kt} = 30$,$17e^{-kt} = 10$,$e^{-kt} = \dfrac{10}{17}$,得 $t = \ln(17/10)/k = 8.4970 \approx 8.5$,故作案时间约为上午 7:30.

2.2.2 一阶线性微分方程

定义 2-2-2 形如

$$\frac{dy}{dx} + P(x)y = Q(x)$$

的一阶微分方程称为一阶线性微分方程. 其中 $P(x)$, $Q(x)$ 都是自变量 x 的已知连续函数, $Q(x)$ 称为自由项.

如果 $Q(x) \neq 0$, 则称为一阶线性非齐次微分方程, 而当 $Q(x) \equiv 0$ 时, 方程变为

$$\frac{dy}{dx} + P(x)y = 0,$$

则方程称为对应于一阶线性非齐次微分方程 $\frac{dy}{dx} + P(x)y = Q(x)$ 的一阶线性齐次微分方程.

一阶线性齐次微分方程 $\frac{dy}{dx} + P(x)y = 0$ 是可分离变量的方程, 分离变量后得

$$\frac{dy}{y} = -P(x)dx,$$

两边积分, 得

$$\ln y = -\int P(x)dx + \ln C,$$

即

$$y = Ce^{-\int P(x)dx} \quad (C \text{ 为任意常数}).$$

这就是一阶线性齐次微分方程的通解.

例 2-2-3 求方程 $(x-2)\frac{dy}{dx} = y$ 的通解.

解: 这是一阶线性齐次微分方程, 分离变量得

$$\frac{dy}{y} = \frac{dx}{x-2},$$

两边积分得

$$\ln y = \ln(x-2) + \ln C,$$

方程的通解为

$$y = C(x-2).$$

下面利用"常数变易法"求一阶线性非齐次微分方程的通解.

一阶线性非齐次微分方程不能用分离变量的方法求解, 但与其对应的一阶线性齐次微分方程的左端是一样的, 只是右端不同. 因此, 可以设想一阶线性非齐次微分方程与其对应的一阶线性齐次微分方程的解一定有联系, 不妨按照一阶线性齐次微分方程的解题思路分析它们之间的联系.

把 $\frac{dy}{dx} + P(x)y = Q(x)$ 变形为

$$\frac{dy}{y} = \left[\frac{Q(x)}{y} - P(x)\right]dx,$$

两边积分,得
$$\ln y = \int\left[\frac{Q(x)}{y} - P(x)\right]\mathrm{d}x,$$
即
$$y = \mathrm{e}^{\int\frac{Q(x)}{y}\mathrm{d}x - \int P(x)\mathrm{d}x} = \mathrm{e}^{\int\frac{Q(x)}{y}\mathrm{d}x}\mathrm{e}^{-\int P(x)\mathrm{d}x},$$

式中, $\mathrm{e}^{\int\frac{Q(x)}{y}\mathrm{d}x}$ 是 x 的函数, 记为 $u(x)$, 于是上式可以写成
$$y = u(x)\mathrm{e}^{-\int P(x)\mathrm{d}x}.$$

可把它设想成一阶线性非齐次微分方程的通解,代入一阶线性非齐次微分方程求得
$$u'(x)\mathrm{e}^{-\int P(x)\mathrm{d}x} - u(x)\mathrm{e}^{-\int P(x)\mathrm{d}x}P(x) + P(x)u(x)\mathrm{e}^{-\int P(x)\mathrm{d}x} = Q(x),$$

化简得
$$u'(x) = Q(x)\mathrm{e}^{\int P(x)\mathrm{d}x},$$
$$u(x) = \int Q(x)\mathrm{e}^{\int P(x)\mathrm{d}x}\mathrm{d}x + C,$$

于是一阶线性非齐次微分方程的通解为
$$y = \mathrm{e}^{-\int P(x)\mathrm{d}x}\left[\int Q(x)\mathrm{e}^{\int P(x)\mathrm{d}x}\mathrm{d}x + C\right]$$
或
$$y = C\mathrm{e}^{-\int P(x)\mathrm{d}x} + \mathrm{e}^{-\int P(x)\mathrm{d}x}\int Q(x)\mathrm{e}^{\int P(x)\mathrm{d}x}\mathrm{d}x.$$

例 2-2-4 求微分方程 $\frac{\mathrm{d}y}{\mathrm{d}x} - \frac{2y}{x+1} = (x+1)^{\frac{5}{2}}$ 的通解.

解法 1:这是一个非齐次线性微分方程.

先求对应的齐次线性微分方程 $\frac{\mathrm{d}y}{\mathrm{d}x} - \frac{2y}{x+1} = 0$ 的通解.

分离变量得
$$\frac{\mathrm{d}y}{y} = \frac{2\mathrm{d}x}{x+1},$$

两边积分得
$$\ln y = 2\ln(x+1) + \ln C.$$

齐次线性微分方程的通解为
$$y = C(x+1)^2.$$

用"常数变易法"把 C 换成 $u(x)$,即令 $y = u(x)(x+1)^2$,代入所给非齐次线性方程,得
$$u'(x)\cdot(x+1)^2 + 2u(x)\cdot(x+1) - \frac{2}{x+1}u(x)\cdot(x+1)^2 = (x+1)^{\frac{5}{2}},$$
即
$$u'(x) = (x+1)^{\frac{1}{2}},$$

两边积分,得
$$u(x) = \frac{2}{3}(x+1)^{\frac{3}{2}} + C.$$

再把上式代入 $y = u(x)(x+1)^2$ 中,即得所求方程的通解为

$$y = (x+1)^2 \left[\frac{2}{3}(x+1)^{\frac{3}{2}} + C \right].$$

解法 2:由题意, $P(x) = -\frac{2}{x+1}, Q(x) = (x+1)^{\frac{5}{2}}.$

因为

$$\int P(x)\,dx = \int \left(-\frac{2}{x+1}\right)dx = -2\ln(x+1),$$

则

$$e^{\int P(x)\,dx} = e^{-2\ln(x+1)} = (x+1)^{-2},$$

$$e^{-\int P(x)\,dx} = e^{2\ln(x+1)} = (x+1)^2,$$

$$\int Q(x)e^{\int P(x)\,dx}dx = \int (x+1)^{\frac{5}{2}}(x+1)^{-2}dx = \int (x+1)^{\frac{1}{2}}dx = \frac{2}{3}(x+1)^{\frac{3}{2}}.$$

所以通解为

$$y = e^{-\int P(x)\,dx}\left[\int Q(x)e^{\int P(x)\,dx}dx + C\right] = (x+1)^2\left[\frac{2}{3}(x+1)^{\frac{3}{2}} + C\right].$$

注意:使用一阶线性非齐次微分方程的通解公式时,必须首先把方程化为它的标准形,再找出未知函数 y 的系数 $P(x)$ 及自由项 $Q(x)$.

例 2-2-5 求微分方程 $x^2 dy + (2xy - x + 1)dx = 0$ 满足初始条件 $y|_{x=1} = 0$ 的特解.

解:将原方程改写为 $\frac{dy}{dx} + \frac{2}{x}y = \frac{x-1}{x^2}$,则

$$P(x) = \frac{2}{x}, Q(x) = \frac{x-1}{x^2},$$

因为

$$\int P(x)\,dx = \int \frac{2}{x}dx = 2\ln x,$$

则

$$e^{\int P(x)\,dx} = e^{2\ln x} = x^2,$$

$$e^{-\int P(x)\,dx} = e^{-2\ln x} = \frac{1}{x^2},$$

$$\int Q(x)e^{\int P(x)\,dx}dx = \int \frac{x-1}{x^2} \cdot x^2 dx = \int (x-1)dx = \frac{1}{2}(x-1)^2,$$

所以通解为

$$y = e^{-\int P(x)\,dx}\left[\int Q(x)e^{\int P(x)\,dx}dx + C\right] = \frac{1}{x^2}\left[\frac{1}{2}(x-1)^2 + C\right].$$

将初始条件 $y|_{x=1} = 0$ 代入上式,得 $C = 0$,故所求方程的特解为

$$y = \frac{1}{x^2}\left[\frac{1}{2}(x-1)^2 - 0\right] = \frac{1}{2} - \frac{1}{x} + \frac{1}{2x^2}.$$

案例 2-2-4【电动机的温度】 一电动机运转后,每秒钟温度升高 1℃,设室内温度恒

为15℃,电动机温度的冷却速率和电动机与室内温差成正比.求电动机的温度与时间的函数关系.

解:设电动机运转 t 秒后的温度为 $T = T(t)$,当时间从 t 增加到 $t + \mathrm{d}t$ 时,电动机的温度也相应地从 $T(t)$ 增加到 $T(t + \mathrm{d}t)$,而 $T(t + \mathrm{d}t)$ 近似为 $T(t) + \mathrm{d}T$.

由于在 $\mathrm{d}t$ 时间内,电动机温度升高了 $\mathrm{d}t$,同时受室温的影响又下降了 $K(T-15)\mathrm{d}t$. 因此,电动机在 $\mathrm{d}t$ 时间内温度实际改变量为 $\mathrm{d}T = \mathrm{d}t - K(T-15)\mathrm{d}t$,即 $\dfrac{\mathrm{d}T}{\mathrm{d}t} + KT = 1 + 15K$ 是一阶线性非齐次微分方程.

由题设可知,初始条件为 $T \big|_{t=0} = 15$,由一阶线性非齐次微分方程的通解公式,得

$$T(t) = \mathrm{e}^{-\int K \mathrm{d}t}\left[\int(1+15K)\mathrm{e}^{\int K \mathrm{d}t}\mathrm{d}t + C\right] = \mathrm{e}^{-Kt}\left[\dfrac{(1+15K)\mathrm{e}^{Kt}}{K} + C\right].$$

将初始条件代入上式,得 $C = -\dfrac{1}{K}$,故经时间 t 后,电动机实际温度为

$$T(t) = 15 + \dfrac{1}{K}(1 - \mathrm{e}^{-Kt}).$$

由上式可见,电动机运转长时间后,温度将稳定于 $T = 15 + \dfrac{1}{K}$.

案例 2 - 2 - 5【斜面物体速度】 一质量为 m 的物体,在倾斜角为 α 的斜面上由静止下滑,摩擦力为 $Kv + LF_N$,其中,v 为运动速度,F_N 为物体对斜面的正压力,K、L 为常数,求速度随时间的变化规律.

解:如图 2 - 2 - 1 所示,物体对斜面的正压力为 $mg\cos\alpha$,因此物体受到的摩擦力为 $Kv + Lmg\cos\alpha$.物体受到重力的分力作用使它下滑,此分力为 $mg\sin\alpha$,由牛顿第二定律,得

$$m\dfrac{\mathrm{d}v}{\mathrm{d}t} = mg\sin\alpha - Kv - Lmg\cos\alpha,$$

即

图 2 - 2 - 1

$$\dfrac{\mathrm{d}v}{\mathrm{d}t} + \dfrac{K}{m}v = g(\sin\alpha - L\cos\alpha),$$

这是一阶线性非齐次微分方程.

由题设可知,初始条件为 $v \big|_{t=0} = 0$,由一阶线性非齐次微分方程的通解公式,得

$$v = \mathrm{e}^{-\int \frac{K}{m}\mathrm{d}t}\left[\int g(\sin\alpha - L\cos\alpha)\mathrm{e}^{\int \frac{K}{m}\mathrm{d}t}\mathrm{d}t + C\right]$$

$$= \mathrm{e}^{-\frac{K}{m}t}\left[\int g(\sin\alpha - L\cos\alpha)\mathrm{e}^{\frac{K}{m}t}\mathrm{d}t + C\right]$$

$$= \dfrac{mg}{K}(\sin\alpha - L\cos\alpha) + C\mathrm{e}^{-\frac{K}{m}t}.$$

将初始条件代入上式,得 $C = -\dfrac{mg}{K}(\sin\alpha - L\cos\alpha)$,故速度随时间的变化规律为

$$v = -\dfrac{mg}{K}(\sin\alpha - L\cos\alpha)(1 - \mathrm{e}^{-\frac{K}{m}t}).$$

【阅读材料】

用数学建模研究体重规律问题

数学建模是指对现实世界的特定对象,为了某特定目的,作出一些重要的简化和假设,运用适当的教学工具得到一个数学结构,用它来解释特定现象的现实性态,预测对象的未来状况,提供处理对象的优化决策和控制,设计满足某种需要的产品等.一般来说数学建模过程可用图 2-2-2 表明.

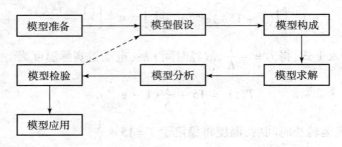

图 2-2-2

数学是在实际应用的需求中产生的,要解决实际问题就必须建立数学模型,从此意义上讲,数学建模和数学一样有古老的历史.例如,欧几里得几何就是一个古老的数学模型,牛顿万有引力定律也是数学建模的一个光辉典范.今天,数学以空前的广度和深度向其他科学技术领域渗透,过去很少应用数学的领域现在迅速走向定量化、数量化,需建立大量的数学模型.特别是随着新技术、新工艺的蓬勃兴起,以及计算机的普遍和广泛应用,数学在许多高新技术中起着越来越重要的作用,因此数学建模被时代赋予了更为重要的意义.

在建立数学模型时,微分方程模型是最常见的一种.在自然科学以及工程、经济、医学、体育、生物、社会等学科中的许多系统,有时很难找到该系统与变量之间的直接关系——函数表达式,却容易找到这些变量和它们的微小增量或变化率之间的关系式,这时往往采用微分关系式来描述该系统,即建立微分方程模型.下面以一个例子说明建立微分方程模型的基本步骤.

【体重问题】某人的食量是 10 467(J/d),其中 5 038(J/d)用于基本的新陈代谢(即自动消耗).在健身训练中,此人所消耗的热量大约是 69[J/(kg·d)]乘以他的体重(kg).假设以脂肪形式贮藏的热量 100% 有效,而 1 kg 脂肪含热量 41 868 J.试研究此人的体重随时间变化的规律.

(1)模型分析.在问题中并未出现"变化率""导数"这样的关键词,但要寻找的是体重(记为 W)关于时间 t 的函数.如果把体重 W 看成时间 t 的连续可微函数,就能找到一个含有 $\dfrac{dW}{dt}$ 的微分方程.

(2)模型假设.

①以 $W(t)$ 表示 t 时刻此人的体重,并设一天开始时此人的体重为 W_0.

②体重的变化是一个渐变的过程,因此可认为 $W(t)$ 关于 t 是连续而且充分光滑的.

③体重的变化等于输入和输出之差,其中输入是指扣除了基本新陈代谢之后的净食量吸收;输出就是进行健身训练时的消耗.

(3)模型建立. 问题所涉及的时间仅是"每天",由此,对于"每天",有

$$\text{体重的变化} = \text{输入} - \text{输出}.$$

由于考虑的是体重随时间的变化情况,因此,可得

$$\text{体重的变化}/\text{d} = \text{输入}/\text{d} - \text{输出}/\text{d}.$$

代入具体的数值,得

$$\text{输入}/\text{d} = 10\ 467(\text{J/d}) - 5\ 038(\text{J/d}) = 5\ 429(\text{J/d}),$$

$$\text{输出}/\text{d} = 69[\text{J}/(\text{kg} \cdot \text{d})] \times W(\text{kg}) = 69W(\text{J/d}),$$

$$\text{体重的变化}/\text{d} = \frac{\Delta W}{\Delta t}(\text{kg/d}) \xrightarrow{\Delta t \to 0} \frac{\text{d}W}{\text{d}t}.$$

考虑单位的匹配,利用" $\text{kg/d} = \frac{\text{J/d}}{41\ 868\ \text{J/kg}}$ ",可建立如下微分方程模型:

$$\begin{cases} \dfrac{\text{d}W}{\text{d}t} = \dfrac{5\ 429 - 69W}{41\ 868} \approx \dfrac{1\ 296 - 16W}{10\ 000}, \\ W\mid_{t=0} = W_0. \end{cases}$$

(4)模型求解. 用分离变量法求解,模型方程等价于

$$\begin{cases} \dfrac{\text{d}W}{1\ 296 - 16W} = \dfrac{\text{d}t}{10\ 000}, \\ W\mid_{t=0} = W_0. \end{cases}$$

积分得

$$1\ 296 - 16W = (1\ 296 - 16W_0)\text{e}^{-\frac{16t}{10\ 000}},$$

从而求得模型解

$$W = \frac{1\ 296}{16} - \left(\frac{1\ 296 - 16W_0}{16}\right)\text{e}^{-\frac{16t}{10\ 000}}.$$

这就描述了此人的体重随时间变化的规律.

(5)模型讨论. 现在再来考虑一下:此人的体重会达到平衡吗?

显然由 W 的表达式,当 $t \to +\infty$ 时,体重有稳定值 $W \to 81$.

也可以直接由模型方程来回答这个问题. 在平衡状态下, W 是不发生变化的,即

$$\frac{\text{d}W}{\text{d}t} = 0.$$

这就非常直接地给出了 $W_{\text{平衡}} = 81$. 所以,如果需要知道的仅仅是这个平衡值,就不必去求解微分方程了.

至此,问题已基本解决.

一般的,建立微分方程模型,其方法可归纳为如下几种:

(1)根据规律列方程. 利用数学、力学、物理、化学等学科中的定理或许多经过实践或实验检验的规律和定律,如牛顿运动定律、物质放射性规律、曲线的切线性质等建立问题的微分方

程模型.

(2)微元分析法. 寻求一些微元之间的关系式,在建立这些关系式时也要用到已知的规律与定理,与第一种方法的不同之处是对某些微元而不是直接对函数及其导数应用规律.

(3)模拟近似法. 在生物、经济等学科的实际问题中,许多现象的规律不很清楚,即使有所了解也极其复杂,常用模拟近似法建立微分方程模型. 建模时在不同的假设下模拟实际现象,这是一个近似的过程. 对用模拟近似法所建立的微分方程从数学上去求解或分析解的性质,再去同实际情况对比,看这个微分方程模型能否刻画、模拟、近似某些实际现象.

应用二 练习

一、基础练习

1. 求下列微分方程的通解:

(1) $\dfrac{dy}{dx} = \sqrt{\dfrac{1-y^2}{1-x^2}}$;

(2) $xy' - y\ln y = 0$;

(3) $y(1-x^2)dy + x(1+y^2)dx = 0$;

(4) $\sin x \cos y\, dx = \cos x \sin y\, dy$.

2. 求下列微分方程满足所给初始条件的特解:

(1) $y' = e^{2x-y}, y\mid_{x=0} = 0$;

(2) $x^2 y' + xy = y, y\mid_{x=\frac{1}{2}} = 4$.

3. 求下列微分方程的通解:

(1) $y' + y = e^{-x}$;

(2) $xy' + y = x^2 + 3x + 2$;

(3) $y'\cos x + y\sin x = 1$;

(4) $\dfrac{dy}{dx} - 3xy = 2x$.

4. 求下列微分方程满足所给初始条件的特解:

(1) $\dfrac{dy}{dx} + \dfrac{y}{x} = \dfrac{x+1}{x}, y\mid_{x=2} = 3$;

(2) $y' - y = 2xe^{2x}, y\mid_{x=0} = 1$.

二、应用练习

1.【曲线方程】设曲线上任意一点 P 处的切线与 x 轴的交点为 A,原点与点 P 之间的距离等于点 A 与点 P 之间的距离,且曲线过点 $(1,2)$,求此曲线的方程.

2.【潜水问题】质量为 m 的潜水艇,从水下某处下潜,所受阻力与下潜速度成正比(比例系数为 $K \neq 0$),并设开始下潜时 $(t=0)$ 的速度为 0,求潜水艇下潜的速度与时间的函数关系.

3.【水温问题】已知物体在空气中冷却的速率与该物体及空气两者温度的差成正比. 设有一瓶热水,水温原来是 $100\ ℃$,空气温度是 $20\ ℃$,经过 $20\ h$ 以后,瓶内水温降到 $60\ ℃$,求瓶内水温的变化规律.

4. 【利润问题】设某产品的净利润 L 与广告支出 x 的函数 $L(x)$ 满足微分方程 $\dfrac{\mathrm{d}L}{\mathrm{d}x} = k(N-L)$,且 $L(0) = L_0 (0 < L_0 < N)$,其中 k, N 为已知的正常数,试求净利润 L 与广告支出 x 的函数关系.

应用三　二阶常系数线性微分方程及其应用

本节首先介绍二阶常系数线性微分方程的概念及其解的结构,然后介绍解二阶常系数线性齐次微分方程的方法,最后介绍解二阶常系数线性非齐次微分方程的方法.

2.3.1　二阶常系数线性微分方程的概念

定义 2-3-1　把形如
$$y'' + p(x)y' + q(x)y = f(x)$$
的微分方程称为**二阶线性微分方程**,其中 y'',y',y 都是一次的,$p(x)$,$q(x)$,$f(x)$ 是 x 的已知连续函数,$f(x)$ 称为自由项.

如果 y' 和 y 的系数均为常数,若 $f(x) \equiv 0$,则方程成为 $y'' + py' + qy = 0$,称为**二阶常系数线性齐次微分方程**;若 $f(x) \neq 0$,则方程成为 $y'' + py' + qy = f(x)$,称为**二阶常系数线性非齐次微分方程**.

定理 2-3-1　如果函数 $y_1(x)$ 与 $y_2(x)$ 是方程
$$y'' + py' + qy = 0$$
的两个解,那么
$$y = C_1 y_1(x) + C_2 y_2(x)$$
也是方程的解,其中 C_1、C_2 是任意常数,且当函数 $y_1(x)$ 与 $y_2(x)$ 线性无关 $\left(\dfrac{y_1(x)}{y_2(x)} \neq 常数\right)$ 时,$y = C_1 y_1(x) + C_2 y_2(x)$ 就是方程的通解.

例 2-3-1　验证 $y_1 = \cos x$ 与 $y_2 = \sin x$ 是方程 $y'' + y = 0$ 的线性无关特解,并写出其通解.

解:因为
$$y_1'' + y_1 = -\cos x + \cos x = 0,$$
$$y_2'' + y_2 = -\sin x + \sin x = 0,$$
所以 $y_1 = \cos x$ 与 $y_2 = \sin x$ 都是方程的特解.

因为 $\dfrac{y_1}{y_2} = \dfrac{\cos x}{\sin x} = \cot x \neq 常数$,所以它们是线性无关的,因此 $y_1 = \cos x$ 与 $y_2 = \sin x$ 是方程 $y'' + y = 0$ 的线性无关特解,则方程的通解为 $y = C_1 \cos x + C_2 \sin x$.

定理 2-3-2　二阶常系数线性非齐次微分方程 $y'' + py' + qy = f(x)$ 的通解是对应的齐次微分方程 $y'' + py' + qy = 0$ 的通解 $y = Y(x)$ 与非齐次微分方程本身的一个特解 $y = \bar{y}(x)$ 之和,即
$$y = Y(x) + \bar{y}(x).$$

例如,方程 $y'' + y = x^2$ 是二阶常系数线性非齐次微分方程,$Y = C_1 \cos x + C_2 \sin x$ 是与其对应的齐次微分方程 $y'' + y = 0$ 的通解,又 $\bar{y} = x^2 - 2$ 是 $y'' + y = x^2$ 的一个特解,因此

$$y = C_1\cos x + C_2\sin x + x^2 - 2$$

是方程 $y'' + y = x^2$ 的通解.

2.3.2 二阶常系数线性齐次微分方程的解法

由前面的讨论可知,要求方程 $y'' + py' + qy = 0$ 的通解,可先求它的两个线性无关的特解,再根据定理 2-3-1 求出通解.

从方程 $y'' + py' + qy = 0$ 的结构看,它的解应有如下特点:未知函数的一阶导数 y'、二阶导数 y'' 与未知函数 y 只相差一个常数因子. 也就是说,方程中的 y'',y',y 应具有相同的形式,而指数函数 $y = e^{\lambda x}$ 正是具有这种特点的函数. 因此,设 $y = e^{\lambda x}$ 是方程的解,将 $y = e^{\lambda x}$,$y' = \lambda e^{\lambda x}$,$y'' = \lambda^2 e^{\lambda x}$ 代入方程得

$$(\lambda^2 + p\lambda + q)e^{\lambda x} = 0.$$

因为 $e^{\lambda x} \neq 0$,故有 $\lambda^2 + p\lambda + q = 0$,

由此可见,只要 λ 满足代数方程 $\lambda^2 + p\lambda + q = 0$,函数 $y = e^{\lambda x}$ 就是微分方程的特解. 这样,求方程解的问题就归结为求代数方程 $\lambda^2 + p\lambda + q = 0$ 根的问题.

定义 2-3-2 方程 $\lambda^2 + p\lambda + q = 0$ 叫作微分方程 $y'' + py' + qy = 0$ 的**特征方程**. 特征方程的根称为**特征根**.

方程 $\lambda^2 + p\lambda + q = 0$ 是一元二次方程,它的根有三种情况,相应地,方程的解也有三种情况,具体见表 2-3-1.

表 2-3-1

特征方程 $\lambda^2 + p\lambda + q = 0$ 的两个根 λ_1, λ_2	微分方程 $y'' + py' + qy = 0$ 的通解
两个不相等的实根 λ_1, λ_2	$y = C_1 e^{\lambda_1 x} + C_2 e^{\lambda_2 x}$
两个相等的实根 $\lambda_1 = \lambda_2$	$y = (C_1 + C_2 x) e^{\lambda_1 x}$
一对共轭复根 $\lambda_{1,2} = \alpha \pm i\beta$	$y = e^{\alpha x}(C_1 \cos\beta x + C_2 \sin\beta x)$

因此,求二阶常系数线性齐次微分方程 $y'' + py' + qy = 0$ 的通解的步骤如下:

第一步:写出微分方程的特征方程

$$\lambda^2 + p\lambda + q = 0;$$

第二步:求出特征方程的两个根;

第三步:根据特征方程的两个根的不同情况,按表 2-3-1 写出微分方程的通解.

例 2-3-2 求微分方程 $y'' - 2y' - 3y = 0$ 的通解.

解:所给微分方程的特征方程为

$$\lambda^2 - 2\lambda - 3 = 0 (\text{即}(\lambda + 1)(\lambda - 3) = 0),$$

其根 $\lambda_1 = -1$,$\lambda_2 = 3$ 是两个不相等的实根,因此所求通解为

$$y = C_1 e^{-x} + C_2 e^{3x}.$$

例 2-3-3 求方程 $y'' + 2y' + y = 0$ 满足初始条件 $y|_{x=0} = 4$,$y'|_{x=0} = -2$ 的特解.

解:所给方程的特征方程为

$$\lambda^2 + 2\lambda + 1 = 0 (即 (\lambda+1)^2 = 0),$$

其根 $\lambda_1 = \lambda_2 = -1$ 是两个相等的实根,因此所给微分方程的通解为

$$y = (C_1 + C_2 x)e^{-x}.$$

将条件 $y|_{x=0} = 4$ 代入通解,得 $C_1 = 4$,从而

$$y = (4 + C_2 x)e^{-x}.$$

将上式对 x 求导,得

$$y' = (C_2 - 4 - C_2 x)e^{-x}.$$

再把条件 $y'|_{x=0} = -2$ 代入上式,得 $C_2 = 2$,于是所求特解为

$$y = (4 + 2x)e^{-x}.$$

例 2-3-4 求微分方程 $y'' - 2y' + 5y = 0$ 的通解.

解:所给方程的特征方程为

$$\lambda^2 - 2\lambda + 5 = 0.$$

特征方程的根 $\lambda_1 = 1 + 2i, \lambda_2 = 1 - 2i$ 是一对共轭复根,因此所求通解为

$$y = e^x(C_1\cos 2x + C_2\sin 2x).$$

从上面的讨论可以看出,求解二阶常系数线性齐次微分方程,不必通过积分,只要用代数的方法求出特征方程的根,就可以写出微分方程的通解.

2.3.3 二阶常系数线性非齐次微分方程的解法

由定理 2-2-1 可知,非齐次微分方程 $y'' + py' + qy = f(x)$ 的通解 y 等于它的一个特解 $\bar{y}(x)$ 与它对应的齐次微分方程 $y'' + py' + qy = 0$ 的通解 $Y(x)$ 的和,即

$$y = Y(x) + \bar{y}(x).$$

因此,只需求非齐次微分方程 $y'' + py' + qy = f(x)$ 的一个特解.

下面仅把二阶常系数线性非齐次微分方程的右端函数 $f(x)$ 取三种常见形式的解法列入表 2-3-2(其中 $P_n(x)$ 是 x 的一个 n 次多项式,而 $Q_n(x)$ 是与 $P_n(x)$ 同次的多项式).

表 2-3-2

$f(x)$ 的形式	条件	特解 $\bar{y}$ 的形式
$f(x) = P_n(x)$	$q \neq 0$	$\bar{y} = Q_n(x)$
	$q = 0, p \neq 0$	$\bar{y} = xQ_n(x)$
	$q = 0, p = 0$	对 $f(x)$ 直接两次积分
$f(x) = P_n(x)e^{\lambda x}$	λ 不是特征根	$\bar{y} = Q_n(x)e^{\lambda x}$
	λ 是特征单根	$\bar{y} = xQ_n(x)e^{\lambda x}$
	λ 是特征重根	$\bar{y} = x^2 Q_n(x)e^{\lambda x}$
$f(x) = a\cos\omega x + b\sin\omega x$	$\pm i\omega$ 不是特征根	$\bar{y} = A\cos\omega x + B\sin\omega x$
	$\pm i\omega$ 是特征根	$\bar{y} = x(A\cos\omega x + B\sin\omega x)$

因此,求二阶常系数线性非齐次微分方程 $y'' + py' + qy = f(x)$ 的通解的步骤如下:

第一步:求出二阶常系数非齐次线性微分方程对应的齐次微分方程的通解;

第二步:按表 2-3-2 求出二阶常系数非齐次线性微分方程的一个特解;

第三步:根据要求,求出二阶常系数线性非齐次微分方程的通解.

例 2-3-5 求微分方程 $y'' - 2y' - 3y = 3x + 1$ 的通解.

解:这是二阶常系数线性非齐次微分方程,且为 $f(x) = P_n(x)$ 型,即 $P_1(x) = 3x + 1$,而 $q = -3 \neq 0$,与所给方程对应的齐次微分方程为 $y'' - 2y' - 3y = 0$,它的特征方程为

$$\lambda^2 - 2\lambda - 3 = 0,$$

特征方程有两个实根 $\lambda_1 = -1, \lambda_2 = 3$,于是所给方程对应的齐次微分方程的通解为

$$Y = C_1 e^{-x} + C_2 e^{3x}.$$

设特解为

$$\bar{y} = Ax + B,$$

把它代入所给方程,得

$$-2A - 3Ax - 3B = 3x + 1,$$

比较两端 x 同次幂的系数,得

$$\begin{cases} -3A = 3, \\ -2A - 3B = 1. \end{cases}$$

由此求得 $A = -1, B = \dfrac{1}{3}$,于是求得所给方程的一个特解为

$$\bar{y} = -x + \frac{1}{3},$$

从而所给方程的通解为

$$y = C_1 e^{-x} + C_2 e^{3x} - x + \frac{1}{3}.$$

例 2-3-6 求微分方程 $y'' - y' = 2x$ 的一个特解.

解:因为 $P_1(x) = 2x$ 是一次多项式,而 $q = 0, p = -1 \neq 0$,所以特解应是一个二次多项式,故设

$$\bar{y} = x(Ax + B) = Ax^2 + Bx,$$

把它代入原方程,得

$$2A - 2Ax - B = 2x,$$

比较两边系数,得 $\begin{cases} -2A = 2, \\ 2A - B = 0. \end{cases}$ 即 $A = -1, B = -2$,所以原方程的一个特解为

$$\bar{y} = -x^2 - 2x.$$

例 2-3-7 求微分方程 $y'' - 5y' + 6y = xe^{2x}$ 的通解.

解:所给方程是二阶常系数线性非齐次微分方程,且为 $f(x) = P_n(x)e^{\lambda x}$ 型,即 $P_1(x) = x$, $\lambda = 2$.

与所给方程对应的齐次微分方程为 $y'' - 5y' + 6y = 0$,它的特征方程为

$$\lambda^2 - 5\lambda + 6 = 0,$$

特征方程有两个实根 $\lambda_1 = 2, \lambda_2 = 3$,于是所给方程对应的齐次微分方程的通解为
$$Y = C_1 e^{2x} + C_2 e^{3x}.$$

由于 $\lambda = 2$ 是特征方程的单根,所以应设方程的特解为
$$\bar{y} = x(Ax + B) e^{\lambda x}.$$

把它代入所给方程,得
$$-2Ax + 2A - B = x.$$

比较两端 x 同次幂的系数,得 $\begin{cases} -2A = 1, \\ 2A - B = 0, \end{cases}$ 由此求得 $A = -\dfrac{1}{2}, B = -1$,于是求得所给方程的一个特解为
$$\bar{y} = x\left(-\dfrac{1}{2}x - 1\right) e^{2x},$$

从而所给方程的通解为
$$y = C_1 e^{2x} + C_2 e^{3x} - \dfrac{1}{2}(x^2 + 2x) e^{2x}.$$

例 2-3-8 求微分方程 $y'' - y' - 2y = \sin 2x$ 的一个特解.

解:所给方程是二阶常系数线性非齐次微分方程,且是 $f(x) = a\cos\omega x + b\sin\omega x$ 型(其中 $a = 0, b = 1, \omega = 2$).

所给方程对应的齐次微分方程的特征方程为 $\lambda^2 - \lambda - 2 = 0$,其根为 $\lambda_1 = -1, \lambda_2 = 2$. 此时 $\pm i\omega = \pm 2i$ 不是特征方程的根,取 $k = 0$,故设原方程的一个特解为
$$\bar{y} = A\cos 2x + B\sin 2x,$$
$$\bar{y}' = -2A\sin 2x + 2B\cos 2x,$$
$$\bar{y}'' = -4A\cos 2x - 4B\sin 2x.$$

把它们代入原方程,整理得
$$(-6A - 2B)\cos 2x + (2A - 6B)\sin 2x = \sin 2x.$$

比较上式两端同类项的系数,得 $A = \dfrac{1}{20}, B = -\dfrac{3}{20}$,所以原方程的一个特解为
$$\bar{y} = \dfrac{1}{20}\cos 2x - \dfrac{3}{20}\sin 2x.$$

案例 2-3-1 【电路问题】 如图 2-3-1 所示,电路中 $E = 20 \text{ V}, C = 0.5 \text{ F}, L = 1.6 \text{ Hz}, R = 4.8 \ \Omega$,且开关 S 在拨向 A 或 B 之前,电容 C 上的电压 $U_C = 0$.

(1)开关 S 先被拨向 A,求电容 C 上的电压随时间的变化规律 $U_C(t)$;

(2)达到稳定状态后,再将开关拨向 B,求 $U_C(t)$.

解:(1)设 S 被拨向 A 后,电路中的电流为 $i(t)$,电容板上的电量为 $q(t)$,则

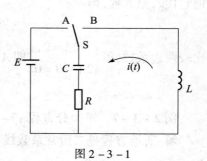

图 2-3-1

$$q(t) = CU_C(t),$$
$$i(t) = \frac{dq(t)}{dt} = \frac{d[CU_C(t)]}{dt} = C\frac{dU_C(t)}{dt}.$$

由回路电压定律 $U_C + Ri = E$，得

$$U_C + RC\frac{dU_C}{dt} = E.$$

将 R,E,C 的值代入，得

$$U_C' + \frac{5}{12}U_C = \frac{25}{3}.$$

由一阶线性非齐次微分方程的通解公式，得

$$U_C = e^{-\int \frac{5}{12}dt}\left[\int \frac{25}{3}e^{\int \frac{5}{12}dt}dt + C\right] = e^{-\frac{5}{12}t}(20e^{\frac{5}{12}t} + C).$$

将初始条件 $U_C|_{t=0} = 0$ 代入，得 $C = -20$，于是有

$$U_C = 20(1 - e^{-\frac{5}{12}t}).$$

上式表明，随着时间 t 的增大，U_C 将逐渐趋近电源电压 E，即充电较长时间后，达到稳定状态时，$U_C = E$。

（2）根据回路电源定律可知，电容、电感、电阻上的电压 U_C, U_L, U_R 有以下关系式：

$$U_C + U_L + U_R = 0.$$

由于 $i = C\frac{dU_C}{dt}$，则 $U_R = Ri = RC\frac{dU_C}{dt}$，$U_L = L\frac{di}{dt} = LC\frac{d^2U_C}{dt^2}$，因此有

$$LC\frac{d^2U_C}{dt^2} + RC\frac{dU_C}{dt} + U_C = 0.$$

将 L,C,R 的值代入，并列出初始条件，有

$$4\frac{d^2U_C}{dt^2} + 12\frac{dU_C}{dt} + 5U_C = 0, U_C|_{t=0} = E, U_C'|_{t=0} = 0.$$

上式是二阶常系数线性齐次微分方程，解之得

$$U_C = C_1 e^{-\frac{5}{2}t} + C_2 e^{-\frac{1}{2}t}.$$

将初始条件代入，得 $C_1 = -5, C_2 = 25$。所以，放电时，电容 C 上的电压为

$$U_C = -5e^{-\frac{5}{2}t} + 25e^{-\frac{1}{2}t}.$$

【阅读材料】

微分方程的发展与应用

微分方程差不多是和微积分同时产生的，苏格兰数学家耐普尔创立对数的时候，就讨论过微分方程的近似解．牛顿在建立微积分的同时，用级数来求解简单的微分方程．后来瑞士数学家雅各布·贝努利、欧拉，法国数学家克雷洛、达朗贝尔、拉格朗日等人又不断地研究和丰富了

微分方程的理论.

微分方程的形成与发展是和力学、天文学、物理学以及其他科学技术的发展密切相关的. 数学其他分支的新发展, 如复变函数、组合拓扑学等, 都对微分方程的发展产生了深刻的影响, 当前计算机的发展更是为微分方程的应用和理论研究提供了非常有力的工具.

牛顿研究天体力学和机械力学的时候, 利用了微分方程这个工具, 从理论上得到了行星运动规律. 后来, 法国天文学家勒维烈和英国天文学家亚当斯使用微分方程各自计算出那时尚未发现的海王星的位置. 这些都使数学家更加深信微分方程在认识自然、改造自然方面的巨大力量.

现在, 微分方程在很多学科领域中有重要的应用, 如自动控制、各种电子学装置的设计、弹道的计算、飞机和导弹飞行的稳定性的研究、化学反应过程稳定性的研究、经济管理、生态、环境、人口、交通等. 这些问题都可以转化为求微分方程的解, 或者研究解的性质的问题. 应该说, 应用微分方程理论已经取得了很大的成就, 但是, 它的现有理论也还远远不能满足需要, 还有待于进一步发展, 使这门学科的理论更加完善.

微分方程的理论逐步完善的时候, 利用它就可以精确地表述事物变化所遵循的基本规律.

应用三 练习

一、基础练习

1. 求下列微分方程的通解:

(1) $y'' + y' - 2y = 0$;

(2) $y'' - 9y = 0$;

(3) $y'' + 4y' + 4y = 0$;

(4) $y'' - 6y' + 9y = 0$;

(5) $y'' - 4y' + 13y = 0$;

(6) $y'' + y = 0$.

2. 求下列微分方程满足所给初始条件的特解:

(1) $y'' - 3y' - 4y = 0, y|_{x=0} = 0, y'|_{x=0} = -5$;

(2) $4y'' + 4y' + y = 0, y|_{x=0} = 2, y'|_{x=0} = 0$;

(3) $y'' + 4y' + 29y = 0, y|_{x=0} = 0, y'|_{x=0} = 15$.

3. 求下列微分方程的特解形式:

(1) $y'' - 3y' = 4x^3 + 1$;

(2) $y'' - 6y' + 8y = 5x^2 - 1$;

(3) $y'' - 6y' + 8y = 5x^2 e^x$;

(4) $y'' + 16y = 3\cos 4x - 4\sin 4x$.

4. 求下列微分方程的一个特解:

(1) $y'' + 2y' = -x + 3$;

(2) $y'' - 2y' + 5y = e^{2x}$;

(3) $y'' - 4y' + 3y = \sin 3x$;

(4) $y'' + 4y = \cos 2x$.

5. 求下列微分方程的通解：

(1) $y'' + 5y' + 4y = 3x^2 + 1$；

(2) $y'' - 6y' + 9y = e^{3x}(x+1)$.

6. 求下列微分方程满足所给初始条件的特解：

(1) $y'' - 3y' + 2y = 5, y|_{x=0} = 1, y'|_{x=0} = 2$；

(2) $y'' - 10y' + 9y = e^{2x}, y|_{x=0} = \dfrac{6}{7}, y'|_{x=0} = \dfrac{33}{7}$.

二、应用练习

【火箭发射】设地球的质量为 M，万有引力常数为 G，地球半径为 R，今有一质量为 m 的火箭，由地面以速度 $V_0 = \sqrt{\dfrac{2GM}{R}}$ 垂直向上发射，试求火箭的高度 r 与时间 t 之间的关系.

模块三 拉普拉斯变换

拉普拉斯变换是19世纪末英国电气工程师海维赛德(Heaviside)创立的. 它是将给定函数通过特定的广义积分转换成一个新的函数,所以是一种积分变换,因其数学依据最初是从法国数学家拉普拉斯(P. S. Laplase,1749—1827)的著作中得到的,故取名为拉普拉斯变换,简称为拉氏变换.

拉普拉斯变换可以将微分运算转化为代数运算,并把微分方程转化为代数方程,从而简化了计算过程,因此,拉普拉斯变换是解微分方程的重要工具. 通过拉普拉斯变换还可以研究线性系统的传递函数,为解决控制问题提供了工具.

本模块介绍拉普拉斯变换的基本概念、性质、逆变换和其在求解微分方程方面的应用.

应用一 拉普拉斯变换的概念

拉普拉斯变换的概念

本节首先给出拉普拉斯变换的概念及常用函数的拉普拉斯变换,其次介绍两个工程上常用的函数及其拉普拉斯变换.

定义 3-1-1 设函数 $f(t)$ 在 $[0,+\infty)$ 上有定义,若含参变量 s 的广义积分 $\int_0^{+\infty} f(t)e^{-st}dt$ 在 s 的某一取值范围内收敛,则此积分就确定了一个自变量为 s 的函数,记作 $F(s)$,即

$$F(s) = \int_0^{+\infty} f(t)e^{-st}dt.$$

$F(s)$ 称为 $f(t)$ 的拉普拉斯变换,简称**拉氏变换**(或称为 $f(t)$ 的**像函数**),记作 $L[f(t)]$,即 $L[f(t)] = F(s)$.

若 $F(s)$ 是 $f(t)$ 的拉氏变换,则称 $f(t)$ 为 $F(s)$ 的**拉氏逆变换**(或称为 $F(s)$ 的**像原函数**),记作 $L^{-1}[F(s)]$,即 $f(t) = L^{-1}[F(s)]$.

关于拉氏变换定义的几点说明:

(1) 在定义中,只要求 $f(t)$ 在 $t \geq 0$ 时有定义,为研究问题的方便,假定在 $t < 0$ 时,$f(t) \equiv 0$.

(2) 在定义中,参变量 s 在复数范围内取值,本模块只讨论参变量 s 取实数的情形.

(3) 在自然科学和工程技术中经常遇到的函数,总能满足拉氏变换存在的条件,本模块略去拉氏变换存在性的讨论.

下面求几种常用函数的拉氏变换.

例 3-1-1 求指数函数 $f(t) = e^{at}$ ($t \geq 0$,a 是常数)的拉氏变换.

解:由拉氏变换的定义得:

$$L[e^{at}] = \int_0^{+\infty} e^{at}e^{-st}dt = \int_0^{+\infty} e^{-(s-a)t}dt$$

$$= -\frac{1}{s-a} \int_0^{+\infty} e^{-(s-a)t} d[-(s-a)t] = -\frac{1}{s-a} e^{-(s-a)t} \Big|_0^{+\infty}$$

$$= -\frac{1}{s-a} (\lim_{t \to +\infty} e^{-(s-a)t} - 1) = \frac{1}{s-a} \quad (s > a),$$

故

$$L[e^{at}] = \frac{1}{s-a} \quad (s > a).$$

例如：

$$L[e^{2t}] = \frac{1}{s-2} \quad (s > 2).$$

例 3-1-2 求幂函数 $f(t) = t^n (t \geq 0, n$ 是给定的正整数$)$的拉氏变换.

解：由拉氏变换的定义得：

$$L[t^n] = \int_0^{+\infty} t^n e^{-st} dt = -\frac{1}{s} \int_0^{+\infty} t^n de^{-st} = -\frac{1}{s} (t^n e^{-st} \Big|_0^{+\infty} - \int_0^{+\infty} e^{-st} dt^n)$$

$$= \frac{n}{s} \int_0^{+\infty} t^{n-1} e^{-st} dt = \frac{n}{s} L[t^{n-1}] = \frac{n}{s} \cdot \frac{n-1}{s} L[t^{n-2}]$$

$$= \frac{n}{s} \cdot \frac{n-1}{s} \cdot \frac{n-2}{s} L[t^{n-3}] = \cdots = \frac{n(n-1)\cdots 2}{s^{n-1}} L[t] = \frac{n!}{s^{n-1}} L[t].$$

因为

$$L[t] = \int_0^{+\infty} t e^{-st} dt = -\frac{1}{s} \int_0^{+\infty} t de^{-st} = -\frac{1}{s} (t e^{-st} \Big|_0^{+\infty} - \int_0^{+\infty} e^{-st} dt)$$

$$= \frac{1}{s} \int_0^{+\infty} e^{-st} dt = -\frac{1}{s^2} \int_0^{+\infty} e^{-st} d(-st) = -\frac{1}{s^2} e^{-st} \Big|_0^{+\infty}$$

$$= -\frac{1}{s^2} (\lim_{t \to +\infty} e^{-st} - 1) = \frac{1}{s^2} \quad (s > 0),$$

故

$$L[t^n] = \frac{n!}{s^{n+1}} \quad (s > 0).$$

例如：

$$L[t^2] = \frac{2!}{s^{2+1}} = \frac{2}{s^3} \quad (s > 0).$$

例 3-1-3 求正弦函数 $f(t) = \sin\omega t (t \geq 0, \omega$ 是实数$)$的拉氏变换.

解：由拉氏变换的定义得图 3-1-1 所示结果,故

$$L[\sin\omega t] = \frac{\omega}{s^2 + \omega^2} \quad (s > 0).$$

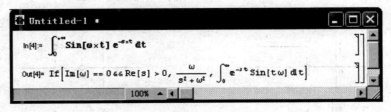

图 3-1-1

同理可得余弦函数 $f(t)=\cos\omega t\,(t\geq 0,\omega$ 是实数)的拉氏变换

$$L[\cos\omega t]=\frac{s}{s^2+\omega^2}\quad(s>0).$$

例如：

$$L[\sin 2t]=\frac{2}{s^2+4}\quad(s>0),\,L[\cos 2t]=\frac{s}{s^2+4}\quad(s>0).$$

在实际应用中，直接用拉氏变换的定义求拉氏变换比较烦琐. 这几种常用函数的拉氏变换可以当公式用.

案例 3-1-1【单位阶跃响应】 在自动控制系统中，由于开关的闭合或信号的突变等原因，系统中经常会出现一个"突加作用信号"，用函数 $\varepsilon(t)=\begin{cases}0,&t<0\\1,&t\geq 0\end{cases}$ 表示，称为单位阶跃函数，如图 3-1-2 所示.

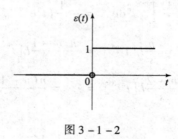

图 3-1-2

下面求单位阶跃函数 $\varepsilon(t)$ 的拉氏变换.

由拉氏变换的定义得：

$$L[\varepsilon(t)]=\int_0^{+\infty}\varepsilon(t)e^{-st}dt=\int_0^{+\infty}e^{-st}dt=-\frac{1}{s}\int_0^{+\infty}e^{-st}d(-st)$$

$$=-\frac{1}{s}e^{-st}\Big|_0^{+\infty}=-\frac{1}{s}(\lim_{t\to+\infty}e^{-st}-1)=\frac{1}{s}\quad(s>0),$$

故

$$L[1]=L[\varepsilon(t)]=\frac{1}{s}\quad(s>0).$$

把 $\varepsilon(t)$ 的图形向右平移 $|a|$ 个单位，如图 3-1-3 所示，则有

$$\varepsilon(t-a)=\begin{cases}0,&t<a,\\1,&t\geq a.\end{cases}$$

图 3-1-4 所示的图形可以表示为

$$\varepsilon(t-a)-\varepsilon(t-b)=\begin{cases}0,&t<a\text{ 或 }t\geq b,\\1,&a\leq t<b.\end{cases}$$

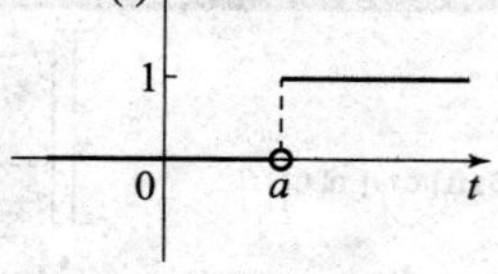

图 3-1-3 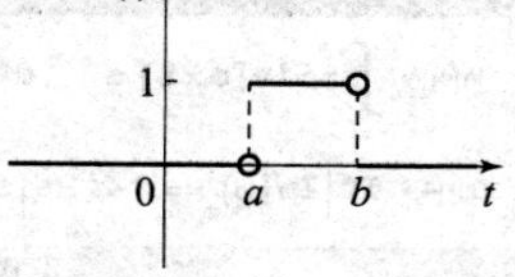　　　　　　　　图 3-1-4

利用单位阶跃函数 $\varepsilon(t)$ 可以将某些分段函数的表达式合成为一个式子.

例 3 – 1 – 4　已知分段函数,如图 3 – 1 – 5 所示.
$$f(t) = \begin{cases} 0, & t < 0, \\ c, & 0 \leqslant t < a, \\ 2c, & a \leqslant t < 3a, \\ 0, & t \geqslant 3a. \end{cases}$$

试用单位阶跃函数 $\varepsilon(t)$ 将 $f(t)$ 合成为一个式子.

解：如图 3 – 1 – 6 和图 3 – 1 – 7 所示,有
$$c[\varepsilon(t) - \varepsilon(t-a)] = \begin{cases} 0, & t < 0 \text{ 或 } t \geqslant a, \\ c, & 0 \leqslant t < a, \end{cases}$$

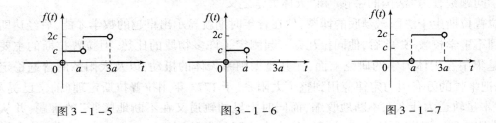

图 3 – 1 – 5　　　　　　图 3 – 1 – 6　　　　　　图 3 – 1 – 7

和
$$2c[\varepsilon(t-a) - \varepsilon(t-3a)] = \begin{cases} 0, & t < a \text{ 或 } t \geqslant 3a, \\ 2c, & a \leqslant t < 3a. \end{cases}$$

将上面两式相加,得
$$\begin{aligned} f(t) &= c[\varepsilon(t) - \varepsilon(t-a)] + 2c[\varepsilon(t-a) - \varepsilon(t-3a)] \\ &= c\varepsilon(t) + c\varepsilon(t-a) - 2c\varepsilon(t-3a). \end{aligned}$$

案例 3 – 1 – 2【瞬间扰动信号】　在自动控制系统中,瞬间扰动信号常用单位脉冲函数表示：
$$\delta_\varepsilon(t) = \begin{cases} 0, & t < 0, \\ \dfrac{1}{\varepsilon}, & 0 \leqslant t \leqslant \varepsilon, \\ 0, & t > \varepsilon, \end{cases}$$

如图 3 – 1 – 8 所示.

当 $\varepsilon \to 0$ 时,$\delta_\varepsilon(t)$ 的极限 $\lim\limits_{\varepsilon \to 0}\delta_\varepsilon(t)$ 称为**狄拉克(Dirac)函数**,记作 $\delta(t)$,即 $\delta(t) = \lim\limits_{\varepsilon \to 0}\delta_\varepsilon(t)$,简称 **$\delta$ 函数**(或**单位脉冲函数、单位冲激函数**).

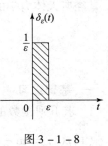

图 3 – 1 – 8

这个函数的特点是：对任何 $t \neq 0$,$\delta(t) = 0$;当 $t = 0$ 时,$\delta(t) = \infty$,即
$$\delta(t) = \begin{cases} 0, & t \neq 0, \\ \infty, & t = 0, \end{cases} \text{ 并且有 } \int_{-\infty}^{+\infty} \delta(t)\mathrm{d}t = 1.$$

单位脉冲函数 $\delta(t)$ 的拉氏变换等于 1,即 $L[\delta(t)] = 1 \quad (s > 0)$.

【阅读材料】

拉普拉斯

拉普拉斯(P. S. Laplace, 1749—1827),是法国著名数学家和天文学家、天体力学的主要奠基人、天体演化学说的创立者之一,是分析概率论的创始人,也是应用数学的先驱. 拉普拉斯用数学方法证明了行星的轨道大小只有周期变化,这就是著名的拉普拉斯定理. 他发表的天文学、数学和物理学的论文有 270 多篇,专著合计有 4 006 页. 其中最有代表性的专著有《天体力学》《宇宙体系论》和《概率分析理论》. 1796 年,他发表《宇宙体系论》,因研究太阳系稳定性的动力学问题被誉为"法国的牛顿"和"天体力学之父."

拉普拉斯生于法国诺曼底的博蒙,他在青年时期就显示出卓越的数学才能,后经达朗贝尔推荐到军事学校教书. 此后,他同拉瓦锡一起测定了许多物质的比热. 但拉普拉斯的主要注意力还是集中在天体力学的研究上面,尤其是太阳系天体的摄动,以及太阳系的普遍稳定性问题. 他把牛顿的万有引力定律应用到整个太阳系,于 1773 年用拉普拉斯定理(前文已提及)解释了"木星轨道为什么在不断地收缩,而同时土星的轨道又在不断地膨胀"的难题,并从此开始了太阳系稳定性问题的研究. 同年,他成为法国科学院副院士,1784—1785 年,他求得天体对其外任一质点的引力分量可以用一个势函数来表示,这个势函数满足一个偏微分方程,即著名的拉普拉斯方程. 以他的名字命名的拉普拉斯变换,在科学技术的各个领域有着广泛的应用. 1785 年,他被选为科学院院士. 1786 年,他证明了行星轨道的偏心率和倾角总保持很小和恒定,能自动调整,即摄动效应是守恒和周期性的,既不会积累,也不会消解. 1787 年,他发现月球的加速度同地球轨道的偏心率有关,从理论上解决了对太阳系动态观测中的最后一个反常问题. 1796 年,他的著作《宇宙体系论》问世. 在这部书中,他独立于康德,提出了第一个科学的太阳系起源理论——"星云说". 康德的"星云说"是从哲学角度提出的,而拉普拉斯则从数学、力学角度充实了"星云说",因此,人们常常把他们两人的"星云说"称为"康德 - 拉普拉斯星云说". 书中提出了对后来有重大影响的关于行星起源的假设. 他长期从事大行星运动理论和月球运动理论方面的研究,在总结前人研究的基础上取得大量重要成果.

拉普拉斯的著名杰作《天体力学》,集各家之大成,书中第一次提出了"天体力学"的学科名称,是经典天体力学的代表著作. 1812 年发表的《概率分析理论》为概率统计研究做出重要贡献.

应用一 练习

一、基础练习

1. 求下列函数的拉氏变换:

(1) $f(t) = \sin\dfrac{t}{2}$;

(2) $f(t) = e^{-3t}$;

(3) $f(t) = t^3$;

(4) $f(t) = \cos 3t$.

二、应用练习

用单位阶跃函数 $\varepsilon(t)$ 将下列分段函数合成为一个式子：

(1) $f(t) = \begin{cases} -1, & 0 \leq t < 4, \\ 1, & t \geq 4; \end{cases}$

(2) $f(t) = \begin{cases} 3, & 0 \leq t < 2, \\ -1, & 2 \leq t < 4, \\ 0, & t \geq 4. \end{cases}$

应用二 拉普拉斯变换和逆变换的性质

拉普拉斯变换的性质

本节将首先介绍拉氏变换的几个基本性质,应用这些性质可以方便地计算较复杂函数的拉氏变换;然后介绍拉氏逆变换的几个基本性质,应用这些性质可以方便地计算较复杂函数的拉氏逆变换.

3.2.1 拉普拉斯变换的性质

以下总假设 $L[f(t)] = F(s)$.

性质 3-2-1(线性性质) 若 a_1 和 a_2 是常数,总有
$$L[a_1 f_1(t) + a_2 f_2(t)] = a_1 L[f_1(t)] + a_2 L[f_2(t)].$$

性质 3-2-1 表明,函数线性组合的拉氏变换等于各个函数拉氏变换的线性组合. 性质 3-2-1 还可以推广到有限个函数的情形,即
$$L\left[\sum_{k=1}^n a_k f_k(t)\right] = \sum_{k=1}^n a_k L[f_k(t)],$$

其中 $a_k(k=1,2,\cdots,n)$ 为常数.

例 3-2-1 求函数 $f(t) = \dfrac{1}{a}(1 - e^{-at})(a>0)$ 的拉氏变换.

解:$L[f(t)] = L\left[\dfrac{1}{a}(1 - e^{-at})\right] = \dfrac{1}{a} L[1 - e^{-at}]$

$= \dfrac{1}{a}(L[1] - L[e^{-at}]) = \dfrac{1}{a}\left(\dfrac{1}{s} - \dfrac{1}{s+a}\right) = \dfrac{1}{s(s+a)} \quad (s>0).$

性质 3-2-2(平移性质) $L[e^{at} f(t)] = F(s-a) \quad (s>a).$

性质 3-2-2 表明,像原函数乘以指数因子 e^{at} 的拉氏变换等于像函数平移 a 个单位.

例 3-2-2 求 $L[te^{3t}], L[e^{-at}\sin\omega t], L[e^{-t}\cos\omega t]$.

解:已知 $L[t] = \dfrac{1}{s^2}, L[\sin\omega t] = \dfrac{\omega}{s^2+\omega^2}, L[\cos\omega t] = \dfrac{s}{s^2+\omega^2}$,由平移性质得

$$L[te^{3t}] = \dfrac{1}{(s-3)^2} \quad (s>3),$$

$$L[e^{-at}\sin\omega t] = \dfrac{\omega}{(s+a)^2+\omega^2} \quad (s>-a),$$

$$L[e^{-t}\cos\omega t] = \dfrac{s+1}{(s+1)^2+\omega^2} \quad (s>-1).$$

性质 3-2-3(延迟性质) $L[f(t-a)] = e^{-as} F(s) \quad (a>0).$

函数 $f(t-a)$ 的图形由函数 $f(t)$ 的图形沿 t 轴向右平移 a 个单位得到,如图 3-2-1 所示,若 t 为时间,则函数 $f(t-a)$ 与函数 $f(t)$ 相比,$f(t-a)$ 取非零值比 $f(t)$ 取非零值在时间上延迟了 a 个单位,所以这个性质称为延迟性质.

性质 3-2-3 表明,像原函数延迟 a 个单位的拉氏变换等于它的像函数乘以指数因子 e^{-as}.

例 3 − 2 − 3 求 $\varepsilon(t-a) = \begin{cases} 0, & t < a \\ 1, & t \geq a \end{cases}$ 的拉氏变换.

解：因为 $L[\varepsilon(t)] = \dfrac{1}{s}(s>0)$，由延迟性质得

$$L[\varepsilon(t-a)] = \dfrac{1}{s}e^{-as} \quad (s>0).$$

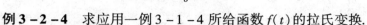

图 3 − 2 − 1

例 3 − 2 − 4 求应用一例 3 − 1 − 4 所给函数 $f(t)$ 的拉氏变换.

解：$f(t)$ 用单位阶跃函数可以表示为

$$f(t) = c\varepsilon(t) + c\varepsilon(t-a) - 2c\varepsilon(t-3a),$$

所以

$$\begin{aligned}L[f(t)] &= L[c\varepsilon(t) + c\varepsilon(t-a) - 2c\varepsilon(t-3a)] \\ &= cL[\varepsilon(t)] + cL[\varepsilon(t-a)] - 2cL[\varepsilon(t-3a)] \\ &= \dfrac{c}{s} + \dfrac{c}{s}e^{-as} - \dfrac{2c}{s}e^{-3as} = \dfrac{c}{s}(1 + e^{-as} - 2e^{3as}) \quad (s>0).\end{aligned}$$

性质 3 − 2 − 4（微分性质） 若 $f(t)$ 是可导函数，则

$$L[f'(t)] = sF(s) - f(0).$$

性质 3 − 2 − 4 表明，像原函数求导后的拉氏变换等于它的像函数乘以参数 s，再减去它的初值.

若 $f(t)$ 二阶可导，则有下面的推论：

$$\begin{aligned}L[f''(t)] &= sL[f'(t)] - f'(0) = s[sF(s) - f(0)] - f'(0) \\ &= s^2F(s) - sf(0) - f'(0).\end{aligned}$$

用数学归纳法不难证明：

$$L[f^{(n)}(t)] = s^n F(s) - s^{n-1}f(0) - s^{n-2}f'(0) - \cdots - f^{(n-1)}(0).$$

特别地，当 $f(0) = f'(0) = \cdots = f^{(n-1)}(0) = 0$ 时，有 $L[f^{(n)}(t)] = s^n F(s)$.

利用性质 3 − 2 − 4 及其推论，可将 $f(t)$ 的微分方程转化为像函数 $F(s)$ 的代数方程，这给解微分方程提供了简便的方法.

例 3 − 2 − 5 利用微分性质求 $L[\sin\omega t]$ 和 $L[\cos\omega t]$.

解：设 $f(t) = \sin\omega t$，则 $f'(t) = \omega\cos\omega t$，$f''(t) = -\omega^2\sin\omega t$，$f(0) = 0$，$f'(0) = \omega$.

由微分性质，有

$$L[f''(t)] = s^2 L[f(t)] - sf(0) - f'(0) = s^2 L[\sin\omega t] - \omega.$$

由线性性质，有

$$L[f''(t)] = L[-\omega^2\sin\omega t] = -\omega^2 L[\sin\omega t].$$

两者相等，得

$$s^2 L[\sin\omega t] - \omega = -\omega^2 L[\sin\omega t],$$

即

$$(s^2 + \omega^2)L[\sin\omega t] = \omega,$$

于是有

$$L[\sin\omega t] = \dfrac{\omega}{s^2 + \omega^2}.$$

因为
$$\cos\omega t = \left(\frac{1}{\omega}\sin\omega t\right)'$$
所以
$$L[\cos\omega t] = L\left[\left(\frac{1}{\omega}\sin\omega t\right)'\right] = \frac{1}{\omega}L[(\sin\omega t)'] = \frac{1}{\omega}(sL[\sin\omega t] - 0)$$
$$= \frac{s}{\omega}L[\sin\omega t] = \frac{s}{\omega}\cdot\frac{\omega}{s^2+\omega^2} = \frac{s}{s^2+\omega^2}.$$

性质 3-2-5（积分性质） 若 $f(t)$ 是可积函数，则
$$L\left[\int_0^t f(x)\,\mathrm{d}x\right] = \frac{F(s)}{s}.$$

性质 3-2-5 表明像原函数积分后的拉氏变换等于它的像函数除以参数 s.

例 3-2-6 求 $f(t) = t^n$ （n 为正整数）的拉氏变换.

解：因为 $t = \int_0^t \mathrm{d}x, t^2 = 2\int_0^t x\,\mathrm{d}x, t^3 = 3\int_0^t x^2\,\mathrm{d}x, \cdots, t^n = n\int_0^t x^{n-1}\,\mathrm{d}x$，所以，有积分性质

$$L[t] = L\left[\int_0^t \mathrm{d}x\right] = \frac{L[1]}{s} = \frac{1}{s^2};$$

$$L[t^2] = 2L\left[\int_0^t x\,\mathrm{d}x\right] = \frac{2L[x]}{s} = \frac{2}{s^3};$$

$$L[t^3] = 3L\left[\int_0^t x^2\,\mathrm{d}x\right] = \frac{3L[x^2]}{s} = \frac{3!}{s^4};$$

$$\cdots$$

$$L[t^n] = nL\left[\int_0^t x^{n-1}\,\mathrm{d}x\right] = \frac{nL[x^{n-1}]}{s} = \frac{n!}{s^{n+1}}.$$

拉氏变换的性质较多，限于篇幅，本书仅介绍上述几个常用的性质.

3.2.2 拉普拉斯逆变换的性质

前面讨论了由已知函数 $f(t)$ 求它的像函数 $F(s)$，但在实际应用中还经常遇到与之相反的问题：已知像函数 $F(s)$，求它的像原函数 $f(t)$，也就是求拉氏逆变换的问题. 由 3.2.1 节知，若 $L[f(t)] = F(s)$，则 $L^{-1}[F(s)] = f(t)$.

这里把常用的拉氏变换性质用逆变换的形式给出.

性质 3-2-6（线性性质） 若 $L[f_1(t)] = F_1(s), L[f_2(t)] = F_2(s)$，$a_1$ 和 a_2 是常数，则
$$L^{-1}[a_1 F_1(s) + a_2 F_2(s)] = a_1 L^{-1}[F_1(s)] + a_2 L^{-1}[F_2(s)]$$
$$= a_1 f_1(t) + a_2 f_2(t).$$

性质 3-2-7（平移性质） 若 $L[f(t)] = F(s)$，则
$$L^{-1}[F(s-a)] = \mathrm{e}^{at}L^{-1}[F(s)] = \mathrm{e}^{at}f(t).$$

性质 3-2-8（延迟性质） 若 $L[f(t)] = F(s)$，则
$$L^{-1}[\mathrm{e}^{-as}F(s)] = f(t-a).$$

常用函数的拉氏变换的逆变换如下：

(1) $L^{-1}\left[\dfrac{1}{s}\right] = 1$；

(2) $L^{-1}\left[\dfrac{n!}{s^{n+1}}\right] = t^n$；

(3) $L^{-1}\left[\dfrac{1}{s-a}\right] = e^{at}$；

(4) $L^{-1}\left[\dfrac{\omega}{s^2+\omega^2}\right] = \sin\omega t$；

(5) $L^{-1}\left[\dfrac{s}{s^2+\omega^2}\right] = \cos\omega t$.

例 3-2-7 求下列函数的拉氏逆变换：

(1) $F(s) = \dfrac{1}{s+3}$；   (2) $F(s) = \dfrac{1}{(s-2)^3}$；

(3) $F(s) = \dfrac{4s-3}{s^2+4}$；   (4) $F(s) = \dfrac{2s+3}{s^2-2s+5}$.

解：(1) $f(t) = L^{-1}[F(s)] = L^{-1}\left[\dfrac{1}{s+3}\right] = e^{-3t}$；

(2) $f(t) = L^{-1}[F(s)] = L^{-1}\left[\dfrac{1}{(s-2)^3}\right] = e^{2t}L^{-1}\left[\dfrac{1}{s^3}\right] = e^{2t}\dfrac{1}{2!}L^{-1}\left[\dfrac{2!}{s^3}\right]$

$= \dfrac{1}{2}e^{2t}L^{-1}\left[\dfrac{2!}{s^{2+1}}\right] = \dfrac{1}{2}t^2 e^{2t}$；

(3) $f(t) = L^{-1}[F(s)] = L^{-1}\left[\dfrac{4s-3}{s^2+4}\right] = 4L^{-1}\left[\dfrac{s}{s^2+4}\right] - 3L^{-1}\left[\dfrac{1}{s^2+4}\right]$

$= 4L^{-1}\left[\dfrac{s}{s^2+2^2}\right] - \dfrac{3}{2}L^{-1}\left[\dfrac{2}{s^2+2^2}\right] = 4\cos 2t - \dfrac{3}{2}\sin 2t$；

(4) $f(t) = L^{-1}[F(s)] = L^{-1}\left[\dfrac{2s+3}{s^2-2s+5}\right] = L^{-1}\left[\dfrac{2(s-1)+5}{(s-1)^2+4}\right]$

$= 2L^{-1}\left[\dfrac{s-1}{(s-1)^2+4}\right] + \dfrac{5}{2}L^{-1}\left[\dfrac{2}{(s-1)^2+4}\right]$

$= 2e^t L^{-1}\left[\dfrac{s}{s^2+2^2}\right] + \dfrac{5}{2}e^t L^{-1}\left[\dfrac{2}{s^2+2^2}\right]$

$= 2e^t \cos 2t + \dfrac{5}{2}e^t \sin 2t$.

在应用拉氏变换解决实际问题时，遇到的函数通常是有理式，一般先将其分解为部分分式之和，然后再求出像原函数。

例 3-2-8 求下列函数的拉氏逆变换：

(1) $F(s) = \dfrac{s+9}{s^2+5s+6}$；

(2) $F(s) = \dfrac{s+3}{s^3+4s^2+4s}$；

(3) $F(s) = \dfrac{s^2}{(s+2)(s^2+2s+2)}$；

(4) $F(s) = e^{-as}\dfrac{s^2}{(s+2)(s^2+2s+2)}$.

解：(1) 将 $F(s)$ 分解为部分分式之和：

$$F(s) = \frac{s+9}{s^2+5s+6} = \frac{s+9}{(s+2)(s+3)} = \frac{A}{s+2} + \frac{B}{s+3},$$

用待定系数法求得：

$$A = 7, B = -6,$$

所以

$$F(s) = \frac{s+9}{s^2+5s+6} = \frac{s+9}{(s+2)(s+3)} = \frac{7}{s+2} - \frac{6}{s+3},$$

于是

$$f(t) = L^{-1}[F(s)] = L^{-1}\left[\frac{s+9}{s^2+5s+6}\right] = L^{-1}\left[\frac{7}{s+2} - \frac{6}{s+3}\right]$$

$$= 7L^{-1}\left[\frac{1}{s+2}\right] - 6L^{-1}\left[\frac{1}{s+3}\right] = 7e^{-2t} - 6e^{-3t}.$$

(2) 将 $F(s)$ 分解为部分分式之和：

$$F(s) = \frac{s+3}{s^3+4s^2+4s} = \frac{s+3}{s(s+2)^2} = \frac{A}{s} + \frac{B}{s+2} + \frac{C}{(s+2)^2},$$

用待定系数法求得：

$$A = \frac{3}{4}, B = -\frac{3}{4}, C = -\frac{1}{2},$$

所以

$$F(s) = \frac{s+3}{s^3+4s^2+4s} = \frac{s+3}{s(s+2)^2} = \frac{3/4}{s} - \frac{3/4}{s+2} - \frac{1/2}{(s+2)^2},$$

于是

$$f(t) = L^{-1}[F(s)] = L^{-1}\left[\frac{s+3}{s^3+4s^2+4s}\right] = L^{-1}\left[\frac{3/4}{s} - \frac{3/4}{s+2} - \frac{1/2}{(s+2)^2}\right]$$

$$= \frac{3}{4}L^{-1}\left[\frac{1}{s}\right] - \frac{3}{4}L^{-1}\left[\frac{1}{s+2}\right] - \frac{1}{2}L^{-1}\left[\frac{1}{(s+2)^2}\right]$$

$$= \frac{3}{4} - \frac{3}{4}e^{-2t} - \frac{1}{2}te^{-2t}.$$

(3) 将 $F(s)$ 分解为部分分式之和：

$$F(s) = \frac{s^2}{(s+2)(s^2+2s+2)} = \frac{A}{s+2} + \frac{Bs+C}{s^2+2s+2},$$

用待定系数法求得：

$$A = 2, B = -1, C = -2,$$

所以

$$F(s) = \frac{s^2}{(s+2)(s^2+2s+2)} = \frac{2}{s+2} + \frac{-s-2}{s^2+2s+2},$$

于是

$$f(t) = L^{-1}[F(s)] = L^{-1}\left[\frac{s^2}{(s+2)(s^2+2s+2)}\right]$$

$$= L^{-1}\left[\frac{2}{s+2} + \frac{-s-2}{s^2+2s+2}\right] = L^{-1}\left[\frac{2}{s+2}\right] - L^{-1}\left[\frac{s+2}{s^2+2s+2}\right]$$

$$= 2L^{-1}\left[\frac{1}{s+2}\right] - L^{-1}\left[\frac{s+1}{(s+1)^2+1}\right] - L^{-1}\left[\frac{1}{(s+1)^2+1}\right]$$

$$= 2e^{-2t} - e^{-t}\cos t - e^{-t}\sin t.$$

(4) 由上一题可知:

$$L^{-1}\left[\frac{s^2}{(s+2)(s^2+2s+2)}\right] = 2e^{-2t} - e^{-t}\cos t - e^{-t}\sin t.$$

由性质 3-2-8 得

$$L^{-1}\left[e^{-as}\frac{s^2}{(s+2)(s^2+2s+2)}\right]$$
$$= 2e^{-2(t-a)} - e^{-(t-a)}\cos(t-a) - e^{-(t-a)}\sin(t-a).$$

【阅读材料】

奥利弗·海维赛德

英国物理学家、电气工程师奥利弗·海维赛德(OliverHeaviside,1850—1925)是一位自学成才的天才.海维赛德出身于极度贫穷的家庭,听力部分残疾,还得过猩红热,从未上过大学,完全靠自学和兴趣掌握了高等科学和数学.他在16岁离校谋生,成为电报员.就是他提出了单位阶跃函数.海维赛德还是最早使用拉普拉斯变换的人.

工程领域中的电路问题基本上就是微分方程的问题,所以这种方法现在依然用在解常微分方程中,定义算子 $p = \frac{d(*)}{dt}$, $\frac{1}{p} = \int_{-\infty}^{t}(*)dt$,这样一来,对于一个微分方程,比如,设 f,y 是关于 t 的函数:

$$y'' + 6y' + 5y = f' + 3f$$

写成算子的形式就是:

$$(p+1)(p+5)y = (p+3)f.$$

这种算法的目的就是简化求解微分方程的过程.将微分和积分运算化为乘、除,把微分方程化为代数方程,计算简单多了.这种计算方法虽然实用,却受到了数学家的质疑,因为缺少严谨的数学论证.

后来人们在法国数学家拉普拉斯的一本有关概率论的著作上,找到了这种算法的理论根据,因此这个在工程领域中非常有用的积分变换被称为拉普拉斯变换.

应用二 练习

一、基础练习

1. 求下列函数的拉氏变换：

(1) $f(t) = t^2 + 3t - 2$；

(2) $f(t) = 5\sin 2t - 3\cos 2t$；

(3) $f(t) = \sin 2t \cos 2t$；

(4) $f(t) = 8\sin^2 3t$；

(5) $f(t) = 1 + te^t$；

(6) $f(t) = t^n e^{-2t}$；

(7) $f(t) = e^{3t}\sin 4t$；

(8) $f(t) = \cos(t-1) - 4(t+2)^3$.

2. 求下列函数的拉氏逆变换：

(1) $F(s) = \dfrac{2}{s-3}$；

(2) $F(s) = \dfrac{1}{3s+5}$；

(3) $F(s) = \dfrac{s}{s+2}$；

(4) $F(s) = \dfrac{4s}{s^2+16}$；

(5) $F(s) = \dfrac{1}{4s^2+9}$；

(6) $F(s) = \dfrac{2s-8}{s^2+36}$；

(7) $F(s) = \dfrac{s}{(s+3)(s+5)}$；

(8) $F(s) = \dfrac{1}{s(s+1)(s+2)}$；

(9) $F(s) = \dfrac{4}{s^2+4s+20}$；

(10) $F(s) = \dfrac{s+2}{s^3+6s^2+9s}$；

(11) $F(s) = \dfrac{s^2+2}{(s^2+10)(s^2+20)}$；

(12) $F(s) = \dfrac{5s+3}{(s-1)(s^2+2s+5)}$.

二、应用练习

求下列函数的拉氏变换：

(1) $f(t) = \begin{cases} 0, & 0 \leq t < 2, \\ 1, & 2 \leq t < 4, \\ 0, & t \geq 4; \end{cases}$

(2) $f(t) = \begin{cases} -1, & 0 \leq t < 1, \\ 0, & 1 \leq t < 2, \\ \sqrt{2}, & 2 \leq t < 3, \\ 2, & t \geq 3. \end{cases}$

应用三　拉普拉斯变换应用举例

拉普拉斯变换的应用

在研究电路理论和自动控制理论时,所建立的数学模型多数为常系数线性微分方程.本节讨论应用拉氏变换解线性微分方程和建立线性系统的传递函数的方法.

3.3.1　解常系数线性微分方程

前面讨论了拉氏变换的微分和积分性质:

$$L[f'(t)] = sF(s) - f(0), L\left[\int_0^t f(t)\,dt\right] = \frac{F(s)}{s}.$$

在拉氏变换下,求导和求积分的运算都化成了简单的代数运算——乘或除,这样就可以把微分方程的求解转化为代数方程的求解.其具体方法如下:首先对微分方程两端取拉氏变换,把微分方程转换为像函数代数方程,其次解出像函数,再次求像函数的逆变换,得出微分方程的解,如图 3-3-1 所示.

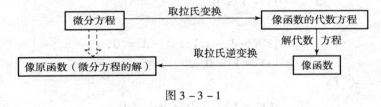

图 3-3-1

例 3-3-1　求微分方程 $y'' - 2y' - 3y = 4e^{2t}$ 满足初始条件 $y(0) = 2, y'(0) = 8$ 的特解.

解:设 $L[y(t)] = Y(s) = Y$,对方程两边取拉氏变换,得

$$s^2 Y - sy(0) - y'(0) - 2sY + 2y(0) - 3Y = \frac{4}{s-2}.$$

代入初始条件:

$$s^2 Y - 2s - 8 - 2sY + 4 - 3Y = \frac{4}{s-2},$$

解出像函数:

$$Y(s^2 - 2s - 3) = \frac{2s^2 - 4}{s-2},$$

即

$$Y = \frac{2s^2 - 4}{(s-2)(s^2 - 2s - 3)}.$$

分解像函数:

$$Y = -\frac{1}{6}\frac{1}{s+1} - \frac{4}{3}\frac{1}{s-2} + \frac{7}{2}\frac{1}{s-3},$$

取拉氏逆变换,得

$$y = L^{-1}[Y(s)] = -\frac{1}{6}L^{-1}\left[\frac{1}{s+1}\right] - \frac{4}{3}L^{-1}\left[\frac{1}{s-2}\right] + \frac{7}{2}L^{-1}\left[\frac{1}{s-3}\right]$$

$$= -\frac{1}{6}e^{-t} - \frac{4}{3}e^{2t} + \frac{7}{2}e^{3t}.$$

这样,就得到满足该初始条件的微分方程的特解,即

$$y = -\frac{1}{6}e^{-t} - \frac{4}{3}e^{2t} + \frac{7}{2}e^{3t}.$$

通过上述例题可以看出拉氏变换解法与一般解法的显著区别:在解的过程中,将初始条件直接代入像函数,求出的结果就是方程的特解.这避免了微分方程的一般解法中,先求通解,再根据初始条件确定通解中任意常数的复杂运算.

利用拉氏变换解线性微分方程组更能显示出其优越性,请看下面的例题.

例 3-3-2 求微分方程组 $\begin{cases} x'' - 2y' - x = 0, \\ x' - y = 0 \end{cases}$ 满足初始条件 $x(0) = 0, x'(0) = 1, y(0) = 1$ 的特解.

解:设 $L[x(t)] = X(s) = X, L[y(t)] = Y(s) = Y$,对微分方程组中两个方程两边分别取拉氏变换,得

$$\begin{cases} s^2 X - sx(0) - x'(0) - 2sY + 2y(0) - X = 0, \\ sX - x(0) - Y = 0. \end{cases}$$

代入初始条件:

$$\begin{cases} s^2 X - 1 - 2sY + 2 - X = 0, \\ sX - Y = 0. \end{cases}$$

将第二式代入第一式,得

$$(s^2 - 1)X - 2s^2 X + 1 = 0,$$

解得

$$X = \frac{1}{s^2 + 1}.$$

代入第二式,得

$$Y = \frac{s}{s^2 + 1}.$$

取拉氏逆变换,得

$$\begin{cases} x(t) = L^{-1}[X(s)] = L^{-1}\left[\dfrac{1}{s^2 + 1}\right] = \sin t, \\ y(t) = L^{-1}[Y(s)] = L^{-1}\left[\dfrac{s}{s^2 + 1}\right] = \cos t. \end{cases}$$

下面的案例介绍用电路的有关原理建立电路问题的微分方程,并用拉氏变换解微分方程.

案例 3-3-1【电路应用】 某电子元件公司设计的电子元件中包含一个图 3-3-2 所示的电路,其中电阻为 $R = 10\ \Omega$,电感为 $L = 2$ H,电压为 $u = 50\sin 5t$ V.开关 K 合上后,电路中有电流通过,试求该电子元件的电路中电流 $i(t)$ 的变化规律.

解:由回路电压定律知

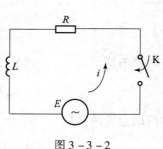

图 3-3-2

$$u_R + u_L = u,$$

而

$$u_R = Ri, \quad u_L = L\frac{di}{dt},$$

所以

$$2\frac{di}{dt} + 10i(t) = 50\sin 5t.$$

对方程两边进行拉氏变换,并设 $L[i(t)] = I(p)$,得

$$[pI(p) - i(0)] + 5I(p) = 25\frac{5}{p^2 + 25},$$

代入初始条件 $i(0) = 0$,整理后得

$$I(p) = \frac{125}{(p+5)(p^2+25)} = \frac{\frac{5}{2}}{p+5} - \frac{\frac{5}{2}p}{p^2+25} + \frac{\frac{25}{2}}{p^2+25}.$$

两边进行拉氏逆变换,得

$$i(t) = \frac{5}{2}e^{-5t} - \frac{5}{2}\cos 5t + \frac{5}{2}\sin 5t,$$

即 $i(t) = \frac{5}{2}e^{-5t} + \frac{5}{2}\sqrt{2}\sin\left(5t - \frac{\pi}{4}\right)$,这就是所求的电流变化规律.

3.3.2 线性系统的传递函数

传递函数是在用拉氏变换方法求解线性微分方程的过程中引申出的一种数学模型,在自动控制理论中有重要作用. 先从具体案例谈起.

案例 3-3-2【RC 串联电路】 在图 3-3-3 所示的 RC 串联电路中,$u_{in}(t)$ 和 $u_{out}(t)$ 分别为电路的输入和输出电压.

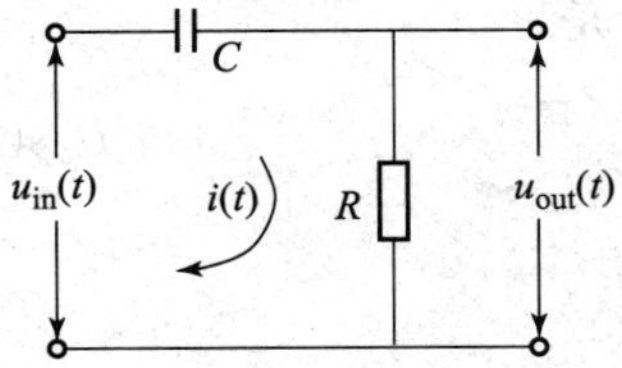

解:由图可得

$$\begin{cases} u_{in}(t) = Ri(t) + \frac{1}{C}\int_0^t i(t)dt, \\ u_{out}(t) = Ri(t). \end{cases}$$

图 3-3-3

设 $L[u_{in}(t)] = U_{in}(s), L[u_{out}(t)] = U_{out}(s), L[i(t)] = I(s)$,对两式两边各项取拉氏变换,得

$$\begin{cases} U_{in}(s) = RI(s) + \frac{1}{Cs}I(s), \\ U_{out}(s) = RI(s). \end{cases}$$

第二式除以第一式,有

$$\frac{U_{out}(s)}{U_{in}(s)} = \frac{1}{1 + \frac{1}{RCs}} = \frac{RCs}{RCs + 1},$$

即

$$U_{out}(s) = \frac{RCs}{RCs + 1}U_{in}(s).$$

若令 $\dfrac{RCs}{RCs+1} = W(s)$，则

$$U_{\text{out}}(s) = W(s)U_{\text{in}}(s).$$

这里 $W(s)$ 是 s 的函数，由电路本身的特性（元件参数 R、C）所决定，而与输入、输出电压无关。如果 $W(s)$ 已知，那么当给出输入电压 $u_{\text{in}}(t)$ 时，可先求出它的拉氏变换 $U_{\text{in}}(s)$，并通过上式得出 $U_{\text{out}}(s)$，然后再通过求逆变换得 $u_{\text{out}}(t)$。因此，上式可以用来描述输入电压、输出电压和电路本身特性这三者之间的关系。

可以看出，函数 $W(s)$ 起到了把"输入"变为"输出"这一"传递"作用，通常称它为电路的**电压传递函数**。

线性系统的传递函数定义为在初始条件为 0 时，系统输出量的拉氏变换与系统输入量的拉氏变换之比。对于一个线性系统来说，如果知道了它的传递函数，用拉氏变换就可根据已知的输入量，求得它的输出量。

例 3 – 3 – 3 在图 3 – 3 – 3 所示的 RC 串联电路中，设输入电压为

$$u_{\text{in}}(t) = \begin{cases} 1, & 0 \leqslant t \leqslant \tau, \\ 0, & t \geqslant \tau, \end{cases}$$

求输出电压 $u_{\text{out}}(t)$（电容 C 在 $t = 0$ 时不带电）。

解：输入电压可表示为 $u_{\text{in}}(t) = \varepsilon(t) - \varepsilon(t-\tau)$，这里 $\varepsilon(t)$ 是单位阶跃函数，所以它的拉氏变换是

$$U_{\text{in}}(s) = L[u_{\text{in}}(t)] = L[\varepsilon(t) - \varepsilon(t-\tau)]$$

$$= \dfrac{1}{s} - \dfrac{e^{-\tau s}}{s} = \dfrac{1}{s}(1 - e^{-\tau s}),$$

于是

$$U_{\text{out}}(s) = W(s)U_{\text{in}}(s) = \dfrac{RCs}{RCs+1} \cdot \dfrac{1}{s}(1 - e^{-\tau s})$$

$$= \dfrac{1}{s + \dfrac{1}{RC}}(1 - e^{-\tau s}),$$

取拉氏逆变换，得输出电压为

$$u_{\text{out}}(t) = \varepsilon(t)e^{-\frac{t}{RC}} - \varepsilon(t-\tau)e^{-\frac{t-\tau}{RC}}.$$

例 3 – 3 – 4 电路如图 3 – 3 – 4 所示。

(1) 求电路的电压传递函数；

(2) 当 $u_{\text{in}}(t) = \begin{cases} h, & 0 \leqslant t \leqslant \tau, \\ 0, & t \geqslant \tau \end{cases}$ 时，求输出电压 $u_{\text{out}}(t)$。

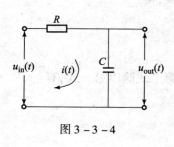

图 3 – 3 – 4

解：(1) 由图可得

$$\begin{cases} u_{\text{in}}(t) = Ri(t) + \dfrac{1}{C}\int_0^t i(t)\,\mathrm{d}t, \\ u_{\text{out}}(t) = \dfrac{1}{C}\int_0^t i(t)\,\mathrm{d}t. \end{cases}$$

设 $L[u_{\text{in}}(t)] = U_{\text{in}}(s)$，$L[u_{\text{out}}(t)] = U_{\text{out}}(s)$，$L[i(t)] = I(s)$，对两式两边各项取拉氏变换，得

$$\begin{cases} U_{in}(s) = RI(s) + \dfrac{1}{Cs}I(s), \\ U_{out}(s) = \dfrac{1}{Cs}I(s), \end{cases}$$

于是该电路的电压传递函数为

$$W(t) = \frac{U_{out}(s)}{U_{in}(s)} = \frac{\dfrac{1}{Cs}I(s)}{RI(s)\left(1 + \dfrac{1}{RCs}\right)} = \frac{1}{1 + RCs}.$$

（2）输入电压可表示为 $u_{in}(t) = h\varepsilon(t) - h\varepsilon(t-\tau)$，所以它的拉氏变换是

$$U_{in}(s) = L[u_{in}(t)] = L[h\varepsilon(t) - h\varepsilon(t-\tau)]$$
$$= \frac{h}{s} - \frac{h}{s}e^{-\tau s} = \frac{h}{s}(1 - e^{-\tau s}),$$

于是

$$U_{out}(s) = W(s)U_{in}(s) = \frac{1}{1 + RCs}\frac{h}{s}(1 - e^{-\tau s}) = h\left(\frac{1}{s} - \frac{1}{s + \dfrac{1}{RC}}\right)(1 - e^{-\tau s}),$$

取拉氏逆变换，得输出电压为

$$u_{out}(t) = h[(\varepsilon(t) - e^{-\frac{t}{RC}}) - (\varepsilon(t-\tau) - e^{-\frac{t-\tau}{RC}})].$$

【阅读材料】

积分变换

在自然科学和工程技术中，为了把较复杂的运算转化为较简单的计算，人们常采用变换的方法来达到目的.

例如在初等数学中，数的乘积和商可以通过对数运算化为较简单的乘法与除法的计算. 在工程数学里积分变换能将分析计算（如积分、微分）转化为代数运算. 正是积分变换的这一特性，使得它在常微分方程、偏微分方程的求解中成为重要的方法之一.

积分变换在现代光学、无线电技术以及信号处理等方面，作为一种研究工具发挥着十分重要的作用.

对于多个自变量的线性偏微分方程，可以通过实施积分变换来减少方程的自变量个数，直至将方程化为常微分方程，这就使问题得到大大的简化，再进行反演，就得到原来偏微分的方程的解.

所谓积分变换就是把某函数类 A 中的任意一个函数 $f(t)$，经过某种可逆的积分方法，即通过含参变量 τ 的积分

$$F(\tau) = \int_a^b f(t)K(t,\tau)dt$$

变为另一个函数类 B 中的函数 $F(\tau)$.

这里的 $K(t,\tau)$ 是一个确定的二元函数，通常称为该积分变换的核，$F(\tau)$ 称为 $f(t)$ 的像函数或简称为像，$f(t)$ 称为 $F(\tau)$ 的原函数. 当取到不同的积分区域和核函数时，就得到不同名称的积分变换：

（1）特别当核函数 $K(t,\omega) = e^{-i\omega t}, a = -\infty, b = +\infty$ 时，则

$$F(\omega) = \int_{-\infty}^{+\infty} f(t) e^{-i\omega t} dt.$$

称 $F(\omega)$ 为 $f(t)$ 的傅里叶变换，而 $f(t)$ 则称为 $F(\omega)$ 的傅里叶逆变换.

（2）特别当核函数 $K(t,s) = e^{-st}, a = 0, b = +\infty$ 时，则

$$F(s) = \int_{0}^{+\infty} f(t) e^{-st} dt.$$

称 $F(s)$ 为 $f(t)$ 的拉普拉斯变换，而 $f(t)$ 则称为 $F(s)$ 的拉普拉斯逆变换.

应用三 练习

一、基础练习

1. 用拉氏变换解下列微分方程：

（1）$\dfrac{di(t)}{dt} + 5i(t) = 10e^{-3t}, i(0) = 0$；

（2）$y'' - 3y' + 2y = 4, y(0) = 0, y'(0) = 1$；

（3）$y'' + 16y = 32t, y(0) = 3, y'(0) = -2$；

（4）$x'' + x = 1, x(0) = x'(0) = x''(0) = 1$.

2. 求微分 - 积分方程 $y' - 4y + 4\int_0^t y dt = t$ 满足初始条件 $y(0) = 0$ 的特解.

二、应用练习

1. 用拉氏变换解下列微分方程组：

（1）$\begin{cases} y' + 3x - 2y = 2e^t, \\ x' + x - y' = e^t, \end{cases} x(0) = y(0) = 1$；

（2）$\begin{cases} x'' + 2y = 0, \\ y' + x + y = 0, \end{cases} x(0) = 0, x'(0) = 1, y(0) = 1$.

2. 如图 3 - 3 - 5 所示，电路在 $t = 0$ 时开关闭合，求输出电压 $u_C(t)$.

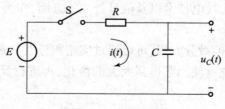

图 3 - 3 - 5

3. 在图 3 - 3 - 6 所示的电路中，已知输入电压 $u_{in}(t)$，输出电压为开关闭合后自感上的电压，即 $u_{out}(t) = u_L(t)$，求该电路中的电压传递函数.

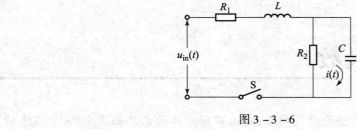

图 3 - 3 - 6

模块四 无穷级数

无穷级数是高等数学的一个重要组成部分,是由实际计算的需要而产生的.它是表示函数、研究函数、进行数学理论分析和数值计算的有力工具.无穷级数在物理学、力学等自然科学与工程技术领域被广泛应用.

本模块将在极限理论的基础上,首先介绍级数的基本知识,然后给出幂级数的一些基本结论和将函数展开成幂级数的方法,最后研究在电工学等学科中经常用到的傅里叶(Fourier)级数及将函数展开成傅里叶级数的方法。

应用一 级数的概念

本节首先介绍级数的基本知识,然后介绍计算级数的方法.

4.1.1 数项级数的基本概念

在初等数学中遇到的都是有限项相加,例如:首项为 a,公比为 q 的等比数列 $a,aq,aq^2,\cdots,aq^{n-1},\cdots$,当公比 $|q|\neq 1$ 时,其前 n 项和为

$$a + aq + aq^2 + \cdots + aq^{n-1} = \frac{a(1-q^n)}{1-q}.$$

在实际应用中,经常遇到无穷多项相加的问题.

案例 4 - 1 - 1【循环小数】 分数 $\frac{1}{3}$ 写成循环小数形式时为 $0.333\cdots$. 在近似计算中,可以根据不同的精确度要求,取小数点后的 n 位作为 $\frac{1}{3}$ 的近似值. 因为 $0.3 = \frac{3}{10}$,$0.03 = \frac{3}{10^2}$,$\cdots$,$\underbrace{0.00\cdots03}_{n \text{个}} = \frac{3}{10^n}$,所以有

$$\frac{1}{3} \approx \frac{3}{10} + \frac{3}{10^2} + \cdots + \frac{3}{10^n}.$$

显然,n 越大这个近似值就越接近 $\frac{1}{3}$. 根据极限的概念可知

$$\frac{1}{3} = \lim_{n\to\infty}\left(\frac{3}{10} + \frac{3}{10^2} + \cdots + \frac{3}{10^n}\right),$$

也就是说,分数 $\frac{1}{3}$ 可以用无穷多个分数之和的形式表示,即

$$\frac{1}{3} = \frac{3}{10} + \frac{3}{10^2} + \cdots + \frac{3}{10^n} + \cdots.$$

案例 4 - 1 - 2【圆的面积】 如图 4 - 1 - 1 所示,半径为 R 的圆的面积 A 是通过计算其内

接正多边形的面积得到的. 具体做法如下: 作圆的内接正六边形, 该正六边形的面积 a_1 可以作为圆的面积的近似值. 若以这个正六边形的每一边为底分别作顶点在圆周上的等腰三角形, 设这 6 个等腰三角形面积之和为 a_2, 则 $a_1 + a_2$ 就是圆的内接正十二边形的面积. 以 $a_1 + a_2$ 作为圆的面积的近似值比用 a_1 作为圆的面积的近似值要精确. 用同样的方法, 以正十二边形的每一边为底再分别作顶点在圆周上的等腰三角形, 设这 12 个等腰三角形面积之和为 a_3, 则 $a_1 + a_2 + a_3$ 就是圆的内接正二十四边形的面积. 以 $a_1 + a_2 + a_3$ 作为圆的面积的近似值, 精确度又可以提高. 如此继续下去, 作到第 n 次可得内接正 $6 \times 2^{n-1}$ 边形的面积为 $a_1 + a_2 + \cdots + a_n$, 即

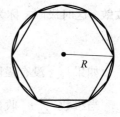

图 4-1-1

$$A \approx a_1 + a_2 + \cdots + a_n.$$

显然, n 越大, 这个近似值就越接近圆的面积 A. 根据极限的概念可知

$$A = \lim_{n \to \infty}(a_1 + a_2 + \cdots + a_n),$$

也就是说, 圆的面积 A 可以用无穷多个数之和的形式表示, 即

$$A = a_1 + a_2 + \cdots + a_n + \cdots.$$

上面两个案例, 虽然实际背景不同, 但却有完全相同的形式, 即无穷多个量之和的数学表达式. 抛开具体意义, 抽象地加以研究, 就得到下面的定义.

定义 4-1-1 设给定一个序列 $\{u_n\}$:

$$u_1, u_2, u_3, \cdots, u_n, \cdots,$$

则由该序列的各项依次相加, 构成的表达式

$$u_1 + u_2 + u_3 + \cdots + u_n + \cdots$$

称为**无穷级数**, 简称**级数**, 记作 $\sum_{n=1}^{\infty} u_n$, 即

$$\sum_{n=1}^{\infty} u_n = u_1 + u_2 + u_3 + \cdots + u_n + \cdots,$$

其中第 n 项 u_n 称为级数的**一般项**或**通项**. u_n 为常数的级数称为**常数项级数**或**数项级数**.

例如: (1) $\sum_{n=1}^{\infty} \dfrac{1}{n} = 1 + \dfrac{1}{2} + \dfrac{1}{3} + \cdots + \dfrac{1}{n} + \cdots,$

(2) $\sum_{n=1}^{\infty} \dfrac{1}{n(n+1)} = \dfrac{1}{1 \times 2} + \dfrac{1}{2 \times 3} + \cdots + \dfrac{1}{n(n+1)} + \cdots,$

都是数项级数.

上述级数的定义只是一个形式上的定义, 怎样理解无穷级数中无穷多个量相加呢? 首要问题是: 是否存在一个数值 s 等于 $u_1 + u_2 + u_3 + \cdots + u_n + \cdots$, 就像案例 4-1-1、案例 4-1-2 那样. 因为它是由无穷多项相加的, 显然不能通过一项一项相加的方法去验证, 可以从有限项的和出发, 通过观察它们的变化趋势来考察数值 s 是否存在.

定义 4-1-2 级数 $\sum_{n=1}^{\infty} u_n$ 的前 n 项和 $\sum_{i=1}^{n} u_i = u_1 + u_2 + u_3 + \cdots + u_n$ 称为级数 $\sum_{n=1}^{\infty} u_n$ 的**部分和**, 记作 s_n, 即 $s_n = \sum_{i=1}^{n} u_i = u_1 + u_2 + \cdots + u_n$. 当 n 依次取 $1, 2, 3, \cdots$ 时, 它们构成一个新的数列: $s_1 = u_1, s_2 = u_1 + u_2, s_3 = u_1 + u_2 + u_3, \cdots, s_n = u_1 + u_2 + \cdots + u_n, \cdots$.

这个数列 $\{s_n\}$ 称为级数 $\sum_{n=1}^{\infty} u_n$ 的**部分和数列**.

定义 4-1-3 如果级数 $\sum_{n=1}^{\infty} u_n$ 的部分和数列 $\{s_n\}$ 有极限 s,即 $\lim_{n \to \infty} s_n = s$,则称级数 $\sum_{n=1}^{\infty} u_n$ **收敛**,这时极限 s 称为该级数的和,并写成

$$s = \sum_{n=1}^{\infty} u_n = u_1 + u_2 + u_3 + \cdots + u_n + \cdots.$$

如果 $\{s_n\}$ 没有极限,则称级数 $\sum_{n=1}^{\infty} u_n$ **发散**.

当级数 $\sum_{n=1}^{\infty} u_n$ 收敛时,其部分和 s_n 是级数 $\sum_{n=1}^{\infty} u_n$ 的和 s 的近似值,它们之间的差值

$$s - s_n = u_{n+1} + u_{n+2} + \cdots$$

称为级数 $\sum_{n=1}^{\infty} u_n$ 的**余项**,记作 r_n,即 $r_n = s - s_n = u_{n+1} + u_{n+2} + \cdots$. 用近似值 s_n 代替和 s 所产生的误差是这个余项 r_n 的绝对值 $|r_n|$.

例 4-1-1 讨论等比级数(又称为**几何级数**) $\sum_{n=0}^{\infty} aq^n = a + aq + aq^2 + \cdots + aq^n + \cdots$ 的敛散性,其中 $a \neq 0$, q 称为级数的**公比**.

解:如果 $q \neq 1$,则部分和

$$s_n = a + aq + aq^2 + \cdots + aq^{n-1} = \frac{a - aq^n}{1 - q} = \frac{a}{1 - q} - \frac{aq^n}{1 - q}.$$

当 $|q| < 1$ 时,因为 $\lim_{n \to \infty} s_n = \frac{a}{1-q}$,所以此时级数 $\sum_{n=0}^{\infty} aq^n$ 收敛,其和为 $\frac{a}{1-q}$.

当 $|q| > 1$ 时,因为 $\lim_{n \to \infty} s_n = \infty$,所以此时级数 $\sum_{n=0}^{\infty} aq^n$ 发散.

如果 $|q| = 1$,则当 $q = 1$ 时,$s_n = na \to \infty (n \to \infty)$,因此级数 $\sum_{n=0}^{\infty} aq^n$ 发散;当 $q = -1$ 时,级数 $\sum_{n=0}^{\infty} aq^n$ 成为 $a - a + a - a + \cdots$,因为 s_n 随着 n 为奇数或偶数而等于 a 或 0,所以 s_n 的极限不存在,从而级数 $\sum_{n=0}^{\infty} aq^n$ 也发散.

综上所述,如果 $|q| < 1$,则级数 $\sum_{n=0}^{\infty} aq^n$ 收敛,其和为 $\frac{a}{1-q}$;如果 $|q| \geq 1$,则级数 $\sum_{n=0}^{\infty} aq^n$ 发散.

例 4-1-2 证明级数 $\sum_{n=1}^{\infty} n = 1 + 2 + 3 + \cdots + n + \cdots$ 是发散的.

证明:此级数的部分和为

$$s_n = 1 + 2 + 3 + \cdots + n = \frac{n(n+1)}{2}.$$

显然,$\lim_{n \to \infty} s_n = \infty$,因此所给级数是发散的.

例 4-1-3 判别级数 $\sum_{n=1}^{\infty} \frac{1}{n(n+1)} = \frac{1}{1 \cdot 2} + \frac{1}{2 \cdot 3} + \frac{1}{3 \cdot 4} + \cdots + \frac{1}{n(n+1)} + \cdots$ 的收敛性.

解:由于

$$u_n = \frac{1}{n(n+1)} = \frac{1}{n} - \frac{1}{n+1},$$

因此
$$s_n = \frac{1}{1\cdot 2} + \frac{1}{2\cdot 3} + \frac{1}{3\cdot 4} + \cdots + \frac{1}{n(n+1)}$$
$$= \left(1 - \frac{1}{2}\right) + \left(\frac{1}{2} - \frac{1}{3}\right) + \cdots + \left(\frac{1}{n} - \frac{1}{n+1}\right) = 1 - \frac{1}{n+1},$$

从而
$$\lim_{n\to\infty} s_n = \lim_{n\to\infty}\left(1 - \frac{1}{n+1}\right) = 1,$$

所以此级数收敛,它的和是 1.

定理 4-1-1 (级数收敛的必要条件)若级数 $\sum_{n=1}^{\infty} u_n$ 收敛,则它的一般项 u_n 趋于 0,即 $\lim_{n\to\infty} u_n = 0$.

定理 4-1-1 给出了级数收敛的必要条件,若不满足 $\lim_{n\to\infty} u_n = 0$,则级数一定发散,因此可用定理 4-1-1 判定级数发散,但不能用它判定级数收敛.

比如调和级数 $\sum_{n=1}^{\infty} \frac{1}{n}$,就是一个满足 $\lim_{n\to\infty} u_n = 0$,但发散的例子.

案例 4-1-3【融资问题】 某企业获得投资 50 万元,该企业将投资作为抵押品向银行贷款,得到相当于抵押品价值 75% 的贷款,该企业将此贷款再进行投资,并将再投资作为抵押品又向银行贷款,仍得到相当于抵押品价值 75% 的贷款,企业又将此贷款再进行投资,这样"贷款—投资—再贷款—再投资",如此反复进行,扩大再生产,问该企业共计可获投资多少万元?

解:设企业获得投资本金为 A,贷款额占抵押品价值的百分比为 $r(0 < r < 1)$,第 n 次投资或再投资(贷款)额为 a_n, n 次投资与再投资的资金总和为 S_n,投资与再投资的资金总和为 S,则
$$a_1 = A, a_2 = Ar, a_3 = Ar^2, \cdots, a_n = Ar^{n-1}, \cdots$$
$$S_n = a_1 + a_2 + a_3 + \cdots + a_n = A + Ar + Ar^2 + \cdots + Ar^{n-1} = \frac{A(1-r^n)}{1-r},$$

故
$$S = \lim_{n\to\infty} S_n = \lim_{n\to\infty} \frac{A(1-r^n)}{1-r} = \frac{A}{1-r},$$

把 $A = 50$ 万元,$r = 0.75$ 代入,解得 $S = 200$ 万元.

4.1.2 函数项级数的基本概念

定义 4-1-4 给定一个定义在区间 I 上的函数列 $\{u_n(x)\}$,由该函数列构成的表达式
$$u_1(x) + u_2(x) + u_3(x) + \cdots + u_n(x) + \cdots$$
称为定义在区间 I 上的**函数项无穷级数**,简称**函数项级数**,记为 $\sum_{n=1}^{\infty} u_n(x)$,即
$$\sum_{n=1}^{\infty} u_n(x) = u_1(x) + u_2(x) + u_3(x) + \cdots + u_n(x) + \cdots$$

其中第 n 项 $u_n(x)$ 称为函数项级数的**一般项**或**通项**.

例如，
$$\sum_{n=1}^{\infty} x^{n-1} = 1 + x + x^2 + \cdots + x^n + \cdots,$$
$$\sum_{n=1}^{\infty} \sin(n-1)x = 1 + \sin x + \sin 2x + \cdots + \sin nx + \cdots$$
是定义在区间 $(-\infty, +\infty)$ 上的函数项级数.

对于区间 I 内的一定点 x_0，若数项级数 $\sum_{n=1}^{\infty} u_n(x_0)$ 收敛，则称点 x_0 是函数项级数的**收敛点**；若数项级数 $\sum_{n=1}^{\infty} u_n(x_0)$ 发散，则称点 x_0 是函数项级数的**发散点**. 函数项级数的收敛点的全体称为它的**收敛域**，发散点的全体称为它的**发散域**.

对应于收敛域内的任意一个数 x，函数项级数成为一个收敛的数项级数，因而有一个确定的和 s. 这样，在收敛域上，函数项级数 $\sum_{n=1}^{\infty} u_n(x)$ 的和是 x 的函数 $s(x)$，通常称 $s(x)$ 为函数项级数 $\sum_{n=1}^{\infty} u_n(x)$ 的**和函数**，并写成 $s(x) = \sum_{n=1}^{\infty} u_n(x) = u_1(x) + u_2(x) + u_3(x) + \cdots + u_n(x) + \cdots$.

函数项级数 $\sum_{n=1}^{\infty} u_n(x)$ 的前 n 项的部分和记作 $s_n(x)$，即 $s_n(x) = u_1(x) + u_2(x) + u_3(x) + \cdots + u_n(x)$，则在收敛域上有
$$\lim_{n \to \infty} s_n(x) = s(x) \text{ 或 } s_n(x) \to s(x)(n \to \infty).$$

函数项级数 $\sum_{n=1}^{\infty} u_n(x)$ 的和函数 $s(x)$ 与部分和 $s_n(x)$ 的差 $r_n(x) = s(x) - s_n(x)$ 称为函数项级数的**余项**（当然，只有 x 在收敛域上 $r_n(x)$ 才有意义），于是有 $\lim_{n \to \infty} r_n(x) = 0$.

例 4-1-4 求函数项级数 $\sum_{n=0}^{\infty} x^n$ 的收敛域、发散域与和函数.

解：因为所给级数的部分和函数
$$s_n(x) = 1 + x + x^2 + x^3 \cdots + x^n = \frac{1-x^n}{1-x}$$

当 $|x| < 1$ 时，$\lim_{n \to \infty} s_n(x) = \lim_{n \to \infty} \frac{1-x^n}{1-x} = \frac{1}{1-x}$；

当 $|x| > 1$ 时，$\lim_{n \to \infty} s_n(x) = \lim_{n \to \infty} \frac{1-x^n}{1-x} = \infty$；

当 $x = 1$ 时，$\lim_{n \to \infty} s_n(x) = \lim_{n \to \infty} n = \infty$；

当 $x = -1$ 时，$\lim_{n \to \infty} s_n(x) = \lim_{n \to \infty} \frac{1-(-1)^n}{2}$ 不存在，

所以，它在区间 $(-1,1)$ 内收敛，即收敛域为 $(-1,1)$，且所给级数的和函数为 $s(x) = \frac{1}{1-x}$；在区间 $(-\infty, -1]$ 和 $[1, +\infty)$ 上发散，即发散域为 $(-\infty, -1]$ 和 $[1, +\infty)$.

【阅读材料】

欧 拉

　　莱昂哈德·欧拉(Leonhard Euler, 1707年4月15日—1783年9月18日)是瑞士数学家、自然科学家,于1707年4月15日出生于瑞士的巴塞尔,1783年9月18日于俄国圣彼得堡去世. 欧拉出生于牧师家庭,自幼受父亲的影响,13岁时入读巴塞尔大学,15岁时大学毕业,16岁时获得硕士学位. 欧拉是18世纪数学界最杰出的人物之一,他不但为数学界作出贡献,更把整个数学推至物理领域. 他是数学史上最多产的数学家,平均每年写出800多页的论文,还写了大量的力学、分析学、几何学、变分法等的课本,《无穷小分析引论》《微分学原理》《积分学原理》等都成为数学界中的经典著作. 欧拉对数学的研究如此广泛,因此在许多数学的分支中经常见到以他的名字命名的重要常数、公式和定理. 此外欧拉还涉及建筑学、弹道学、航海学等领域.

　　欧拉在小时候就特别喜欢数学,不满10岁就开始自学《代数学》. 这本书连他的几位老师都没读过,可小欧拉却读得津津有味,遇到不懂的地方,就用笔作个记号,事后再向别人请教. 1720年,13岁的欧拉靠自己的努力考入了巴塞尔大学,得到当时最有名的数学家约翰·伯努利(Johann Bernoulli, 1667—1748年)的精心指导. 这在当时是个奇迹,轰动了数学界. 小欧拉是这所大学,也是整个瑞士大学校园里年龄最小的学生. 他从19岁开始发表论文,直到76岁,半个多世纪写下了浩如烟海的书籍和论文. 如今几乎在每个数学相关领域都可以看到欧拉的名字,从初等几何的欧拉线、多面体的欧拉定理、立体解析几何的欧拉变换公式、四次方程的欧拉解法到数论中的欧拉函数、微分方程的欧拉方程、级数论的欧拉常数、变分学的欧拉方程、复变函数的欧拉公式等,数也数不清. 他对数学分析的贡献更独具匠心,《无穷小分析引论》一书便是他划时代的代表作,当时数学家们称他为"分析学的化身".

　　在欧拉的数学生涯中,他的视力一直在恶化. 在1735年(28岁),一次几乎致命的发热后的3年,他的右眼近乎失明,但他把这归咎于他为圣彼得堡科学院进行的辛苦的地图学工作。他在德国期间视力也持续恶化,以至于弗雷德里克把他誉为"独眼巨人". 欧拉原本正常的左眼后来又遭受了白内障的困扰. 在他于1766年(59岁)被查出有白内障的几个星期后,他几乎完全失明. 即便如此,病痛似乎并未影响欧拉的学术生产力,这大概归因于他的心算能力和超群的记忆力. 比如,欧拉可以从头到尾毫不犹豫地背诵维吉尔的史诗《埃涅阿斯纪》,并能指出他所背诵的那个版本的每一页的第一行和最后一行是什么. 在书记员的帮助下,欧拉在多个领域的研究其实变得更加高产了. 在1775年(68岁),他平均每周就完成一篇数学论文. 尽管在人生的最后7年,欧拉的双目完全失明,他还是以惊人的速度产出了生平一半的著作。欧拉著作的惊人多产并不是偶然的,他可以在任何不良的环境中工作,他常常抱着孩子在膝上完成论文,也不顾孩子在旁边喧哗. 他那顽强的毅力和孜孜不倦的治学精神,使他在双目失明以后,也没有停止对数学的研究. 在失明后的17年间,他还口述了几本书和400篇左右的论文. 19世纪的伟大数学家高斯(Gauss, 1777—1855年)曾说:"研究欧拉的著作永远是了解数学的最好方法." 欧拉的记忆力和心算能力是罕见的,他能够复述年青时代笔记的内容,心算并不限于简单的运算,高等数学一样可以用心算去完成. 有一个例子足以说明他的本领. 欧拉的两个学生把一个复杂的收敛级数的 17 项加起来,算到第 50 位数字,两人相差一个单位,欧拉为了确定究竟谁对,用心算进行全部运算,最后把错误找了出来.欧拉在失明的 17 年中,还解决了使牛顿头痛的月离问题和很多复杂的分析问题.

欧拉的著作《无穷小分析引论》《微分学》《积分学》是 18 世纪欧洲标准的微积分教科书.欧拉还创造了一批数学符号,如 $f(x)$、Σ、i、e 等,使数学更容易表述、推广,欧拉还把数学应用到数学以外的很多领域.

应用一 练习

一、基础练习

1. 写出下列级数的一般项:

(1) $1 + \dfrac{1}{3} + \dfrac{1}{5} + \dfrac{1}{7} + \cdots$;

(2) $\dfrac{2}{1} - \dfrac{3}{2} + \dfrac{4}{3} - \dfrac{5}{4} + \cdots$;

(3) $\dfrac{1}{2} + \dfrac{1}{1+2^2} + \dfrac{1}{1+3^2} + \dfrac{1}{1+4^2} + \cdots$;

(4) $\dfrac{1}{\ln 2} + \dfrac{1}{2\ln 3} + \dfrac{1}{3\ln 4} + \cdots$.

2. 写出下列级数的前 5 项:

(1) $\sum\limits_{n=1}^{\infty} \dfrac{n}{2n-1}$;

(2) $\sum\limits_{n=1}^{\infty} \dfrac{n+1}{n^2+1}$;

(3) $\sum\limits_{n=1}^{\infty} (\sqrt{n+1} - \sqrt{n})$;

(4) $\sum\limits_{n=1}^{\infty} (-1)^{n-1} \dfrac{1}{n(n+1)}$.

二、应用练习

讨论下列级数的敛散性:

(1) $\sum\limits_{n=1}^{\infty} (-1)^{n-1} \dfrac{1}{10^n}$;

(2) $\sum\limits_{n=1}^{\infty} \dfrac{n}{2n+3}$;

(3) $\sum\limits_{n=1}^{\infty} \dfrac{1}{(n+1)(n+2)}$;

(4) $\sum\limits_{n=1}^{\infty} \left[\dfrac{1}{2^n} + \dfrac{(-1)^n}{3^n} \right]$.

应用二　幂级数

本节简要介绍幂级数的一些基本结论和函数展开成幂级数的方法,包括直接展开法和间接展开法。

4.2.1　幂级数的基本概念

定义 4-2-1　函数项级数

$$a_0 + a_1(x - x_0) + a_2(x - x_0)^2 + \cdots + a_n(x - x_0)^n + \cdots$$

称为 $(x - x_0)$ 的**幂级数**,记作 $\sum_{n=0}^{\infty} a_n (x - x_0)^n$,即

$$\sum_{n=0}^{\infty} a_n (x - x_0)^n = a_0 + a_1(x - x_0) + a_2(x - x_0)^2 + \cdots + a_n(x - x_0)^n + \cdots,$$

其中常数 $a_0, a_1, a_2, \cdots, a_n, \cdots$ 称为**幂级数的系数**.

例如,$\sum_{n=0}^{\infty} (x - 1)^n = 1 + (x - 1) + (x - 1)^2 + \cdots + (x - 1)^n + \cdots,$

$$\sum_{n=0}^{\infty} \frac{(x - x_0)^n}{n!} = 1 + (x - x_0) + \frac{(x - x_0)^2}{2!} + \cdots + \frac{(x - x_0)^n}{n!} + \cdots.$$

特别地,当 $x_0 = 0$ 时,幂级数变为

$$\sum_{n=0}^{\infty} a_n x^n = a_0 + a_1 x + a_2 x^2 + \cdots + a_n x^n + \cdots$$

称为 x 的**幂级数**.

例如,$\sum_{n=0}^{\infty} x^n = 1 + x + x^2 + \cdots + x^n + \cdots,$

$$\sum_{n=0}^{\infty} \frac{x^n}{n!} = 1 + x + \frac{x^2}{2!} + \cdots + \frac{x^n}{n!} + \cdots$$

都是 x 的幂级数.

4.2.2　函数展开成幂级数

定义 4-2-2　如果 $f(x)$ 在点 x_0 的某邻域内具有各阶导数:$f'(x_0), f''(x_0), \cdots, f^{(n)}(x_0),$ $\cdots$,则幂级数

$$f(x_0) + f'(x_0)(x - x_0) + \frac{f''(x_0)}{2!}(x - x_0)^2 + \cdots + \frac{f^{(n)}(x_0)}{n!}(x - x_0)^n + \cdots$$

称为函数 $f(x)$ 的**泰勒级数**.

在泰勒级数中取 $x_0 = 0$,得

$$f(0) + f'(0)x + \frac{f''(0)}{2!}x^2 + \cdots + \frac{f^{(n)}(0)}{n!}x^n + \cdots,$$

此级数称为 $f(x)$ 的**麦克劳林级数**.

利用麦克劳林展开式将函数 $f(x)$ 展开成幂级数的步骤如下:

第一步:求出 $f(x)$ 的各阶导数:$f'(x), f''(x), \cdots, f^{(n)}(x), \cdots$;

第二步:求函数及其各阶导数在 $x=0$ 处的值:
$$f(0), f'(0), f''(0), \cdots, f^{(n)}(0), \cdots;$$
第三步:写出幂级数
$$f(0) + f'(0)x + \frac{f''(0)}{2!}x^2 + \cdots + \frac{f^{(n)}(0)}{n!}x^n + \cdots.$$

例 4-2-1 【直接展开法】 将函数 $f(x) = e^x$ 展开成 x 的幂级数.

解:所给函数的各阶导数为
$$f^{(n)}(x) = e^x (n=1,2,\cdots),$$
因此
$$f(0) = f^{(n)}(0) = 1 \quad (n=1,2,\cdots),$$
于是得幂级数
$$1 + x + \frac{1}{2!}x^2 + \cdots + \frac{1}{n!}x^n + \cdots.$$

例 4-2-2 【直接展开法】 将函数 $f(x) = \sin x$ 展开成 x 的幂级数.

解:因为 $f^{(n)}(x) = \sin\left(x + n \cdot \frac{\pi}{2}\right)$ $(n=1,2,\cdots)$,所以 $f^{(n)}(0)$ 依次循环地取 $1, 0, -1, \cdots$ $(n=1,2,3,\cdots)$,于是得幂级数
$$x - \frac{x^3}{3!} + \frac{x^5}{5!} - \cdots + (-1)^{n-1}\frac{x^{2n-1}}{(2n-1)!} + \cdots.$$

例 4-2-3 【间接展开法】 将函数 $f(x) = \frac{1}{1+x^2}$ 展开成 x 的幂级数.

解:因为 $\frac{1}{1-x} = 1 + x + x^2 + \cdots + x^n + \cdots (-1 < x < 1)$,把 x 换成 $-x^2$,得
$$\frac{1}{1+x^2} = 1 - x^2 + x^4 - \cdots + (-1)^n x^{2n} + \cdots (-1 < x < 1).$$

【阅读材料】

一、泰勒

布鲁克·泰勒出生于英格米德尔塞克斯的埃德蒙顿,逝世于伦敦,是一名英国数学家,他主要因泰勒公式和泰勒级数出名.

18 世纪早期英国牛顿学派最优秀代表人物之一的英国数学家泰勒,于 1685 年 8 月 18 日在米德尔塞克斯的埃德蒙顿出生,在 1709 年后移居伦敦,获法学硕士学位。他在 1712 年当选为英国皇家学会会员,并于两年后获法学博士学位,同年(即 1714 年)出任英国皇家学会秘书,4 年后因健康理由辞退职务. 1717 年,他以泰勒定理求解了数值方程. 泰勒在 1731 年 12 月 29 日于伦敦逝世.

1712 年泰勒被选入皇家学会,同年他加入判决艾萨克·牛顿和戈特弗里德·莱布尼茨关于微积分发明权的案子的委员会. 从 1714 年 1 月 13 日至 1718 年 10 月 21 日他任皇家学会的

秘书.从1715年开始他的研究转向哲学和宗教.虽然泰勒是一名非常杰出的数学家,但是由于不喜欢明确和完整地把他的思路写下来,因此他的许多证明没有留下来.

二、麦克劳林

科林 麦克劳林(Colin Maclaurin)是苏格兰数学家,于1698年2月生于苏格兰的基尔莫登,于1746年1月14日卒于爱丁堡.麦克劳林是18世纪英国最具有影响力的数学家之一.

麦克劳林是一位牧师的儿子,半岁丧父,9岁丧母,由其叔父抚养成人.其叔父也是一位牧师.麦克劳林是一个"神童",为了当牧师,他在11岁时考入格拉斯哥大学学习神学,但入校不久却对数学发生了浓厚的兴趣,一年后转攻数学.

麦克劳林在17岁时取得了硕士学位并为自己关于重力做功的论文作了精彩的公开答辩.他在19岁时担任阿伯丁大学的数学教授并主持该校马里歇尔学院数学工作,两年后被选为英国皇家学会会员;1722—1726年在巴黎从事研究工作,并在1724年因写了关于物体碰撞的杰出论文而荣获法国科学院资金,回国后任爱丁堡大学教授.1719年,麦克劳林在访问伦敦时见到了牛顿,从此便成为牛顿的门生.1724年,由于牛顿的大力推荐,他继续获得教授席位.麦克劳林在21岁时发表了第一本重要著作《构造几何》,在这本书中描述了作圆锥曲线的一些新的巧妙方法,精辟地讨论了圆锥曲线及高次平面曲线的种种性质.

麦克劳林在1742年撰写的《流数论》以泰勒级数作为基本工具,是对牛顿的流数法作出符合逻辑的系统解释的第一本书.此书之意是为牛顿流数法提供一个几何框架,以答复贝克来大主教等人对牛顿的微积分学原理的攻击.他以熟练的几何方法和穷竭法论证了流数学说,还把级数作为求积分的方法,并独立于柯西以几何形式给出了无穷级数收敛的积分判别法.他得到数学分析中著名的麦克劳林级数展开式,并用待定系数法给予证明.

应用二 练习

一、基础练习

将下列函数展开成 x 的幂级数:

(1) $\cos x$;   (2) $\sin 2x$;   (3) $\dfrac{1}{3+x}$;   (4) e^{2x}.

二、应用练习

利用函数的幂级数展开式,求下列各数的近似值(精确到 10^{-4}):

(1) $\ln 2$;   (2) $\sqrt[3]{e}$;   (3) $\sqrt[9]{510}$;   (4) $\cos 10°$.

应用三　傅里叶级数

在研究电流、电子信号等问题时,经常会遇到以方波、锯齿波和三角波等为代表的周期性变化的问题.19 世纪初,法国数学家傅里叶提出了将任意函数表示成三角级数的思想和方法,这就是将函数展开成傅里叶级数.随着科学技术的发展,傅里叶级数广泛地应用于电学和信号等领域,并在工程技术、自动控制系统的分析和处理中起着重要的作用.

本节首先给出三角级数的定义,其次介绍将周期为 2π 的周期函数展开成傅里叶级数的方法,最后介绍将函数展开成正弦级数与余弦级数的方法.

4.3.1　三角级数

在科学实验和工程技术的某些现象中,常常会遇到一些周期性的运动,如单摆的摆动、弹簧振子的振动、交流电的电压和电流强度等,这些周期性运动在数学上可用周期函数来描述.

最简单的周期运动(简谐运动)可用正弦函数 $f(t) = A\sin(\omega t + \varphi)$ 来表示.式中,A 为振幅,ω 为角频率,φ 为初相角,它的周期为 $T = \dfrac{2\pi}{\omega}$.

在实际问题中,除了正弦函数外,还常常会遇到非正弦函数,它们反映了较为复杂的周期运动,如电子技术中常用的矩形波就是一个非正弦周期函数的例子.

对于非正弦周期函数,可以像将函数展开为幂级数一样,把它用一系列正弦函数之和来表示.

案例 4 – 3 – 1 【脉冲矩形波】　图 4 – 3 – 1 所示是呈周期性变化的脉冲矩形波的图像,它在一个周期 $[-\pi, \pi]$ 内的表达式为

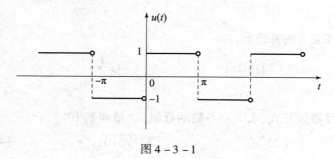

图 4 – 3 – 1

$$u(t) = \begin{cases} -1, & -\pi \leqslant t < 0, \\ 1, & 0 \leqslant t < \pi. \end{cases}$$

如果用不同频率的正弦波 $\dfrac{4}{\pi}\sin t, \dfrac{4}{\pi} \times \dfrac{1}{3}\sin 3t, \dfrac{4}{\pi} \times \dfrac{1}{5}\sin 5t, \dfrac{4}{\pi} \times \dfrac{1}{7}\sin 7t, \cdots$ 进行叠加,就得到一系列的和,即

$$\dfrac{4}{\pi}\sin t,$$

$$\frac{4}{\pi}\left(\sin t + \frac{1}{3}\sin 3t\right),$$

$$\frac{4}{\pi}\left(\sin t + \frac{1}{3}\sin 3t + \frac{1}{5}\sin 5t\right),$$

$$\frac{4}{\pi}\left(\sin t + \frac{1}{3}\sin 3t + \frac{1}{5}\sin 5t + \frac{1}{7}\sin 7t\right),$$

这些正弦函数叠加结果的图像如图 4-3-2 所示.

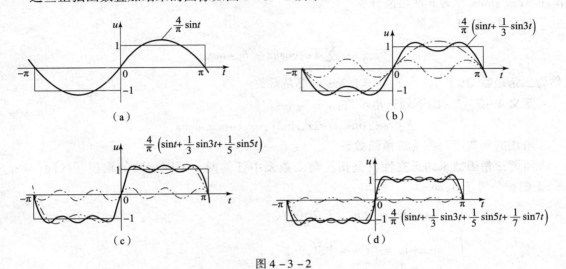

图 4-3-2

从图 4-3-2 容易看出,正弦波叠加的个数越多,它们叠加的结果就越逼近矩形波.然而,用有限个正弦波叠加也只能得到矩形波的近似.为了精确地反映矩形波的变化过程,用无穷多个正弦波的叠加无限逼近矩形波 $u(t)$,即

$$u(t) = \frac{4}{\pi}\left(\sin t + \frac{1}{3}\sin 3t + \frac{1}{5}\sin 5t + \frac{1}{7}\sin 7t + \cdots\right)(-\pi < t < \pi, t \neq 0).$$

由此可见,对于一个非正弦周期函数是可以用无穷多个正弦函数之和来表示的.这就说明,如果能将较为复杂的周期函数表示成一系列正弦函数之和,那么,就可以将复杂的周期运动通过简谐振动来研究.因此,要深入研究复杂的周期运动,首先要研究将周期函数 $f(x)$ 展开为一系列正弦函数之和的问题,即

$$f(t) = A_0 + \sum_{n=1}^{\infty} A_n \sin(n\omega t + \varphi_n),$$

式中,$A_0, A_n, \omega, \varphi_n (n = 1, 2, \cdots)$ 都是常数.

为了便于问题的讨论,将正弦函数 $A_n \sin(n\omega t + \varphi_n)$ 按三角公式变形,得

$$A_n \sin(n\omega t + \varphi_n) = A_n \sin\varphi_n \cos n\omega t + A_n \cos\varphi_n \sin n\omega t,$$

并且令 $\frac{a_0}{2} = A_0, a_n = A_n \sin\varphi_n, b_n = A_n \cos\varphi_n, \omega t = x$,则级数

$$f(t) = A_0 + \sum_{n=1}^{\infty} A_n \sin(n\omega t + \varphi_n)$$

的右端就可以改写为

$$\frac{a_0}{2} + \sum_{n=1}^{\infty}(a_n\cos nx + b_n\sin nx).$$

将周期函数按上述方式展开,它的物理意义就是把一个复杂的周期运动看成许多不同频率的简谐振动的叠加. 在电工学上,这种展开称为谐波分析,其中常数项 $\frac{a_0}{2}$ 称为 $f(t)$ 的直流分量, $A_1\sin(\omega t+\varphi)$ 称为一次谐波(或基波), ω 称为基波频率, $A_n\sin(n\omega t+\varphi_n)$ 称为 n 次谐波, $a_n\cos nx, b_n\sin nx$ 称为 n 次谐波分量.

定义 4-3-1 级数

$$\frac{a_0}{2} + \sum_{n=1}^{\infty}(a_n\cos nx + b_n\sin nx)$$

称为**三角级数**,其中 $a_0, a_n, b_n (n=1,2,\cdots)$ 都是常数.

定义 4-3-2 由下列三角函数:

$$1, \cos x, \sin x, \cos 2x, \sin 2x, \cdots, \cos nx, \sin nx, \cdots$$

组成的函数序列称为**三角函数系**.

所谓三角函数系的正交性就是指三角函数系中任何两个不同函数的乘积在区间 $[-\pi,\pi]$ 上的积分等于 0,即

$$\int_{-\pi}^{\pi}\cos nx\,\mathrm{d}x = 0 \quad (n=1,2,\cdots),$$

$$\int_{-\pi}^{\pi}\sin nx\,\mathrm{d}x = 0 \quad (n=1,2,\cdots),$$

$$\int_{-\pi}^{\pi}\sin kx\cos nx\,\mathrm{d}x = 0 \quad (k,n=1,2,\cdots),$$

$$\int_{-\pi}^{\pi}\sin kx\sin nx\,\mathrm{d}x = 0 \quad (k,n=1,2,\cdots, k\neq n),$$

$$\int_{-\pi}^{\pi}\cos kx\cos nx\,\mathrm{d}x = 0 \quad (k,n=1,2,\cdots, k\neq n).$$

以上等式可通过直接计算定积分来验证,这里仅以等式 $\int_{-\pi}^{\pi}\cos kx\cos nx\,\mathrm{d}x = 0 (k\neq n)$ 为例来说明.

由积化和差公式可得

$$\cos kx\cos nx = \frac{1}{2}[\cos(k+n)x + \cos(k-n)x],$$

因为 $k\neq n$,所以有

$$\int_{-\pi}^{\pi}\cos kx\cos nx\,\mathrm{d}x = \frac{1}{2}\int_{-\pi}^{\pi}[\cos(k+n)x + \cos(k-n)x]\mathrm{d}x$$

$$= \frac{1}{2}\left[\frac{\sin(k+n)x}{k+n} + \frac{\sin(k-n)x}{k-n}\right]_{-\pi}^{\pi} = 0 \quad (k,n=1,2,\cdots, k\neq n).$$

此外,在三角函数系中任何两个相同函数的乘积在区间 $[-\pi,\pi]$ 上的积分不等于 0,即

$$\int_{-\pi}^{\pi}1^2\,\mathrm{d}x = 2\pi,$$

$$\int_{-\pi}^{\pi}\cos^2 nx\,\mathrm{d}x = \pi \quad (n=1,2,\cdots),$$

$$\int_{-\pi}^{\pi} \sin^2 nx\,dx = \pi \ (n=1,2,\cdots).$$

以上结论在计算系数的过程中经常用到,希望读者能熟练掌握.

4.3.2 周期为 2π 的函数展开成傅里叶级数

设 $f(x)$ 是周期为 2π 的周期函数,与幂级数的讨论类似,对于

$$f(x) = \frac{a_0}{2} + \sum_{n=1}^{\infty}(a_n \cos nx + b_n \sin nx)$$

需要解决三个问题:一是函数 $f(x)$ 满足什么条件时,才能展开成三角级数;二是如果能展开,则系数 $a_0, a_n, b_n\ (n=1,2,\cdots)$ 如何确定;三是展开后级数在哪些点上收敛于 $f(x)$.

1. 系数 $a_0, a_n, b_n\ (n=1,2,\cdots)$ 的计算公式

先假定以 2π 为周期的周期函数 $f(x)$ 能展开成三角级数,且可以进行逐项积分,于是有

$$\int_{-\pi}^{\pi} f(x)\,dx = \int_{-\pi}^{\pi} \frac{a_0}{2}\,dx + \sum_{n=1}^{\infty}\left[a_n\int_{-\pi}^{\pi}\cos nx\,dx + b_n\int_{-\pi}^{\pi}\sin nx\,dx\right].$$

由三角函数系的正交性,上式右端除第一项外,其余各项均为 0,所以

$$\int_{-\pi}^{\pi} f(x)\,dx = \frac{a_0}{2}\int_{-\pi}^{\pi} dx = \frac{a_0}{2}\times 2\pi = \pi a_0,$$

即得

$$a_0 = \frac{1}{\pi}\int_{-\pi}^{\pi} f(x)\,dx.$$

用 $\cos kx$ 乘 $f(x) = \dfrac{a_0}{2} + \sum\limits_{n=1}^{\infty}(a_n\cos nx + b_n\sin nx)$ 两端,然后再逐项积分,得

$$\int_{-\pi}^{\pi} f(x)\cos kx\,dx$$

$$= \int_{-\pi}^{\pi}\frac{a_0}{2}\cos kx\,dx + \sum_{n=1}^{\infty}\left[a_n\int_{-\pi}^{\pi}\cos nx\cos kx\,dx + b_n\int_{-\pi}^{\pi}\sin nx\cos kx\,dx\right].$$

由三角函数系的正交性,当 $k=n$ 时,上式右端除 $\int_{-\pi}^{\pi}\cos nx\cos kx\,dx$ 这项外,其余各项均为 0,所以

$$\int_{-\pi}^{\pi} f(x)\cos nx\,dx = a_n\int_{-\pi}^{\pi}\cos nx\cos nx\,dx = a_n\int_{-\pi}^{\pi}\cos^2 nx\,dx = a_n\pi\ (n=1,2,3,\cdots),$$

即得

$$a_n = \frac{1}{\pi}\int_{-\pi}^{\pi} f(x)\cos nx\,dx\ (n=1,2,3,\cdots).$$

用类似的方法,可求得

$$b_n = \frac{1}{\pi}\int_{-\pi}^{\pi} f(x)\sin nx\,dx\ (n=1,2,3,\cdots),$$

由此得到系数 $a_0, a_n, b_n\ (n=1,2,\cdots)$ 的计算公式

$$\begin{cases} a_0 = \dfrac{1}{\pi}\int_{-\pi}^{\pi} f(x)\,\mathrm{d}x, \\ a_n = \dfrac{1}{\pi}\int_{-\pi}^{\pi} f(x)\cos nx\,\mathrm{d}x,\ (n=1,2,3,\cdots). \\ b_n = \dfrac{1}{\pi}\int_{-\pi}^{\pi} f(x)\sin nx\,\mathrm{d}x \end{cases}$$

由上式确定的系数 $a_0, a_n, b_n (n=1,2,\cdots)$ 称为函数 $f(x)$ 的**傅里叶系数**. 由傅里叶系数所确定的三角级数

$$\dfrac{a_0}{2} + \sum_{n=1}^{\infty}(a_n\cos nx + b_n\sin nx)$$

称为函数 $f(x)$ 的**傅里叶级数**.

2. 函数 $f(x)$ 展开成傅里叶级数的条件及其收敛性

一个定义在 $(-\infty, +\infty)$ 上周期为 2π 的函数 $f(x)$,如果它在一个周期上可积,则一定可以作出 $f(x)$ 的傅里叶级数. 然而,函数 $f(x)$ 的傅里叶级数是否收敛? 如果它收敛,它是否收敛于函数 $f(x)$? 下面的定理给出了傅里叶级数收敛的充分条件,它的适用范围也比较广泛.

定理 4-3-1 (收敛定理,狄利克雷充分条件) 设 $f(x)$ 是周期为 2π 的周期函数,如果它满足:

(1) 在一个周期内连续或只有有限个第一类间断点;

(2) 在一个周期内至多只有有限个极值点,

则 $f(x)$ 的傅里叶级数收敛,并且当 x_0 是 $f(x)$ 的连续点时,级数收敛于 $f(x_0)$; 当 x_0 是 $f(x)$ 的间断点时,级数收敛于 $\dfrac{1}{2}[\lim\limits_{x\to x_0^-}f(x) + \lim\limits_{x\to x_0^+}f(x)]$.

收敛定理表明:只要函数在 $[-\pi,\pi]$ 上至多有有限个第一类间断点,并且不作无限次振动,函数的傅里叶级数在连续点处就收敛于该点的函数值,在间断点处收敛于该点左极限与右极限的算术平均值. 在一般情况下,常见的初等函数或分段函数都能满足定理中所要求的条件,这就保证了傅里叶级数应用的广泛性.

在电子、通信、控制等工程技术中的周期信号都能满足这一条件,故以后不再特别注明此条件.

案例 4-3-2 【**脉冲矩形波**】 图 4-3-1 所示是呈周期性变化的脉冲矩形波的图像,它在一个周期 $[-\pi,\pi)$ 内的表达式为

$$u(t) = \begin{cases} -1, & -\pi \le t < 0, \\ 1, & 0 \le t < \pi. \end{cases}$$

现对信号 $u(t)$ 进行谐波分析.

解:显然,信号 $u(t)$ 满足收敛定理的条件. 计算傅里叶系数,得

$$a_0 = \dfrac{1}{\pi}\int_{-\pi}^{\pi} u(t)\,\mathrm{d}t = \dfrac{1}{\pi}\int_{-\pi}^{0}(-1)\,\mathrm{d}t + \dfrac{1}{\pi}\int_{0}^{\pi}\mathrm{d}t = 0,$$

$$a_n = \dfrac{1}{\pi}\int_{-\pi}^{\pi} u(t)\cos nt\,\mathrm{d}t = \dfrac{1}{\pi}\int_{-\pi}^{0}(-1)\cos nt\,\mathrm{d}t + \dfrac{1}{\pi}\int_{0}^{\pi}1\cdot\cos nt\,\mathrm{d}t = 0\ (n=1,2,\cdots),$$

$$b_n = \frac{1}{\pi}\int_{-\pi}^{\pi} u(t)\sin nt\,dt = \frac{1}{\pi}\int_{-\pi}^{0}(-1)\sin nt\,dt + \frac{1}{\pi}\int_{0}^{\pi} 1\cdot\sin nt\,dt$$

$$= \frac{1}{\pi}\left[\frac{\cos nt}{n}\right]_{-\pi}^{0} + \frac{1}{\pi}\left[-\frac{\cos nt}{n}\right]_{0}^{\pi} = \frac{1}{n\pi}[1-\cos n\pi - \cos n\pi + 1] = \frac{2}{n\pi}(1-\cos n\pi)$$

$$= \frac{2}{n\pi}[1-(-1)^n] = \begin{cases}\dfrac{4}{n\pi}, & n\text{ 为奇数}, \\ 0, & n\text{ 为偶数}.\end{cases}$$

于是信号 $u(t)$ 的傅里叶级数展开式为

$$\frac{4}{\pi}\left[\sin t + \frac{1}{3}\sin 3t + \cdots + \frac{1}{2n-1}\sin(2n-1)t + \cdots\right].$$

函数 $u(t)$ 在点 $t = k\pi(k=0,\pm 1,\pm 2,\cdots)$ 处不连续,在其他点处连续,从而由收敛定理知道,当 $t\neq k\pi$ 时,傅里叶级数收敛于 $u(t)$,即

$$\frac{4}{\pi}\left[\sin t + \frac{1}{3}\sin 3t + \cdots + \frac{1}{2n-1}\sin(2n-1)t + \cdots\right] = u(t).$$

当 $t = k\pi$ 时,傅里叶级数收敛于 $\frac{1}{2}[u(t-0)+u(t+0)] = \frac{1}{2}(-1+1) = 0$,即

$$\frac{4}{\pi}\left[\sin t + \frac{1}{3}\sin 3t + \cdots + \frac{1}{2n-1}\sin(2n-1)t + \cdots\right] = 0.$$

所求傅里叶级数的和函数的图形如图 4-3-3 所示. 细心的读者会发现这个图形在 $t = k\pi(k=0,\pm 1,\pm 2,\cdots)$ 各点处与图 4-3-1 不同.

图 4-3-3

信号 $u(t)$ 的傅里叶级数表明,它可以用无穷多奇次谐波的和去替代. 在实际计算中,只可能取有限多个奇次谐波的叠加.

案例 4-3-3【周期脉冲锯齿信号】
某公司的技术人员需分析图 4-3-4 所示的周期脉冲锯齿信号 $f(t)$ 的特征,现对信号 $f(t)$ 进行谐波分析,并指出直流分量、基波和 n 次谐波分量.

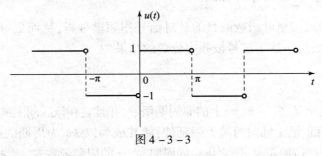

图 4-3-4

解:信号 $f(t)$ 是周期为 2π 的周期函数,它在 $[-\pi,\pi)$ 上的表达式为

$$f(t) = \begin{cases} t, & -\pi \leq t < 0, \\ 0, & 0 \leq t < \pi. \end{cases}$$

现将 $f(t)$ 展开成傅里叶级数:

$$a_0 = \frac{1}{\pi}\int_{-\pi}^{\pi} f(t)dt = \frac{1}{\pi}\int_{-\pi}^{0} tdt = -\frac{\pi}{2};$$

$$a_n = \frac{1}{\pi}\int_{-\pi}^{\pi} f(t)\cos nt\,dt = \frac{1}{\pi}\int_{-\pi}^{0} t\cos nt\,dt$$

$$= \frac{1}{\pi}\left[\frac{t\sin nt}{n} + \frac{\cos nt}{n^2}\right]_{-\pi}^{0} = \frac{1}{n^2\pi}(1-\cos n\pi) = \begin{cases} \dfrac{2}{n^2\pi}, & n=1,3,5,\cdots, \\ 0, & n=2,4,6,\cdots; \end{cases}$$

$$b_n = \frac{1}{\pi}\int_{-\pi}^{\pi} f(t)\sin nt\,dt = \frac{1}{\pi}\int_{-\pi}^{0} t\sin nt\,dt$$

$$= \frac{1}{\pi}\left[-\frac{t\cos nt}{n} + \frac{\sin nt}{n^2}\right]_{-\pi}^{0} = -\frac{\cos n\pi}{n} = \frac{(-1)^{n+1}}{n}\ (n=1,2,\cdots).$$

于是信号 $f(t)$ 的傅里叶级数展开式为

$$-\frac{\pi}{4} + \left(\frac{2}{\pi}\cos t + \sin t\right) + \left(-\frac{1}{2}\sin 2t\right) + \left(\frac{2}{3^2\pi}\cos 3t + \frac{1}{3}\sin 3t\right)$$

$$+ \left(-\frac{1}{4}\sin 4t\right) + \left(\frac{2}{5^2\pi}\cos 5t + \frac{1}{5}\sin 5t\right) + \cdots.$$

直流分量为 $-\dfrac{\pi}{4}$，基波为 $\dfrac{2}{\pi}\cos t + \sin t$. 当 n 为偶数时，n 次谐波分量为 0 和 $-\dfrac{1}{n}\sin nt$；当 n 为奇数时，n 次谐波分量为 $\dfrac{2}{n^2\pi}\cos nt$ 和 $\dfrac{1}{n}\sin nt$.

将周期信号展开成傅里叶级数的目的是对信号作频谱分析，从而更好地分析周期信号的特征，傅里叶级数准确地表达了信号按频率分解的结果.

3. 周期延拓

如果函数 $f(x)$ 是定义在 $[-\pi,\pi]$ 上的非周期函数，并且它在该区间上满足收敛定理的条件，以区间 $(-\pi,\pi)$ 为基础，沿 x 轴向两端无限延伸，使其成为以 2π 为周期的函数. 也就是在区间 $(-\pi,\pi)$ 外补充函数 $f(x)$ 的定义，使它拓广成周期为 2π 的周期函数 $F(x)$，按这种方式拓广函数的定义域的过程称为**周期延拓**. 然后，再将 $F(x)$ 展开成傅里叶级数. 由于在 $(-\pi,\pi)$ 内 $F(x) = f(x)$，只要将 $F(x)$ 的傅里叶级数限制在 $(-\pi,\pi)$ 内，这样便得到 $f(x)$ 在 $(-\pi,\pi)$ 内的傅里叶级数展开式. 根据收敛定理，该级数在区间端点 $x = \pm\pi$ 处收敛于 $\dfrac{1}{2}[f(\pi-0) + f(-\pi+0)]$.

例 4-3-1 将函数

$$f(x) = \begin{cases} -x, & -\pi \leq x < 0, \\ x, & 0 \leq x \leq \pi \end{cases}$$

展开成傅里叶级数.

解：所给函数在区间 $[-\pi,\pi]$ 上满足收敛定理的条件，并且拓广为周期函数时，它在每一点 x 处都连续，如图 4-3-5 所示. 因此拓广的周期函数的傅里叶级数在 $[-\pi,\pi]$ 上收敛于 $f(x)$.

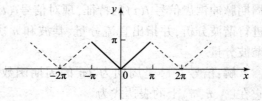

图 4-3-5

$$a_0 = \frac{1}{\pi}\int_{-\pi}^{\pi} f(x)\mathrm{d}x = \frac{1}{\pi}\int_{-\pi}^{0}(-x)\mathrm{d}x + \frac{1}{\pi}\int_{0}^{\pi} x\mathrm{d}x$$

$$= \frac{1}{\pi}\left[-\frac{x^2}{2}\right]_{-\pi}^{0} + \frac{1}{\pi}\left[\frac{x^2}{2}\right]_{0}^{\pi} = \pi,$$

$$a_n = \frac{1}{\pi}\int_{-\pi}^{\pi} f(x)\cos nx\,\mathrm{d}x = \frac{1}{\pi}\int_{-\pi}^{0}(-x)\cos nx\,\mathrm{d}x + \frac{1}{\pi}\int_{0}^{\pi} x\cos nx\,\mathrm{d}x$$

$$= -\frac{1}{\pi}\left[\frac{x\sin nx}{n} + \frac{\cos nx}{n^2}\right]_{-\pi}^{0} + \frac{1}{\pi}\left[\frac{x\sin nx}{n} + \frac{\cos nx}{n^2}\right]_{0}^{\pi}$$

$$= \frac{2}{n^2\pi}(\cos n\pi - 1) = \begin{cases} -\dfrac{4}{n^2\pi}, & n = 1,3,5,\cdots, \\ 0, & n = 2,4,6,\cdots, \end{cases}$$

$$b_n = \frac{1}{\pi}\int_{-\pi}^{\pi} f(x)\sin nx\,\mathrm{d}x = \frac{1}{\pi}\int_{-\pi}^{0}(-x)\sin nx\,\mathrm{d}x + \frac{1}{\pi}\int_{0}^{\pi} x\sin nx\,\mathrm{d}x$$

$$= -\frac{1}{\pi}\left[-\frac{x\cos nx}{n} + \frac{\sin nx}{n^2}\right]_{-\pi}^{0} + \frac{1}{\pi}\left[-\frac{x\cos nx}{n} + \frac{\sin nx}{n^2}\right]_{0}^{\pi}$$

$$= 0\ (n = 1,2,\cdots).$$

于是 $f(x)$ 的傅里叶级数展开式为

$$f(x) = \frac{\pi}{2} - \frac{4}{\pi}\left(\cos x + \frac{1}{3^2}\cos 3x + \frac{1}{5^2}\cos 5x + \cdots\right)\quad (-\pi \leqslant x \leqslant \pi).$$

4.3.3 正弦级数和余弦级数

一般来说,一个函数的傅里叶级数既含有正弦项,又含有余弦项(如案例4-3-2).但是,也有一些函数的傅里叶级数只含有正弦项(如案例4-3-1),或者只含有常数项和余弦项(如例4-3-1).这是什么原因呢?实际上,这些情况是与所给函数$f(x)$的奇偶性有密切关系的.

1. 奇函数展开成傅里叶级数

当$f(x)$为奇函数时,$f(x)\cos nx$ 是奇函数,$f(x)\sin nx$ 是偶函数,故傅里叶系数为

$$a_n = 0 \quad (n=0,1,2,\cdots),$$

$$b_n = \frac{2}{\pi}\int_0^{\pi} f(x)\sin nx\,\mathrm{d}x \quad (n=1,2,3,\cdots).$$

代入$f(x) = \dfrac{a_0}{2} + \sum_{n=1}^{\infty}(a_n\cos nx + b_n\sin nx)$ 得函数$f(x)$的傅里叶级数 $\sum_{n=1}^{\infty} b_n\sin nx$,称为**正弦级数**.因此,奇函数的傅里叶级数是只含有正弦项的正弦级数.

例4-3-2 设$f(x)$是周期为2π的周期函数,它在$[-\pi,\pi)$上的表达式为$f(x) = x$,将$f(x)$展开成傅里叶级数.

解:首先,所给函数满足收敛定理的条件,它在点$x=(2k+1)\pi(k=0,\pm1,\pm2,\cdots)$处不连续,因此$f(x)$的傅里叶级数在函数的连续点$x\ne(2k+1)\pi$处收敛于$f(x)$,在点$x=(2k+1)\pi$ $(k=0,\pm1,\pm2,\cdots)$处收敛于$\dfrac{1}{2}[f(\pi-0)+f(\pi+0)] = \dfrac{1}{2}[\pi+(-\pi)] = 0$.和函数的图形如图4-3-6所示.

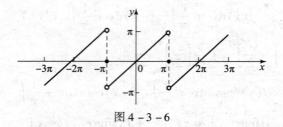

图 4-3-6

其次,若不计 $x=(2k+1)\pi(k=0,\pm1,\pm2,\cdots)$,则 $f(x)$ 是周期为 2π 的奇函数,于是

$$a_n = 0 \quad (n = 0,1,2,\cdots),$$

$$b_n = \frac{2}{\pi}\int_0^\pi f(x)\sin nx\,dx = \frac{2}{\pi}\int_0^\pi x\sin nx\,dx$$

$$= \frac{2}{\pi}\left[-\frac{x\cos nx}{n} + \frac{\sin nx}{n^2}\right]_0^\pi = -\frac{2}{n}\cos n\pi = \frac{2}{n}(-1)^{n+1} \quad (n = 1,2,3,\cdots),$$

所以 $f(x)$ 的傅里叶级数展开式为

$$f(x) = 2\left(\sin x - \frac{1}{2}\sin 2x + \frac{1}{3}\sin 3x - \cdots + (-1)^{n+1}\frac{1}{n}\sin nx + \cdots\right)$$

$$(-\infty < x < +\infty, x \neq \pm\pi, \pm 3\pi, \cdots).$$

2. 偶函数展开成傅里叶级数

当 $f(x)$ 为偶函数时, $f(x)\cos nx$ 是偶函数, $f(x)\sin nx$ 是奇函数,故傅里叶系数为

$$a_n = \frac{2}{\pi}\int_0^\pi f(x)\cos nx\,dx \ (n=0,1,2,3,\cdots),$$

$$b_n = 0 \ (n=1,2,\cdots),$$

代入 $f(x) = \frac{a_0}{2} + \sum_{n=1}^\infty (a_n\cos nx + b_n\sin nx)$ 得函数 $f(x)$ 的傅里叶级数 $\frac{a_0}{2} + \sum_{n=1}^\infty a_n\cos nx$,称为**余弦级数**. 因此,偶函数的傅里叶级数是只含有余弦项的余弦级数.

例 4-3-3 将周期函数 $u(t) = E\left|\sin\frac{1}{2}t\right|$ 展开成傅里叶级数,其中 E 是正常数.

解:所给函数满足收敛定理的条件,它在整个数轴上连续,因此 $u(t)$ 的傅里叶级数处处收敛于 $u(t)$.

因为 $u(t)$ 是周期为 2π 的偶函数,所以 $b_n = 0 (n=1,2,\cdots)$,而

$$a_n = \frac{2}{\pi}\int_0^\pi u(t)\cos nt\,dt = \frac{2}{\pi}\int_0^\pi E\sin\frac{t}{2}\cos nt\,dt$$

$$= \frac{E}{\pi}\int_0^\pi \left[\sin\left(n+\frac{1}{2}\right)t - \sin\left(n-\frac{1}{2}\right)t\right]dt = \frac{E}{\pi}\left[-\frac{\cos\left(n+\frac{1}{2}\right)t}{n+\frac{1}{2}} + \frac{\cos\left(n-\frac{1}{2}\right)t}{n-\frac{1}{2}}\right]_0^\pi$$

$$= \frac{E}{\pi}\left[\frac{1}{n+\frac{1}{2}} - \frac{1}{n-\frac{1}{2}}\right] = -\frac{4E}{(4n^2-1)\pi} \ (n=0,1,2,\cdots),$$

所以 $u(t)$ 的傅里叶级数展开式为

$$u(t) = \frac{4E}{\pi}\left(\frac{1}{2} - \sum_{n=1}^{\infty}\frac{1}{4n^2-1}\cos nt\right) \quad (-\infty < t < +\infty).$$

3. 定义在$[0,\pi]$上的函数$f(x)$展开成正弦级数或余弦级数

在实际应用中，有时需要将定义在区间$[0,\pi]$上的函数展开成正弦级数或余弦级数. 通常的做法是：设函数$f(x)$定义在区间$[0,\pi]$上并且满足收敛定理的条件，在开区间$(-\pi,0)$内补充函数$f(x)$的定义，得到定义在$(-\pi,\pi]$上的函数$F(x)$，使它在$(-\pi,\pi)$内成为奇函数（或偶函数）. 按这种方式拓广函数定义域的过程称为**奇延拓**（或**偶延拓**），如图4-3-7所示. 然后，将$F(x)$展开成正弦级数或余弦级数，再将x限制在$(0,\pi]$上，此时有$F(x)=f(x)$，这样就得到在区间$[0,\pi]$上的函数$f(x)$的正弦级数或余弦级数.

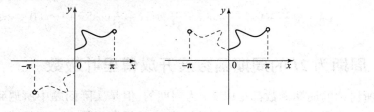

图 4-3-7

例 4-3-4 将函数 $f(x) = x + 1 (0 \leqslant x \leqslant \pi)$ 分别展开成正弦级数和余弦级数.

解：先求正弦级数，为此对函数$f(x)$进行奇延拓，如图4-3-8所示.

$$b_n = \frac{2}{\pi}\int_0^{\pi} f(x)\sin nx\,dx = \frac{2}{\pi}\int_0^{\pi}(x+1)\sin nx\,dx$$

$$= \frac{2}{\pi}\left[-\frac{x\cos nx}{n} + \frac{\sin nx}{n^2} - \frac{\cos nx}{n}\right]_0^{\pi}$$

$$= \frac{2}{n\pi}(1 - \pi\cos n\pi - \cos n\pi) = \begin{cases} \dfrac{2}{\pi}\cdot\dfrac{\pi+2}{n}, & n = 1,3,5,\cdots, \\ -\dfrac{2}{n}, & n = 2,4,6,\cdots. \end{cases}$$

函数的正弦级数展开式为

$$x + 1 = \frac{2}{\pi}\left[(\pi+2)\sin x - \frac{\pi}{2}\sin 2x + \frac{1}{3}(\pi+2)\sin 3x - \frac{\pi}{4}\sin 4x + \cdots\right] \quad (0 < x < \pi).$$

在端点$x=0$及$x=\pi$处，级数的和显然为0，它不代表原来函数$f(x)$的值.

再求余弦级数，为此对$f(x)$进行偶延拓，如图4-3-9所示.

$$a_n = \frac{2}{\pi}\int_0^{\pi} f(x)\cos nx\,dx = \frac{2}{\pi}\int_0^{\pi}(x+1)\cos nx\,dx$$

$$= \frac{2}{\pi}\left[\frac{x\sin nx}{n} + \frac{\cos nx}{n^2} - \frac{\sin nx}{n}\right]_0^{\pi}$$

$$= \frac{2}{n^2\pi}(\cos n\pi - 1) = \begin{cases} 0, & n = 2,4,6,\cdots, \\ -\dfrac{4}{n^2\pi}, & n = 1,3,5,\cdots, \end{cases}$$

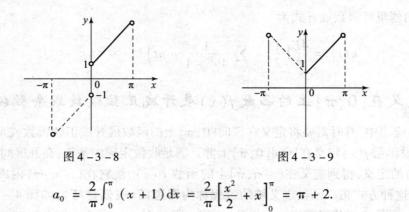

图 4-3-8　　　　　　　　图 4-3-9

$$a_0 = \frac{2}{\pi}\int_0^\pi (x+1)dx = \frac{2}{\pi}\left[\frac{x^2}{2}+x\right]_0^\pi = \pi + 2.$$

函数的余弦级数展开式为

$$x+1 = \frac{\pi}{2}+1-\frac{4}{\pi}\left(\cos x + \frac{1}{3^2}\cos 3x + \frac{1}{5^2}\cos 5x + \cdots\right)(0 \leq x \leq \pi).$$

4.3.4　周期为 $2l$ 的周期函数展开成傅里叶级数

前面所讨论的周期函数都是以 2π 为周期的,但是实际问题中所遇到的周期函数,其周期不一定是 2π. 下面进一步讨论如何把周期为 $2l$ 的周期函数 $f(x)$ 展开成傅里叶级数.

1. 周期为 $2l$ 的周期函数展开成傅里叶级数

设函数 $f(x)$ 是以 $2l$ 为周期的周期函数,它在区间 $[-l, l]$ 上满足收敛定理. 作变量代换 $x = \frac{l}{\pi}t$,则 $t = \frac{\pi}{l}x$,于是 $-l \leq x \leq l$ 就变换成 $-\pi \leq t \leq \pi$.

令函数 $f(x) = f\left(\frac{l}{\pi}t\right) = F(t)$,则 $F(t)$ 是以 2π 为周期的函数,这是因为

$$F(t+2\pi) = f\left[\frac{l}{\pi}(t+2\pi)\right] = f\left(\frac{l}{\pi}t + 2l\right) = f\left(\frac{l}{\pi}t\right) = F(t),$$

且在 $-\pi \leq t \leq \pi$ 上满足收敛定理的条件,于是,$F(t)$ 可展开成傅里叶级数

$$\frac{a_0}{2} + \sum_{n=1}^{\infty}(a_n\cos nt + b_n\sin nt),$$

其中

$$a_n = \frac{1}{\pi}\int_{-\pi}^{\pi}F(t)\cos nt\,dt \quad (n=0,1,2,\cdots),$$

$$b_n = \frac{1}{\pi}\int_{-\pi}^{\pi}F(t)\sin nt\,dt \quad (n=1,2,\cdots).$$

将 $t = \frac{\pi}{l}x$ 代入以上各式,即得以 $2l$ 为周期的函数 $f(x)$ 可展开成傅里叶级数

$$\frac{a_0}{2} + \sum_{n=1}^{\infty}\left(a_n\cos\frac{n\pi x}{l} + b_n\sin\frac{n\pi x}{l}\right),$$

其中

$$a_n = \frac{1}{l}\int_{-l}^{l} f(x)\cos\frac{n\pi x}{l}dx \qquad (n=0,1,2,\cdots),$$

$$b_n = \frac{1}{l}\int_{-l}^{l} f(x)\sin\frac{n\pi x}{l}dx \qquad (n=1,2,\cdots).$$

从而有如下定理：

定理 4 – 3 – 2 设周期为 $2l$ 的周期函数 $f(x)$ 满足收敛定理的条件，则它的傅里叶级数展开式为

$$f(x) = \frac{a_0}{2} + \sum_{n=1}^{\infty}\left(a_n\cos\frac{n\pi x}{l} + b_n\sin\frac{n\pi x}{l}\right),$$

其中系数 a_n, b_n 为

$$a_n = \frac{1}{l}\int_{-l}^{l} f(x)\cos\frac{n\pi x}{l}dx \qquad (n=0,1,2,\cdots),$$

$$b_n = \frac{1}{l}\int_{-l}^{l} f(x)\sin\frac{n\pi x}{l}dx \qquad (n=1,2,\cdots).$$

当 $f(x)$ 为奇函数时，

$$f(x) = \sum_{n=1}^{\infty} b_n\sin\frac{n\pi x}{l},$$

其中

$$b_n = \frac{2}{l}\int_0^l f(x)\sin\frac{n\pi x}{l}dx \qquad (n=1,2,\cdots).$$

当 $f(x)$ 为偶函数时，

$$f(x) = \frac{a_0}{2} + \sum_{n=1}^{\infty} a_n\cos\frac{n\pi x}{l},$$

其中

$$a_n = \frac{2}{l}\int_0^l f(x)\cos\frac{n\pi x}{l}dx \qquad (n=0,1,2,\cdots).$$

例 4 – 3 – 5 设 $f(x)$ 是周期为 4 的周期函数，它在 $[-2, 2)$ 上的表达式为

$$f(x) = \begin{cases} 0, & -2 \leq x < 0, \\ k, & 0 \leq x < 2 \end{cases} \qquad (\text{常数 } k \neq 0).$$

试将 $f(x)$ 展开成傅里叶级数.

解：这里 $l = 2$，函数 $f(x)$ 满足收敛定理的条件. 傅里叶系数为

$$a_0 = \frac{1}{2}\int_{-2}^{0} 0\,dx + \frac{1}{2}\int_0^2 k\,dx = k,$$

$$a_n = \frac{1}{2}\int_0^2 k\cos\frac{n\pi x}{2}dx = \left[\frac{k}{n\pi}\sin\frac{n\pi x}{2}\right]_0^2 = 0 \quad (n \neq 0),$$

$$b_n = \frac{1}{2}\int_0^2 k\sin\frac{n\pi x}{2}dx = \left[-\frac{k}{n\pi}\cos\frac{n\pi x}{2}\right]_0^2 = \frac{k}{n\pi}(1 - \cos n\pi)$$

$$= \frac{k}{n\pi}[1-(-1)^n] = \begin{cases} \dfrac{2k}{n\pi}, & n=1,3,5,\cdots, \\ 0, & n=2,4,6,\cdots, \end{cases}$$

于是,若 x 为函数 $f(x)$ 的连续点,则函数 $f(x)$ 的傅里叶级数展开式为

$$f(x) = \frac{k}{2} + \frac{2k}{\pi}\left(\sin\frac{\pi x}{2} + \frac{1}{3}\sin\frac{3\pi x}{2} + \frac{1}{5}\sin\frac{5\pi x}{2} + \cdots\right)\ (-\infty < x < +\infty, x \neq 0, \pm 2, \pm 4, \cdots).$$

若 x 为函数 $f(x)$ 的间断点,即当 $x=0,\pm 2,\pm 4,\cdots$ 时,函数 $f(x)$ 不连续,所以在这些点处,傅里叶级数收敛于 $\dfrac{k}{2}$. 函数 $f(x)$ 的傅里叶级数的和函数如图 4-3-10 所示.

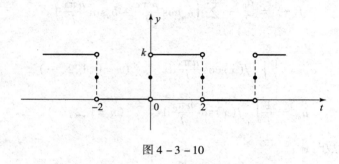

图 4-3-10

2. 任意区间上的函数展开成傅里叶级数

同样,对于定义在区间 $[0,l]$ 上的函数 $f(x)$,若满足收敛定理的条件,可以用奇延拓(或偶延拓)的方法将它展开成正弦级数或余弦级数.

例 4-3-6 将图 4-3-11 所示的函数 $M(x) = \begin{cases} \dfrac{px}{2}, & 0 \leq x < \dfrac{l}{2}, \\ \dfrac{p(l-x)}{2}, & \dfrac{l}{2} \leq x \leq l \end{cases}$ 展开成正弦级数.

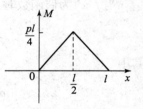

图 4-3-11

解:$M(x)$ 是定义在区间 $[0,l]$ 上的函数,要将它展开成正弦级数,必须对 $M(x)$ 进行奇延拓. 计算延拓后的函数的傅里叶系数:

$$a_n = 0 \quad (n=0,1,2,3,\cdots),$$

$$b_n = \frac{2}{l}\int_0^l M(x)\sin\frac{n\pi x}{l}dx = \frac{2}{l}\left[\int_0^{\frac{l}{2}} \frac{px}{2}\sin\frac{n\pi x}{l}dx + \int_{\frac{l}{2}}^l \frac{p(l-x)}{2}\sin\frac{n\pi x}{l}dx\right].$$

对上式右边的第二项,令 $t = l - x$,则

$$b_n = \frac{2}{l}\left[\int_0^{\frac{l}{2}} \frac{px}{2}\sin\frac{n\pi x}{l}dx + \int_{\frac{l}{2}}^0 \frac{pt}{2}\sin\frac{n\pi(l-t)}{l}(-dt)\right]$$

$$= \frac{2}{l}\left[\int_0^{\frac{l}{2}} \frac{px}{2}\sin\frac{n\pi x}{l}dx + (-1)^{n+1}\int_0^{\frac{l}{2}} \frac{pt}{2}\sin\frac{n\pi t}{l}dt\right].$$

当 $n=2,4,6,\cdots$ 时,$b_n = 0$;当 $n=1,3,5,\cdots$ 时,

$$b_n = \frac{4p}{2l}\int_0^{\frac{l}{2}} x\sin\frac{n\pi x}{l}\mathrm{d}x = \frac{2pl}{n^2\pi^2}\sin\frac{n\pi}{2}.$$

于是得

$$M(x) = \frac{2pl}{\pi^2}\left(\sin\frac{\pi x}{l} - \frac{1}{3^2}\sin\frac{3\pi x}{l} + \frac{1}{5^2}\sin\frac{5\pi x}{l} - \cdots\right) \quad (0 \leqslant x \leqslant l).$$

【阅读材料】

傅里叶

让·巴普蒂斯·约瑟夫·傅里叶(Jean Baptiste Joseph Fourier,1768—1830,图 4-3-12)是法国数学家及物理学家.他最早使用定积分符号,改进了代数方程的符号法则及根数判别方法.他是傅里叶级数(三角级数)的创始人.

傅里叶于 1768 年 3 月 21 日生于欧塞尔,于 1830 年 5 月 16 日卒于巴黎.傅里叶在 9 岁时父母双亡,被当地教堂收养,在 12 岁时被主教送入地方军事学校读书.他在 17 岁时(1785 年)回乡教数学,在 1794 年到巴黎,成为高等师范学校的首批学员,次年到巴黎综合工科学校执教.傅里叶于 1798 年随拿破仑远征埃及,时任军中文书和埃及研究院秘书,于 1801 年回国后任伊泽尔省地方长官.傅里叶于 1817 年当选

图 4-3-12

为科学院院士,于 1822 年任该院终身秘书,后又任法兰西学院终身秘书和理工科大学校务委员会主席.他的主要贡献是在研究热的传播时创立了一套数学理论.傅里叶于 1807 年向巴黎科学院呈交《热的传播》论文,推导出著名的热传导方程,并在求解该方程时发现解函数可以由三角函数构成的级数形式表示,从而提出任一函数都可以展开成三角函数的无穷级数.

傅里叶于 1822 年在代表作《热的分析理论》中解决了热在非均匀加热的固体中分布传播问题,成为分析学在物理中应用的最早范例之一,对 19 世纪数学和理论物理学的发展产生深远影响.傅里叶级数(即三角级数)、傅里叶分析等理论均由此创始.傅里叶的其他贡献有:最早使用定积分符号、改进了代数方程符号法则的证法和实根个数的判别法等.

应用三 练习

一、基础练习

1. 下列函数是以 2π 为周期的函数在一个周期内的表达式,试将其展开为傅里叶级数:

(1) $f(x) = \begin{cases} 0, & -\pi \leq x < 0, \\ \pi, & 0 \leq x < \pi; \end{cases}$

(2) $f(x) = 2\sin\dfrac{x}{2}$ $(-\pi < x \leq \pi)$.

2. 试将函数 $f(x) = \cos\dfrac{x}{2}(-\pi \leq x < \pi)$ 展开为傅里叶级数.

3. 设函数 $f(x)$ 是以 2 为周期的函数,它在一个周期内的表达式为

$$f(x) = \begin{cases} 1, & -1 \leq x < 0, \\ 2, & 0 \leq x < 1. \end{cases}$$

试将其展开为傅里叶级数.

二、应用练习

1. 下列信号函数是以 2π 为周期的函数在一个周期内的表达式,试进行谐波分析,并指出直流分量、基波和 n 次谐波分量:

(1) $f(t) = \begin{cases} t, & -\pi \leq t < 0, \\ -t, & 0 \leq t < \pi; \end{cases}$

(2) $f(t) = \begin{cases} 1-t, & -\pi < t < 0, \\ 1+t, & 0 \leq t \leq \pi. \end{cases}$

2. 试将函数 $f(x) = x(0 \leq x \leq \pi)$ 分别展开为正弦级数和余弦级数.

3. 试将函数 $f(x) = 2-x(0 \leq x \leq 2)$ 展开为余弦级数.

模块五 线性代数

线性代数是高等数学的一个重要分支,实际应用广泛.掌握它的基本理论知识,对生产、生活中遇到的有关数据处理等问题具有重要意义.

本模块首先介绍行列式的概念、性质、运算、克莱姆法则及其应用;然后介绍矩阵的概念、运算、矩阵的初等变换、秩及其应用;最后介绍求解线性方程组的方法及其应用.

应用一 行列式及其应用

行列式简介

5.1.1 行列式的定义

行列式是一个重要的数学工具,不论在数学的各个分支中,还是在其他各学科领域中都会经常用到它.下面从二阶、三阶行列式出发,引出 n 阶行列式的概念.

1. 二阶、三阶行列式

二阶、三阶行列式是在研究二元、三元线性方程组的解时引出的一种数学符号.

二元线性方程组的一般形式为:

$$\begin{cases} a_{11}x_1 + a_{12}x_2 = b_1, \\ a_{21}x_1 + a_{22}x_2 = b_2, \end{cases} \quad (5-1-1)$$

其中 $a_{ij}(i,j=1,2)$ 是未知数的系数,$b_i(i=1,2)$ 是常数,$x_j(j=1,2)$ 是未知数.由加减消元法,可得

$$\begin{cases} (a_{11}a_{22} - a_{12}a_{21})x_1 = b_1 a_{22} - a_{12} b_2, \\ (a_{11}a_{22} - a_{12}a_{21})x_2 = a_{11} b_2 - a_{21} b_1. \end{cases}$$

如果 $a_{11}a_{22} - a_{12}a_{21} \neq 0$,那么,线性方程组的解为

$$\begin{cases} x_1 = \dfrac{b_1 a_{22} - a_{12} b_2}{a_{11}a_{22} - a_{12}a_{21}}, \\ x_2 = \dfrac{a_{11} b_2 - a_{21} b_1}{a_{11}a_{22} - a_{12}a_{21}}. \end{cases} \quad (5-1-2)$$

为了便于记忆这个表达式,引进下面的记号.

定义 5-1-1 记号 $\begin{vmatrix} a_{11} & a_{12} \\ a_{21} & a_{22} \end{vmatrix}$ 称为**二阶行列式**,它表示代数和 $a_{11}a_{22} - a_{12}a_{21}$,把代数和称为二阶行列式的展开式,即 $\begin{vmatrix} a_{11} & a_{12} \\ a_{21} & a_{22} \end{vmatrix} = a_{11}a_{22} - a_{12}a_{21}$,其中 $a_{ij}(i,j=1,2)$ 称为二阶行列式的第 i 行、第 j 列元素,横排称为行,纵排称为列.从左上角到右下角的对角线称为行列式的主对角

线;从右上角到左下角的对角线称为行列式的次对角线.

二阶行列式的计算方法为主对角线两元素的乘积与次对角线两元素的乘积之差,这种计算方法称为对角线法则,即

$$\begin{vmatrix} a_{11} & a_{12} \\ a_{21} & a_{22} \end{vmatrix} = a_{11}a_{22} - a_{12}a_{21}.$$

例如:$\begin{vmatrix} 1 & 2 \\ 3 & 4 \end{vmatrix} = 1 \times 4 - 2 \times 3 = -2.$

根据二阶行列式的定义,式(5-1-2)中的分子、分母可以分别记为

$$D_1 = \begin{vmatrix} b_1 & a_{12} \\ b_2 & a_{22} \end{vmatrix}, D_2 = \begin{vmatrix} a_{11} & b_1 \\ a_{21} & b_2 \end{vmatrix}, D = \begin{vmatrix} a_{11} & a_{12} \\ a_{21} & a_{22} \end{vmatrix}.$$

于是,当二元线性方程组式(5-1-1)的系数组成的行列式 $D \neq 0$ 时,方程组的解可表示为

$$x_1 = \frac{D_1}{D}, x_2 = \frac{D_2}{D}. \tag{5-1-3}$$

例 5-1-1 解二元线性方程组 $\begin{cases} 2x_1 + x_2 = 5, \\ x_1 - 3x_2 = -1. \end{cases}$

解:因为 $D = \begin{vmatrix} 2 & 1 \\ 1 & -3 \end{vmatrix} = 2 \times (-3) - 1 \times 1 = -7 \neq 0$,所以方程组有解.又因为

$$D_1 = \begin{vmatrix} 5 & 1 \\ -1 & -3 \end{vmatrix} = -14, D_2 = \begin{vmatrix} 2 & 5 \\ 1 & -1 \end{vmatrix} = -7,$$

故由式(5-1-3)知方程组的解为

$$x_1 = \frac{D_1}{D} = \frac{-14}{-7} = 2, x_2 = \frac{D_2}{D} = \frac{-7}{-7} = 1.$$

类似地,三元线性方程组的一般形式为

$$\begin{cases} a_{11}x_1 + a_{12}x_2 + a_{13}x_3 = b_1, \\ a_{21}x_1 + a_{22}x_2 + a_{23}x_3 = b_2, \\ a_{31}x_1 + a_{32}x_2 + a_{33}x_3 = b_3. \end{cases} \tag{5-1-4}$$

其中 $a_{ij}(i,j=1,2,3)$ 是未知数的系数,$b_i(i=1,2,3)$ 是常数,$x_j(j=1,2,3)$ 是未知数.

使用消元法,当 $a_{11}a_{22}a_{33} + a_{12}a_{23}a_{31} + a_{13}a_{21}a_{32} - a_{13}a_{22}a_{31} - a_{11}a_{23}a_{32} - a_{12}a_{21}a_{33} \neq 0$ 时,线性方程组的解为

$$\begin{cases} x_1 = \dfrac{b_1 a_{22} a_{33} + a_{12} a_{23} b_3 + a_{13} b_2 a_{32} - a_{13} a_{22} b_3 - b_1 a_{23} a_{32} - a_{12} b_2 a_{33}}{a_{11} a_{22} a_{33} + a_{12} a_{23} a_{31} + a_{13} a_{21} a_{32} - a_{13} a_{22} a_{31} - a_{11} a_{23} a_{32} - a_{12} a_{21} a_{33}}, \\ x_2 = \dfrac{a_{11} b_2 a_{33} + b_1 a_{23} a_{31} + a_{13} a_{21} b_3 - a_{13} b_2 a_{31} - a_{11} a_{23} b_3 - b_1 a_{21} a_{33}}{a_{11} a_{22} a_{33} + a_{12} a_{23} a_{31} + a_{13} a_{21} a_{32} - a_{13} a_{22} a_{31} - a_{11} a_{23} a_{32} - a_{12} a_{21} a_{33}}, \\ x_3 = \dfrac{a_{11} a_{22} b_3 + a_{12} b_2 a_{31} + b_1 a_{21} a_{32} - b_1 a_{22} a_{31} - a_{11} b_2 a_{32} - a_{12} a_{21} b_3}{a_{11} a_{22} a_{33} + a_{12} a_{23} a_{31} + a_{13} a_{21} a_{32} - a_{13} a_{22} a_{31} - a_{11} a_{23} a_{32} - a_{12} a_{21} a_{33}}. \end{cases} \tag{5-1-5}$$

同前面一样,为了便于记忆和应用,引进下面的记号.

定义 5-1-2 记号 $\begin{vmatrix} a_{11} & a_{12} & a_{13} \\ a_{21} & a_{22} & a_{23} \\ a_{31} & a_{32} & a_{33} \end{vmatrix}$ 称为**三阶行列式**,它表示代数和 $a_{11}a_{22}a_{33} + a_{12}a_{23}a_{31} + a_{13}a_{21}a_{32} - a_{13}a_{22}a_{31} - a_{11}a_{23}a_{32} - a_{12}a_{21}a_{33}$.

把代数和称为三阶行列式的展开式,即

$$\begin{vmatrix} a_{11} & a_{12} & a_{13} \\ a_{21} & a_{22} & a_{23} \\ a_{31} & a_{32} & a_{33} \end{vmatrix} = a_{11}a_{22}a_{33} + a_{12}a_{23}a_{31} + a_{13}a_{21}a_{32} - a_{13}a_{22}a_{31} - a_{11}a_{23}a_{32} - a_{12}a_{21}a_{33},$$

其中 $a_{ij}(i,j=1,2,3)$ 称为三阶行列式的第 i 行、第 j 列元素,横排称为行,纵排称为列. 从左上角到右下角的对角线称为行列式的主对角线;从右上角到左下角的对角线称为行列式的次对角线.

三阶行列式可按对角线法则计算. 其方法是:主对角线以及与主对角线平行方向上的三个元素相乘取正号;次对角线以及与次对角线平行方向上的三个元素相乘取负号.

$$= a_{11}a_{22}a_{33} + a_{12}a_{23}a_{31} + a_{13}a_{21}a_{32} - a_{13}a_{22}a_{31} - a_{11}a_{23}a_{32} - a_{12}a_{21}a_{33}.$$

例 5-1-2 计算三阶行列式 $D = \begin{vmatrix} 1 & -1 & 0 \\ 4 & -5 & -1 \\ 2 & 3 & 6 \end{vmatrix}$.

解:
$D = 1 \times (-5) \times 6 + (-1) \times (-1) \times 2 + 0 \times 4 \times 3 - 0 \times (-5) \times 2 - 1 \times (-1) \times 3 - (-1) \times 4 \times 6$
$= -1$.

根据三阶行列式的定义,式(5-1-5)中的分子、分母可以分别记为

$$D_1 = \begin{vmatrix} b_1 & a_{12} & a_{13} \\ b_2 & a_{22} & a_{23} \\ b_3 & a_{32} & a_{33} \end{vmatrix}, \quad D_2 = \begin{vmatrix} a_{11} & b_1 & a_{13} \\ a_{21} & b_2 & a_{23} \\ a_{31} & b_3 & a_{33} \end{vmatrix}, \quad D_3 = \begin{vmatrix} a_{11} & a_{12} & b_1 \\ a_{21} & a_{22} & b_2 \\ a_{31} & a_{32} & b_3 \end{vmatrix}, \quad D = \begin{vmatrix} a_{11} & a_{12} & a_{13} \\ a_{21} & a_{22} & a_{23} \\ a_{31} & a_{32} & a_{33} \end{vmatrix}.$$

其中 D_1, D_2, D_3 是把 D 中第1,2,3列分别换成常数项 b_1, b_2, b_3 得到的行列式.

于是,当三元线性方程组式(5-1-4)的系数组成的行列式 $D \neq 0$ 时,方程组的解可表示为

$$x_1 = \frac{D_1}{D}, x_2 = \frac{D_2}{D}, x_3 = \frac{D_3}{D}. \tag{5-1-6}$$

例 5-1-3 解三元线性方程组 $\begin{cases} x_1 - x_2 + 2x_3 = 13, \\ x_1 + x_2 + x_3 = 10, \\ 2x_1 + 3x_2 - x_3 = 1. \end{cases}$

解:因为该方程组的系数组成的行列式为 $D = \begin{vmatrix} 1 & -1 & 2 \\ 1 & 1 & 1 \\ 2 & 3 & -1 \end{vmatrix} = -5 \neq 0$,所以方程组有解.

又因为 $D_1 = \begin{vmatrix} 13 & -1 & 2 \\ 10 & 1 & 1 \\ 1 & 3 & -1 \end{vmatrix} = -5, D_2 = \begin{vmatrix} 1 & 13 & 2 \\ 1 & 10 & 1 \\ 2 & 1 & -1 \end{vmatrix} = -10, D_3 = \begin{vmatrix} 1 & -1 & 13 \\ 1 & 1 & 10 \\ 2 & 3 & 1 \end{vmatrix} = -35$,故由式(5-1-6)知方程组的解为

$$x_1 = \frac{D_1}{D} = \frac{-5}{-5} = 1, x_2 = \frac{D_2}{D} = \frac{-10}{-5} = 2, x_3 = \frac{D_3}{D} = \frac{-35}{-5} = 7.$$

实际上,三阶行列式的展开式也可以记为

$$a_{11}a_{22}a_{33} + a_{12}a_{23}a_{31} + a_{13}a_{21}a_{32} - a_{13}a_{22}a_{31} - a_{11}a_{23}a_{32} - a_{12}a_{21}a_{33}$$
$$= a_{11}(a_{22}a_{33} - a_{23}a_{32}) - a_{12}(a_{21}a_{33} - a_{23}a_{31}) + a_{13}(a_{21}a_{32} - a_{22}a_{31})$$
$$= a_{11} \begin{vmatrix} a_{22} & a_{23} \\ a_{32} & a_{33} \end{vmatrix} - a_{12} \begin{vmatrix} a_{21} & a_{23} \\ a_{31} & a_{33} \end{vmatrix} + a_{13} \begin{vmatrix} a_{21} & a_{22} \\ a_{31} & a_{32} \end{vmatrix},$$

即可以写成第一行的元素分别与三个二阶行列式乘积的代数和的形式.

令

$$M_{11} = \begin{vmatrix} a_{22} & a_{23} \\ a_{32} & a_{33} \end{vmatrix}, M_{12} = \begin{vmatrix} a_{21} & a_{23} \\ a_{31} & a_{33} \end{vmatrix}, M_{13} = \begin{vmatrix} a_{21} & a_{22} \\ a_{31} & a_{32} \end{vmatrix},$$

它们分别是划去三阶行列式的第一行与第 $j(j=1,2,3)$ 列,也就是划去 a_{1j} 所在的行和列的元素后,所剩元素按原来的相应位置组成的二阶行列式,称 M_{1j} 为 $a_{1j}(j=1,2,3)$ 的余子式.

若记 $A_{1j} = (-1)^{1+j}M_{1j}(j=1,2,3)$,称 A_{1j} 为 $a_{1j}(j=1,2,3)$ 的代数余子式.

利用代数余子式,可得

$$\begin{vmatrix} a_{11} & a_{12} & a_{13} \\ a_{21} & a_{22} & a_{23} \\ a_{31} & a_{32} & a_{33} \end{vmatrix} = a_{11}A_{11} + a_{12}A_{12} + a_{13}A_{13}.$$

等式右边称为三阶行列式按第一行的展开式,所以可用二阶行列式定义三阶行列式,同样可用三阶行列式定义四阶行列式,即

$$\begin{vmatrix} a_{11} & a_{12} & a_{13} & a_{14} \\ a_{21} & a_{22} & a_{23} & a_{24} \\ a_{31} & a_{32} & a_{33} & a_{34} \\ a_{41} & a_{42} & a_{43} & a_{44} \end{vmatrix} = a_{11}\begin{vmatrix} a_{22} & a_{23} & a_{24} \\ a_{32} & a_{33} & a_{34} \\ a_{42} & a_{43} & a_{44} \end{vmatrix} - a_{12}\begin{vmatrix} a_{21} & a_{23} & a_{24} \\ a_{31} & a_{33} & a_{34} \\ a_{41} & a_{43} & a_{44} \end{vmatrix} + a_{13}\begin{vmatrix} a_{21} & a_{22} & a_{24} \\ a_{31} & a_{32} & a_{34} \\ a_{41} & a_{42} & a_{44} \end{vmatrix}$$
$$- a_{14}\begin{vmatrix} a_{21} & a_{22} & a_{23} \\ a_{31} & a_{32} & a_{33} \\ a_{41} & a_{42} & a_{43} \end{vmatrix}$$
$$= a_{11}M_{11} - a_{12}M_{12} + a_{13}M_{13} - a_{14}M_{14}$$
$$= a_{11}A_{11} + a_{12}A_{12} + a_{13}A_{13} + a_{14}A_{14}.$$

其中 $M_{1j}(j=1,2,3,4)$ 是四阶行列式中将 $a_{1j}(j=1,2,3,4)$ 所在的行和列的元素划去后得到的一个三阶行列式,称为 a_{1j} 的余子式,$A_{1j} = (-1)^{1+j}M_{1j}(j=1,2,3,4)$ 称为 a_{1j} 的代数余子式.依此,可由四阶行列式定义五阶行列式等.

例 5-1-4 写出四阶行列式 $\begin{vmatrix} 1 & 0 & 5 & -4 \\ 15 & -9 & 6 & 13 \\ -2 & 3 & 12 & 7 \\ 10 & -14 & 8 & 11 \end{vmatrix}$ 的元素 a_{32} 的余子式和代数余子式.

解：元素 a_{32} 的余子式为划去第三行和第二列后，剩下元素按原来顺序组成的三阶行列式，而元素 a_{32} 的代数余子式为余子式 M_{32} 前面加一个符号因子，即

$$M_{32} = \begin{vmatrix} 1 & 5 & -4 \\ 15 & 6 & 13 \\ 10 & 8 & 11 \end{vmatrix},$$

$$A_{32} = (-1)^{3+2} \begin{vmatrix} 1 & 5 & -4 \\ 15 & 6 & 13 \\ 10 & 8 & 11 \end{vmatrix} = - \begin{vmatrix} 1 & 5 & -4 \\ 15 & 6 & 13 \\ 10 & 8 & 11 \end{vmatrix}.$$

例 5-1-5 计算下列行列式：

$$(1)\ D_1 = \begin{vmatrix} 0 & a_{12} & 0 & 0 \\ 0 & 0 & 0 & a_{24} \\ a_{31} & 0 & 0 & 0 \\ 0 & 0 & a_{43} & 0 \end{vmatrix};\ (2)\ D_2 = \begin{vmatrix} 0 & 0 & 0 & a_{14} \\ 0 & 0 & a_{23} & a_{24} \\ 0 & a_{32} & a_{33} & a_{34} \\ a_{41} & a_{42} & a_{43} & a_{44} \end{vmatrix}.$$

解：(1) 把 D_1 逐次按第一行展开有

$$D_1 = a_{12} \cdot (-1)^{1+2} \cdot \begin{vmatrix} 0 & 0 & a_{24} \\ a_{31} & 0 & 0 \\ 0 & a_{43} & 0 \end{vmatrix} = -a_{12} \cdot a_{24} (-1)^{1+3} \cdot \begin{vmatrix} a_{31} & 0 \\ 0 & a_{43} \end{vmatrix} = -a_{12} a_{24} a_{31} a_{43}.$$

(2) 把 D_2 逐次按第一行展开有

$$D_2 = a_{14} \cdot (-1)^{1+4} \cdot \begin{vmatrix} 0 & 0 & a_{23} \\ 0 & a_{32} & a_{33} \\ a_{41} & a_{42} & a_{43} \end{vmatrix} = -a_{14} \cdot a_{23} (-1)^{1+3} \cdot \begin{vmatrix} 0 & a_{32} \\ a_{41} & a_{42} \end{vmatrix}$$

$$= -a_{14} a_{23} \cdot (0 - a_{32} a_{41}) = a_{14} a_{23} a_{32} a_{41}.$$

2. n 阶行列式的定义

一般地，假设 $n-1$ 阶行列式已定义，现在定义 n 阶行列式.

定义 5-1-3 由 n^2 个元素 a_{ij} ($i,j = 1, 2, \cdots, n$) 排成 n 行 n 列，记号

$$\begin{vmatrix} a_{11} & a_{12} & \cdots & a_{1n} \\ a_{21} & a_{22} & \cdots & a_{2n} \\ \vdots & \vdots & & \vdots \\ a_{n1} & a_{n2} & \cdots & a_{nn} \end{vmatrix}$$

称为 n **阶行列式**，简称行列式. 它表示一个数值，其中 a_{ij} 称为行列式的第 i 行第 j 列的**元素**($i,j = 1, 2, \cdots, n$).

n 阶行列式可简记为 $D = |a_{ij}|$ 或 $\det(a_{ij})$.

当 $n = 1$ 时，规定：$D = |a_{11}| = a_{11}$.

设 $n-1$ 阶行列式已定义,则规定 n 阶行列式

$$D = a_{11}A_{11} + a_{12}A_{12} + \cdots + a_{1n}A_{1n} = \sum_{j=1}^{n} a_{1j}A_{1j},$$

其中 A_{1j} 为元素 a_{1j} 的代数余子式.

例如,当 $n=2$ 时,

$$D = \begin{vmatrix} a_{11} & a_{12} \\ a_{21} & a_{22} \end{vmatrix} = a_{11}A_{11} + a_{12}A_{12} = a_{11}a_{22} - a_{12}a_{21}.$$

这种将 n 阶行列式用 $n-1$ 阶行列式来定义的方法,称为行列式的逆归定义法.

在 n 阶行列式中,$a_{11}, a_{22}, \cdots, a_{nn}$ 称为主对角线上的元素.

下面介绍几种特殊的行列式:

(1) 上三角形行列式:主对角线(从左上角到右下角的对角线)下方的元素全为 0 的行列式.

$$\begin{vmatrix} a_{11} & a_{12} & \cdots & a_{1n} \\ 0 & a_{22} & \cdots & a_{2n} \\ \vdots & \vdots & & \vdots \\ 0 & 0 & \cdots & a_{nn} \end{vmatrix} = a_{11}a_{22}\cdots a_{nn}.$$

(2) 下三角形行列式:主对角线上方的元素全为 0 的行列式.

$$\begin{vmatrix} a_{11} & 0 & \cdots & 0 \\ a_{21} & a_{22} & \cdots & 0 \\ \vdots & \vdots & & \vdots \\ a_{n1} & a_{n2} & \cdots & a_{nn} \end{vmatrix} = a_{11}a_{22}\cdots a_{nn}.$$

(3) 对角形行列式:主对角线外的元素全为 0 的行列式.

$$\begin{vmatrix} a_{11} & 0 & \cdots & 0 \\ 0 & a_{22} & \cdots & 0 \\ \vdots & \vdots & & \vdots \\ 0 & 0 & \cdots & a_{nn} \end{vmatrix} = a_{11}a_{22}\cdots a_{nn}.$$

例 5-1-6 证明:下三角形行列式:$\begin{vmatrix} a_{11} & 0 & \cdots & 0 \\ a_{21} & a_{22} & \cdots & 0 \\ \vdots & \vdots & & \vdots \\ a_{n1} & a_{n2} & \cdots & a_{nn} \end{vmatrix} = a_{11}a_{22}\cdots a_{nn}.$

证:把下三角形行列式逐次按第一行展开有

$$\begin{vmatrix} a_{11} & 0 & \cdots & 0 \\ a_{21} & a_{22} & \cdots & 0 \\ \vdots & \vdots & & \vdots \\ a_{n1} & a_{n2} & \cdots & a_{nn} \end{vmatrix} = a_{11} \cdot (-1)^{1+1} \begin{vmatrix} a_{22} & 0 & \cdots & 0 \\ a_{32} & a_{33} & \cdots & 0 \\ \vdots & \vdots & & \vdots \\ a_{n2} & a_{n3} & \cdots & a_{nn} \end{vmatrix}$$

$$= a_{11}a_{22} \cdot (-1)^{1+1} \begin{vmatrix} a_{33} & 0 & \cdots & 0 \\ a_{43} & a_{44} & \cdots & 0 \\ \vdots & \vdots & & \vdots \\ a_{n3} & a_{n4} & \cdots & a_{nn} \end{vmatrix} = \cdots = a_{11}a_{22}\cdots a_{nn}.$$

5.1.2 行列式的性质与计算

直接利用行列式的定义计算行列式的值,方法可行,但计算量通常很大.利用行列式的性质,可使行列式的计算变得简单.下面介绍行列式的性质以及如何用性质计算行列式.

1. 行列式的性质

如果把 n 阶行列式

$$D = \begin{vmatrix} a_{11} & a_{12} & \cdots & a_{1n} \\ a_{21} & a_{22} & \cdots & a_{2n} \\ \vdots & \vdots & & \vdots \\ a_{n1} & a_{n2} & \cdots & a_{nn} \end{vmatrix}$$

中的行与列按原来的顺序互换,得到新的行列式

$$\begin{vmatrix} a_{11} & a_{21} & \cdots & a_{n1} \\ a_{12} & a_{22} & \cdots & a_{n2} \\ \vdots & \vdots & & \vdots \\ a_{1n} & a_{2n} & \cdots & a_{nn} \end{vmatrix},$$

称为 D 的转置行列式,记作 D^T,即 $D^T = \begin{vmatrix} a_{11} & a_{21} & \cdots & a_{n1} \\ a_{12} & a_{22} & \cdots & a_{n2} \\ \vdots & \vdots & & \vdots \\ a_{1n} & a_{2n} & \cdots & a_{nn} \end{vmatrix}$.

显然 D 也是 D^T 的转置行列式,即 $(D^T)^T = D$.

性质 5-1-1 行列式 D 与其转置行列式 D^T 相等,即 $D = D^T$.

例如:$\begin{vmatrix} 2 & -4 & 2 \\ 3 & -1 & 5 \\ 2 & 1 & 5 \end{vmatrix} = 10$,$\begin{vmatrix} 2 & 3 & 2 \\ -4 & -1 & 1 \\ 2 & 5 & 5 \end{vmatrix} = 10$.

这一性质表明,在行列式 D 中,行与列所处的地位是一样的,因此,凡是对行成立的性质,对列也同样成立,反之亦然.

性质 5-1-2 交换行列式的任意两行(列),行列式的值仅改变符号.

例如:

$$D = \begin{vmatrix} 2 & -4 & 2 \\ 3 & -1 & 5 \\ 2 & 1 & 5 \end{vmatrix} = 10,$$

交换 D 的 1,3 行得

$$D_1 = \begin{vmatrix} 2 & 1 & 5 \\ 3 & -1 & 5 \\ 2 & -4 & 2 \end{vmatrix} = -10,$$

即 $D_1 = -D$.

推论 5-1-1 如果行列式有两行(列)的对应元素相同,则行列式的值等于 0.

因为把行列式 D 中相同的两行(列)互换,其结果仍是 D,但由性质 5-1-2 可知其结果应为 $-D$,因而有 $D = -D$,即 $2D = 0$,所以 $D = 0$.

例如:$\begin{vmatrix} 2 & -4 & 2 \\ 3 & -1 & 3 \\ 2 & 1 & 2 \end{vmatrix} = 0.$

性质 5-1-3 用数 k 乘行列式的某一行(列),等于用数 k 乘此行列式,即

$$D_1 = \begin{vmatrix} a_{11} & a_{12} & \cdots & a_{1n} \\ \vdots & \vdots & & \vdots \\ ka_{i1} & ka_{i2} & \cdots & ka_{in} \\ \vdots & \vdots & & \vdots \\ a_{n1} & a_{n2} & \cdots & a_{nn} \end{vmatrix} = k \begin{vmatrix} a_{11} & a_{12} & \cdots & a_{1n} \\ \vdots & \vdots & & \vdots \\ a_{i1} & a_{i2} & \cdots & a_{in} \\ \vdots & \vdots & & \vdots \\ a_{n1} & a_{n2} & \cdots & a_{nn} \end{vmatrix} = kD,$$

其中数 k 也称为行列式 D_1 的第 i 行的公因子.

推论 5-1-2 行列式中某一行(列)的所有元素的公因子可以提到行列式外面.

例如:$\begin{vmatrix} 2 & -4 & 2 \\ 3 & -1 & 5 \\ 2 & 1 & 5 \end{vmatrix} = 2 \begin{vmatrix} 1 & -2 & 1 \\ 3 & -1 & 5 \\ 2 & 1 & 5 \end{vmatrix}.$

推论 5-1-3 如果行列式中某一行(列)的元素全为 0,则行列式的值等于 0.

例如:$\begin{vmatrix} 1 & 2 & 3 \\ 0 & 0 & 0 \\ 2 & 3 & 1 \end{vmatrix} = 0.$

推论 5-1-4 如果行列式中有两行(列)元素对应成比例,则行列式的值等于 0.

例如:$\begin{vmatrix} 1 & 2 & 3 \\ 2 & 4 & 6 \\ 3 & 2 & 1 \end{vmatrix} = 0.$

性质 5-1-4 如果行列式中某一行(列)的每个元素都可以写成两个数的和,则此行列式可以写成两个行列式的和,这两个行列式的该行(列)的元素分别是两个数中的一个数,其他各行(列)的元素与原行列式相应行(列)的元素相同,即

$$\begin{vmatrix} a_{11} & a_{12} & \cdots & a_{1n} \\ \vdots & \vdots & & \vdots \\ b_{i1}+c_{i1} & b_{i2}+c_{i2} & \cdots & b_{in}+c_{in} \\ \vdots & \vdots & & \vdots \\ a_{n1} & a_{n2} & \cdots & a_{nn} \end{vmatrix} = \begin{vmatrix} a_{11} & a_{12} & \cdots & a_{1n} \\ \vdots & \vdots & & \vdots \\ b_{i1} & b_{i2} & \cdots & b_{in} \\ \vdots & \vdots & & \vdots \\ a_{n1} & a_{n2} & \cdots & a_{nn} \end{vmatrix} + \begin{vmatrix} a_{11} & a_{12} & \cdots & a_{1n} \\ \vdots & \vdots & & \vdots \\ c_{i1} & c_{i2} & \cdots & c_{in} \\ \vdots & \vdots & & \vdots \\ a_{n1} & a_{n2} & \cdots & a_{nn} \end{vmatrix}.$$

例如：$\begin{vmatrix} 3 & 4 & 5 \\ 1 & 2 & 3 \\ 1 & 1 & 1 \end{vmatrix} = \begin{vmatrix} 1+2 & 2+2 & 3+2 \\ 1 & 2 & 3 \\ 1 & 1 & 1 \end{vmatrix} = \begin{vmatrix} 1 & 2 & 3 \\ 1 & 2 & 3 \\ 1 & 1 & 1 \end{vmatrix} + \begin{vmatrix} 2 & 2 & 2 \\ 1 & 2 & 3 \\ 1 & 1 & 1 \end{vmatrix} = 0 + 0 = 0.$

性质 5-1-5 将行列式某一行(列)的各元素同乘以数 k 后,加到另一行(列)对应位置的元素上,行列式的值不变,即

$$\begin{vmatrix} a_{11} & a_{12} & \cdots & a_{1n} \\ \vdots & \vdots & & \vdots \\ a_{i1} & a_{i2} & \cdots & a_{in} \\ ka_{i1}+a_{j1} & ka_{i2}+a_{j2} & \cdots & ka_{in}+a_{jn} \\ \vdots & \vdots & & \vdots \\ a_{n1} & a_{n2} & \cdots & a_{nn} \end{vmatrix} = \begin{vmatrix} a_{11} & a_{12} & \cdots & a_{1n} \\ \vdots & \vdots & & \vdots \\ a_{i1} & a_{i2} & \cdots & a_{in} \\ a_{j1} & a_{j2} & \cdots & a_{jn} \\ \vdots & \vdots & & \vdots \\ a_{n1} & a_{n2} & \cdots & a_{nn} \end{vmatrix}.$$

例如：$\begin{vmatrix} 1 & 2 & 3 \\ 2 & 4 & 4 \\ 1 & 2 & 1 \end{vmatrix} = \begin{vmatrix} 1 & 2 & 3 \\ 1+1 & 2+2 & 1+3 \\ 1 & 2 & 1 \end{vmatrix} = \begin{vmatrix} 1 & 2 & 3 \\ 1 & 2 & 1 \\ 1 & 2 & 1 \end{vmatrix} = 0.$

性质 5-1-6 行列式等于它的任意一行(列)的各元素与其对应的代数余子式的乘积之和.

推论 5-1-5 行列式的任意一行(列)的各元素与另一行(列)对应元素的代数余子式乘积之和等于 0.

例如：$D = \begin{vmatrix} a_{11} & a_{12} & a_{13} \\ a_{21} & a_{22} & a_{23} \\ a_{31} & a_{32} & a_{33} \end{vmatrix} = a_{11}A_{11} + a_{12}A_{12} + a_{13}A_{13},$

$a_{21}A_{11} + a_{22}A_{12} + a_{23}A_{13} = 0.$

为简明起见,以 r_i 表示行列式的第 i 行,以 c_i 表示行列式的第 i 列,交换 i,j 两行记作 $r_i \leftrightarrow r_j$；交换 i,j 两列记作 $c_i \leftrightarrow c_j$；第 i 行(列)乘以 k,记作 kr_i(或 kc_i)；$r_i + kr_j$ 表示第 j 行的 k 倍加到第 i 行上.

2. n 阶行列式的计算

下面介绍如何利用行列式的性质计算行列式.

例 5-1-7 利用行列式的性质计算行列式：

$(1) D_1 = \begin{vmatrix} 3 & 1 & 2 \\ 290 & 106 & 196 \\ 5 & -3 & 2 \end{vmatrix};\ (2) D_2 = \begin{vmatrix} a-b & a & b \\ -a & b-a & a \\ b & -b & -b-a \end{vmatrix} (a,b \neq 0).$

解：(1) 把 D_1 的第 2 行的元素分别看成：$300-10, 100+6, 200-4$,由性质 5-1-4、推论 5-1-2、推论 5-1-4 得

$$D_1 = \begin{vmatrix} 3 & 1 & 2 \\ 300-10 & 100+6 & 200-4 \\ 5 & -3 & 2 \end{vmatrix} = \begin{vmatrix} 3 & 1 & 2 \\ 300 & 100 & 200 \\ 5 & -3 & 2 \end{vmatrix} + \begin{vmatrix} 3 & 1 & 2 \\ -10 & 6 & -4 \\ 5 & -3 & 2 \end{vmatrix}$$

$$= 0 + (-2)\begin{vmatrix} 3 & 1 & 2 \\ 5 & -3 & 2 \\ 5 & -3 & 2 \end{vmatrix} = 0.$$

(2) 利用性质 5-1-5, 把第 2 行加到第 1 行上, 再由推论 5-1-2, 得

$$D_2 \xrightarrow{r_1 + r_2} \begin{vmatrix} -b & b & a+b \\ -a & b-a & a \\ b & -b & -b-a \end{vmatrix} = 0.$$

例 5-1-8 计算四阶行列式 $D = \begin{vmatrix} 1 & 3 & -1 & 2 \\ 1 & 5 & 3 & -4 \\ 0 & 4 & 1 & -1 \\ -5 & 1 & 3 & -3 \end{vmatrix}$.

解: [方法一]

$$D \xrightarrow[r_4+5r_1]{r_2-r_1} \begin{vmatrix} 1 & 3 & -1 & 2 \\ 0 & 2 & 4 & -6 \\ 0 & 4 & 1 & -1 \\ 0 & 16 & -2 & 7 \end{vmatrix} \xrightarrow[r_4-8r_2]{r_3-2r_2} \begin{vmatrix} 1 & 3 & -1 & 2 \\ 0 & 2 & 4 & -6 \\ 0 & 0 & -7 & 11 \\ 0 & 0 & -34 & 55 \end{vmatrix} \xrightarrow{r_4 - \frac{34}{7}r_3} \begin{vmatrix} 1 & 3 & -1 & 2 \\ 0 & 2 & 4 & -6 \\ 0 & 0 & -7 & 11 \\ 0 & 0 & 0 & \frac{11}{7} \end{vmatrix} = -22.$$

这类行列式的基本计算方法之一是根据行列式的特点, 利用行列式的性质, 把行列式逐步化为上(或下)三角形行列式, 由前面的结论可知, 这时行列式的值就是主对角线上元素的乘积. 这种方法一般称为"化三角形法".

[方法二]

$$D \xrightarrow[r_4+5r_1]{r_2-r_1} \begin{vmatrix} 1 & 3 & -1 & 2 \\ 0 & 2 & 4 & -6 \\ 0 & 4 & 1 & -1 \\ 0 & 16 & -2 & 7 \end{vmatrix} = 1 \times (-1)^{1+1} \begin{vmatrix} 2 & 4 & -6 \\ 4 & 1 & -1 \\ 16 & -2 & 7 \end{vmatrix} \xrightarrow[r_3-8r_1]{r_2-2r_1} \begin{vmatrix} 2 & 4 & -6 \\ 0 & -7 & 11 \\ 0 & -34 & 55 \end{vmatrix}$$

$$= 2 \times (-1)^{1+1} \begin{vmatrix} -7 & 11 \\ -34 & 55 \end{vmatrix} = -22 \begin{vmatrix} 7 & 1 \\ 34 & 5 \end{vmatrix} = -22(35-34) = -22.$$

计算这类行列式的另一种基本方法是选择零元素最多的行(或列), 按这一行(或列)展开; 也可以先利用性质把某一行(或列)的元素化为仅有一个非零元素, 然后再按这一行(或列)展开. 这种方法一般称为"降阶法".

例 5-1-9 计算四阶行列式

$$D = \begin{vmatrix} a+b+c+2d & a & b & c \\ c & b+c+d+2a & d & b \\ c & a & a+c+d+2b & d \\ d & a & b & a+b+d+2c \end{vmatrix}.$$

解: $D \xrightarrow{c_1+c_2+c_3+c_4} \begin{vmatrix} 2(a+b+c+d) & a & b & c \\ 2(a+b+c+d) & b+c+d+2a & d & b \\ 2(a+b+c+d) & a & a+c+d+2b & d \\ 2(a+b+c+d) & a & b & a+b+d+2c \end{vmatrix}$

$$= 2(a+b+c+d)\begin{vmatrix} 1 & a & b & c \\ 1 & b+c+d+2a & d & b \\ 1 & a & a+c+d+2b & d \\ 1 & a & b & a+b+d+2c \end{vmatrix}$$

$$\xrightarrow[\substack{r_2-r_1 \\ r_3-r_1 \\ r_4-r_1}]{} 2(a+b+c+d)\begin{vmatrix} 1 & a & b & c \\ 0 & a+b+c+d & d-b & b-c \\ 0 & 0 & a+b+c+d & d-c \\ 0 & 0 & 0 & a+b+c+d \end{vmatrix}$$

$$=2(a+b+c+d)^4.$$

例 5 – 1 – 10 计算五阶行列式 $D = \begin{vmatrix} 1 & 2 & 3 & 4 & 5 \\ 5 & 1 & 2 & 3 & 4 \\ 4 & 5 & 1 & 2 & 3 \\ 3 & 4 & 5 & 1 & 2 \\ 2 & 3 & 4 & 5 & 1 \end{vmatrix}$.

解： $D \xrightarrow{c_1+c_2+c_3+c_4+c_5} \begin{vmatrix} 15 & 2 & 3 & 4 & 5 \\ 15 & 1 & 2 & 3 & 4 \\ 15 & 5 & 1 & 2 & 3 \\ 15 & 4 & 5 & 1 & 2 \\ 15 & 3 & 4 & 5 & 1 \end{vmatrix} = 15 \begin{vmatrix} 1 & 2 & 3 & 4 & 5 \\ 1 & 1 & 2 & 3 & 4 \\ 1 & 5 & 1 & 2 & 3 \\ 1 & 4 & 5 & 1 & 2 \\ 1 & 3 & 4 & 5 & 1 \end{vmatrix}$

$$\xrightarrow[\substack{r_3-r_4 \\ r_4-r_5 \\ r_5-r_1 \\ r_1-r_2}]{} 15 \begin{vmatrix} 0 & 1 & 1 & 1 & 1 \\ 1 & 1 & 2 & 3 & 4 \\ 0 & 1 & -4 & 1 & 1 \\ 0 & 1 & 1 & -4 & 1 \\ 0 & 1 & 1 & 1 & -4 \end{vmatrix} \xrightarrow{\text{按第1列展开}} 15 \times 1 \times (-1)^{2+1} \begin{vmatrix} 1 & 1 & 1 & 1 \\ 1 & -4 & 1 & 1 \\ 1 & 1 & -4 & 1 \\ 1 & 1 & 1 & -4 \end{vmatrix}$$

$$\xrightarrow[\substack{r_2-r_1 \\ r_3-r_1 \\ r_4-r_1}]{} -15 \begin{vmatrix} 1 & 1 & 1 & 1 \\ 0 & -5 & 0 & 0 \\ 0 & 0 & -5 & 0 \\ 0 & 0 & 0 & -5 \end{vmatrix} = -15 \times (-5)^3 = 1\,875.$$

例 5 – 1 – 11 计算 n 阶行列式 $D = \begin{vmatrix} a & b & b & \cdots & b \\ b & a & b & \cdots & b \\ b & b & a & \cdots & b \\ \vdots & \vdots & \vdots & & \vdots \\ b & b & b & \cdots & a \end{vmatrix}$.

解：$D = \begin{vmatrix} a+(n-1)b & b & b & \cdots & b \\ a+(n-1)b & a & b & \cdots & b \\ a+(n-1)b & b & a & \cdots & b \\ \vdots & \vdots & \vdots & & \vdots \\ a+(n-1)b & b & b & \cdots & a \end{vmatrix} = [a+(n-1)b]\begin{vmatrix} 1 & b & b & \cdots & b \\ 1 & a & b & \cdots & b \\ 1 & b & a & \cdots & b \\ \vdots & \vdots & \vdots & & \vdots \\ 1 & b & b & \cdots & a \end{vmatrix}$

$= [a+(n-1)b]\begin{vmatrix} 1 & b & b & \cdots & b \\ 0 & a-b & 0 & \cdots & 0 \\ 0 & 0 & a-b & \cdots & 0 \\ \vdots & \vdots & \vdots & & \vdots \\ 0 & 0 & 0 & \cdots & a-b \end{vmatrix} = [a+(n-1)b](a-b)^{n-1}.$

5.1.3 克莱姆法则

下面介绍克莱姆法则及用其解决实际问题的方法．

含 n 个方程的 n 元线性方程组的一般形式为：

$$\begin{cases} a_{11}x_1 + a_{12}x_2 + \cdots + a_{1n}x_n = b_1, \\ a_{21}x_1 + a_{22}x_2 + \cdots + a_{2n}x_n = b_2, \\ \cdots \\ a_{n1}x_1 + a_{n2}x_2 + \cdots + a_{nn}x_n = b_n. \end{cases} \qquad (5-1-7)$$

其中，$a_{ij}(i,j=1,2,\cdots,n)$ 是未知数的系数，$b_i(i=1,2,\cdots,n)$ 是常数，$x_j(j=1,2,\cdots,n)$ 是未知数．其系数构成的 n 阶行列式

$$D = \begin{vmatrix} a_{11} & a_{12} & \cdots & a_{1n} \\ a_{21} & a_{22} & \cdots & a_{2n} \\ \vdots & \vdots & & \vdots \\ a_{n1} & a_{n2} & \cdots & a_{nn} \end{vmatrix}$$

称为线性方程组式(5-1-7)的系数行列式．

定理 5-1-1 （克莱姆法则）若线性方程组式(5-1-7)的系数行列式 $D \neq 0$，则方程组式(5-1-7)有唯一解

$$x_j = \frac{D_j}{D}(j=1,2\cdots,n), \qquad (5-1-8)$$

其中 $D_j(j=1,2,\cdots,n)$ 是 D 中第 j 列的元素 $a_{1j},a_{2j},\cdots,a_{nj}$ 对应地换成常数项 $b_1,b_2,\cdots,b_n$ 所成的行列式，即

$$D_j = \begin{vmatrix} a_{11} & \cdots & a_{1j-1} & b_1 & a_{1j+1} & \cdots & a_{1n} \\ a_{21} & \cdots & a_{2j-1} & b_2 & a_{2j+1} & \cdots & a_{2n} \\ \vdots & & \vdots & \vdots & \vdots & & \vdots \\ a_{n1} & \cdots & a_{nj-1} & b_n & a_{nj+1} & \cdots & a_{nn} \end{vmatrix}(j=1,2,\cdots,n).$$

证明：以行列式 D 的第 j 列的代数余子式 $A_{1j},A_{2j},\cdots,A_{nj}$ 分别乘方程组式(5-1-7)的第 $1,第2,\cdots,第n$ 个方程，然后相加，得

$$(a_{11}A_{1j} + a_{21}A_{2j} + \cdots + a_{n1}A_{nj})x_1 + \cdots + (a_{1j}A_{1j} + a_{2j}A_{2j} +$$

$$\cdots + a_{nj}A_{nj})x_j + \cdots + (a_{1n}A_{1j} + a_{2n}A_{2j} + \cdots + a_{nn}A_{nj})x_n$$
$$= b_1A_{1j} + b_2A_{2j} + \cdots + b_nA_{nj}.$$

由推论 5-1-5 得
$$Dx_j = D_j(j = 1, 2, \cdots, n). \tag{5-1-9}$$

因为方程组式(5-1-7)与方程组式(5-1-9)同解,所以如果方程组式(5-1-9)有解,则其解必满足式(5-1-7),而当 $D \neq 0$ 时,方程组式(5-1-9)只有形式为式(5-1-8)的解 $x_j = \dfrac{D_j}{D}(j=1,2\cdots,n)$,它也是方程组式(5-1-7)的唯一解.

所以,当方程组式(5-1-7)的系数行列式 $D \neq 0$ 时,方程组有且仅有唯一解
$$x_j = \frac{D_j}{D}(j = 1, 2\cdots, n).$$

例 5-1-12 解线性方程组
$$\begin{cases} x_1 - x_2 + x_3 - 2x_4 = 2, \\ 2x_1 - x_3 + 4x_4 = 4, \\ 3x_1 + 2x_2 + x_3 = -1, \\ -x_1 + 2x_2 - x_3 + 2x_4 = -4. \end{cases}$$

解:因为方程组的系数行列式
$$D = \begin{vmatrix} 1 & -1 & 1 & -2 \\ 2 & 0 & -1 & 4 \\ 3 & 2 & 1 & 0 \\ -1 & 2 & -1 & 2 \end{vmatrix} = \begin{vmatrix} 1 & 0 & 0 & 0 \\ 2 & 2 & -3 & 8 \\ 3 & 5 & -2 & 6 \\ -1 & 1 & 0 & 0 \end{vmatrix} = \begin{vmatrix} 2 & -3 & 8 \\ 5 & -2 & 6 \\ 1 & 0 & 0 \end{vmatrix}$$
$$= \begin{vmatrix} -3 & 8 \\ -2 & 6 \end{vmatrix} = -2 \neq 0,$$

所以由克莱姆法则,得方程组有唯一解.

又因为
$$D_1 = \begin{vmatrix} 2 & -1 & 1 & -2 \\ 4 & 0 & -1 & 4 \\ -1 & 2 & 1 & 0 \\ -4 & 2 & -1 & 2 \end{vmatrix} = -2, D_2 = \begin{vmatrix} 1 & 2 & 1 & -2 \\ 2 & 4 & -1 & 4 \\ 3 & -1 & 1 & 0 \\ -1 & -4 & -1 & 2 \end{vmatrix} = 4,$$

$$D_3 = \begin{vmatrix} 1 & -1 & 2 & -2 \\ 2 & 0 & 4 & 4 \\ 3 & 2 & -1 & 0 \\ -1 & 2 & -4 & 2 \end{vmatrix} = 0, D_4 = \begin{vmatrix} 1 & -1 & 1 & 2 \\ 2 & 0 & -1 & 4 \\ 3 & 2 & 1 & -1 \\ -1 & 2 & -1 & -4 \end{vmatrix} = -1,$$

所以方程组的唯一解是
$$x_1 = \frac{D_1}{D} = 1, x_2 = \frac{D_2}{D} = -2,$$
$$x_3 = \frac{D_3}{D} = 0, x_4 = \frac{D_4}{D} = \frac{1}{2}.$$

如果线性方程组式(5-1-7)的常数项均为零,即

$$\begin{cases} a_{11}x_1 + a_{12}x_2 + \cdots + a_{1n}x_n = 0, \\ a_{21}x_1 + a_{22}x_2 + \cdots + a_{2n}x_n = 0, \\ \cdots \\ a_{n1}x_1 + a_{n2}x_2 + \cdots + a_{nn}x_n = 0. \end{cases} \quad (5-1-10)$$

称为齐次线性方程组.

显然,齐次线性方程组总是有解的,因为 $x_j = 0(j = 1,2,\cdots,n)$ 就是一个解,它称为零解. 对于齐次线性方程组,人们关心的问题通常是,它除去零解以外还有没有其他解,或者说,它有没有非零解.

由克莱姆法则易得:

推论 5 - 1 - 6 若齐次线性方程组式(5 - 1 - 10)的系数行列式 $D \neq 0$,则方程组只有零解.

推论 5 - 1 - 7 若齐次线性方程组式(5 - 1 - 10)有非零解,则它的系数行列式 $D = 0$.

实际上,推论 5 - 1 - 7 是推论 5 - 1 - 6 的逆否命题,并且推论 5 - 1 - 7 的逆命题也成立,即若 $D = 0$,则齐次线性方程组有非零解.

例 5 - 1 - 13 解齐次线性方程组

$$\begin{cases} 2x_1 + x_3 = 0, \\ 3x_1 + 2x_2 + x_3 = 0, \\ x_1 + 2x_2 - x_3 = 0. \end{cases}$$

解:因为系数行列式

$$D = \begin{vmatrix} 2 & 0 & 1 \\ 3 & 2 & 1 \\ 1 & 2 & -1 \end{vmatrix} = \begin{vmatrix} 0 & 0 & 1 \\ 1 & 2 & 1 \\ 3 & 2 & -1 \end{vmatrix} = 1(-1)^{1+3} \begin{vmatrix} 1 & 2 \\ 3 & 2 \end{vmatrix} = -4 \neq 0,$$

所以方程组只有零解,即 $x_1 = x_2 = x_3 = 0$.

例 5 - 1 - 14 问 λ 取何值时,齐次线性方程组

$$\begin{cases} (\lambda + 3)x_1 + 14x_2 + 2x_3 = 0, \\ -2x_1 + (\lambda - 8)x_2 - x_3 = 0, \\ -2x_1 - 3x_2 + (\lambda - 2)x_3 = 0, \end{cases}$$

(1) 只有零解;

(2) 有非零解.

解:因为所给方程组的系数行列式为

$$D = \begin{vmatrix} \lambda + 3 & 14 & 2 \\ -2 & \lambda - 8 & -1 \\ -2 & -3 & \lambda - 2 \end{vmatrix} \xrightarrow{c_1 - 2c_3} \begin{vmatrix} \lambda - 1 & 14 & 2 \\ 0 & \lambda - 8 & -1 \\ 2 - 2\lambda & -3 & \lambda - 2 \end{vmatrix}$$

$$\xrightarrow{r_3 + 2r_1} \begin{vmatrix} \lambda - 1 & 14 & 2 \\ 0 & \lambda - 8 & -1 \\ 0 & 25 & \lambda + 2 \end{vmatrix} \xrightarrow{\text{按第一列展开}} (\lambda - 1) \times (-1)^{1+1} \begin{vmatrix} \lambda - 8 & -1 \\ 25 & \lambda + 2 \end{vmatrix}$$

$$= (\lambda - 1)(\lambda - 3)^2,$$

(1) 当 $\lambda \neq 1$ 且 $\lambda \neq 3$ 时,系数行列式 $D \neq 0$,因此方程组只有零解;

(2) 当 $\lambda = 1$ 或 $\lambda = 3$ 时,系数行列式 $D = 0$,因此方程组有非零解.

案例 5-1-1【联合收入问题】 已知 X、Y、Z 三家公司有如图 5-1-1 所示的股份关系,即 X 公司掌握 Z 公司 50% 的股份,X 公司掌握 Y 公司 70% 的股份,Z 公司掌握 X 公司 30% 的股份,而 X 公司 70% 的股份不受控制.

现设 X、Y、Z 三家公司各自的营业收入分别为 12 万、10 万、8 万元,每家公司的联合收入是其净收入加上在其他公司股份按比例的提成收入,试确定各公司的联合收入及实际收入.

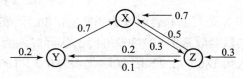

图 5-1-1

解:由图 5-1-1 所示的各公司的股份比例可知,若设 X、Y、Z 三家公司的联合收入分别为 x, y, z,则其实际收入分别为 $0.7x, 0.2y, 0.3z$,故可先求各公司的联合收入.

因公司的联合收入由两部分组成,即公司的营业收入及从其他公司的提成收入,故对每个公司都可列出一个相应的收入方程.

X 公司相应的收入方程为

$$x = 120\,000 + 0.7y + 0.5z,$$

Y 公司相应的收入方程为

$$y = 100\,000 + 0.2z,$$

Z 公司相应的收入方程为

$$z = 80\,000 + 0.3x + 0.1y.$$

由此可得线性方程组

$$\begin{cases} x - 0.7y - 0.5z = 120\,000, \\ y - 0.2z = 100\,000, \\ -0.3x - 0.1y + z = 80\,000. \end{cases}$$

因为系数行列式

$$D = \begin{vmatrix} 1 & -0.7 & -0.5 \\ 0 & 1 & -0.2 \\ -0.3 & -0.1 & 1 \end{vmatrix} = 0.788 \neq 0,$$

故由克莱姆法则可知,方程组有唯一解. 由于

$$D_1 = \begin{vmatrix} 120\,000 & -0.7 & -0.5 \\ 100\,000 & 1 & -0.2 \\ 80\,000 & -0.1 & 1 \end{vmatrix} = 243\,800,$$

$$D_2 = \begin{vmatrix} 1 & 120\,000 & -0.5 \\ 0 & 100\,000 & -0.2 \\ -0.3 & 80\,000 & 1 \end{vmatrix} = 108\,200,$$

$$D_3 = \begin{vmatrix} 1 & -0.7 & 120\,000 \\ 0 & 1 & 100\,000 \\ -0.3 & -0.1 & 80\,000 \end{vmatrix} = 147\,000,$$

解得

$$x = \frac{D_1}{D} = \frac{243\,800}{0.788} = 309\,390.86,$$

$$y = \frac{D_2}{D} = \frac{108\,200}{0.788} = 137\,309.64,$$

$$z = \frac{D_3}{D} = \frac{147\,000}{0.788} = 186\,548.22,$$

即 X 公司的联合收入为 309 390.86 元,实际收入为 $0.7 \times 309\,390.86 = 216\,573.60$ 元;Y 公司的联合收入为 137 309.64 元,实际收入为 $0.2 \times 137\,309.64 = 27\,461.93$(元);Z 公司的联合收入为 186 548.22 元,实际收入为 $0.3 \times 186\,548.22 = 55\,964.47$(元).

案例 5-1-2 【行星轨道问题】 平面上的圆锥曲线对应于一个二元二次方程,其一般形式可写为 $a_1x^2 + a_2xy + a_3y^2 + a_4x + a_5y + a_6 = 0$. 这个方程含有 6 个待定系数,其中独立的系数只有 5 个. 确定这 5 个系数需要 5 个方程,因此只需 5 个点就可确定圆锥曲线方程.

设平面上有 5 个不共线的点 $(x_1, y_1), (x_2, y_2), (x_3, y_3), (x_4, y_4), (x_5, y_5)$,因此圆锥曲线满足方程组

$$\begin{cases} a_1 x^2 + a_2 xy + a_3 y^2 + a_4 x + a_5 y + a_6 = 0, \\ a_1 x_1^2 + a_2 x_1 y_1 + a_3 y_1^2 + a_4 x_1 + a_5 y_1 + a_6 = 0, \\ a_1 x_2^2 + a_2 x_2 y_2 + a_3 y_2^2 + a_4 x_2 + a_5 y_2 + a_6 = 0, \\ a_1 x_3^2 + a_2 x_3 y_3 + a_3 y_3^2 + a_4 x_3 + a_5 y_3 + a_6 = 0, \\ a_1 x_4^2 + a_2 x_4 y_4 + a_3 y_4^2 + a_4 x_4 + a_5 y_4 + a_6 = 0, \\ a_1 x_5^2 + a_2 x_5 y_5 + a_3 y_5^2 + a_4 x_5 + a_5 y_5 + a_6 = 0. \end{cases}$$

这是一个关于 $a_1, a_2, a_3, a_4, a_5, a_6$ 的齐次线性方程组. 由于 $a_1, a_2, a_3, a_4, a_5, a_6$ 不全为 0,即方程组有非零解,故此方程组的系数行列式必为 0,即有

$$\begin{vmatrix} x^2 & xy & y^2 & x & y & 1 \\ x_1^2 & x_1 y_1 & y_1^2 & x_1 & y_1 & 1 \\ x_2^2 & x_2 y_2 & y_2^2 & x_2 & y_2 & 1 \\ x_3^2 & x_3 y_3 & y_3^2 & x_3 & y_3 & 1 \\ x_4^2 & x_4 y_4 & y_4^2 & x_4 & y_4 & 1 \\ x_5^2 & x_5 y_5 & y_5^2 & x_5 & y_5 & 1 \end{vmatrix} = 0.$$

此行列式就是通过 5 点 $(x_1, y_1), (x_2, y_2), (x_3, y_3), (x_4, y_4), (x_5, y_5)$ 的圆锥曲线的方程.

例如,天文学家为确定一颗小行星绕太阳运行的轨道,在其轨道平面内建立一个以太阳为原点的直角坐标系,取天文测量单位为坐标轴的单位(1 天文测量单位为地球到太阳的平均距离). 在不同时间作 5 次观测,测得轨道上 5 个点的坐标分别为 $(5.764, 0.648)$,$(6.286, 1.202)$,$(6.759, 1.823)$,$(7.168, 2.526)$,$(7.480, 3.360)$.

由开普勒第一定律知,小行星运行轨道为一椭圆,将测得的轨道上 5 个点的坐标代入行列式方程有

$$\begin{vmatrix} x^2 & xy & y^2 & x & y & 1 \\ 5.764^2 & 5.764\times 0.648 & 0.648^2 & 5.764 & 0.648 & 1 \\ 6.286^2 & 6.286\times 1.202 & 1.202^2 & 6.286 & 1.202 & 1 \\ 6.759^2 & 6.759\times 1.823 & 1.823^2 & 6.759 & 1.823 & 1 \\ 7.168^2 & 7.168\times 2.526 & 2.526^2 & 7.168 & 2.526 & 1 \\ 7.480^2 & 7.480\times 3.360 & 3.360^2 & 7.480 & 3.360 & 1 \end{vmatrix}=0,$$

展开并化简得

$$x^2 - 1.04xy + 1.30y^2 - 3.90x - 2.93y - 5.49 = 0.$$

【阅读材料】

行列式发展简史

行列式的出现基于求解需要的线性方程组,它最早是一种速记的表达式,现在已经是数学中一种非常有用的工具.

行列式的概念最早是由17世纪日本数学家关孝和提出来的,他在1683年写了一部叫作《解伏题之法》的著作,意思是"解行列式问题的方法",书中对行列式的概念和它的展开已经有了清楚的叙述.

欧洲第一个提出行列式概念的是德国的数学家、微积分学的奠基人之一莱布尼茨(Leibniz,1646—1716).1693年,莱布尼茨解方程组时将系数分离出来用以表示未知量,得到行列式原始概念.当时,莱布尼茨并没有正式提出"行列式"这一术语.

1729年,英国数学家麦克劳林(Maclaurin,1698—1746)以行列式为工具解含有2、3、4个未知量的线性方程组.在1748年发表的麦克劳林遗作中,给出了比莱布尼茨更明确的行列式概念.

1750年,瑞士数学家克莱姆(G. Cramer,1704—1752)在其著作《线性代数分析导引》中,对行列式的定义和展开法则给出了比较完整、明确的阐述,并给出了现在人们所称的解线性方程组的克莱姆法则.

1764年,数学家贝祖(E. Bezout,1730—1783)将确定行列式每一项符号的方法进行了系统化,利用系数行列式的概念指出了如何判断一个齐次线性方程组有非零解.

总之,在很长一段时间内,行列式只是作为解线性方程组的一种工具使用,并没有人意识到它可以独立于线性方程组之外,单独形成一门理论.

在行列式的发展史上,第一个对行列式理论作出连贯的、逻辑的阐述,即把行列式理论与线性方程组求解分离的人,是法国数学家范德蒙(A. T. Vandermonde,1735—1796).特别地,他给出了用二阶子式和它们的余子式展开行列式的法则.就这一点来说,他是这门理论的奠基人.1772年,拉普拉斯在一篇论文中证明了范德蒙提出的一些规则,推广了他的展开行列式的方法.

继范德蒙之后,在行列式的理论方面,另一位作出突出贡献的是法国数学家柯西(Cauchy,1789—1857)。1815 年,柯西在一篇论文中给出了行列式的第一个系统的、几乎是近代的处理,引进了行列式特征方程的术语;给出了相似行列式的概念;改进了拉普拉斯的行列式展开定理并给出了一个证明等,其中主要结果之一是行列式的乘法定理.另外,他第一个把行列式的元素排成方阵,采用双足标记法.英国数学家凯莱(Cayley,1821—1895)在 1841 年在数字方阵两边加上两条竖线,从此,置一对竖线于方阵的两侧,就成了至今都在使用的行列式符号.行列式符号的引入,对数学家来说,它的意义非比寻常.因为一个好的符号,不仅是一种高级工具,在某种程度上来说,它代表着一定的数学思想或模式.

继柯西之后,在行列式理论方面最多产的人就是德国数学家雅可比(J. Jacobi,1804—1851),他引进了函数行列式,即"雅可比行列式",指出函数行列式在多重积分的变量替换中的作用,给出了函数行列式的导数公式.雅可比的著名论文《论行列式的形成和性质》标志着行列式系统理论的形成.

行列式在数学分析、几何学、线性方程组理论、二次型理论等多方面的应用,促使行列式理论在 19 世纪也得到了很大发展.整个 19 世纪都有行列式的新结果.除了一般行列式的大量定理之外,还有许多有关特殊行列式的其他定理相继出现.

应用一 练习

一、基础练习

1. 用对角线法则计算下列行列式:

(1) $\begin{vmatrix} 2 & 4 \\ -3 & 6 \end{vmatrix}$; (2) $\begin{vmatrix} a & a^2 \\ b & b^2 \end{vmatrix}$; (3) $\begin{vmatrix} 1 & 2 & 3 \\ 1 & 1 & 0 \\ -1 & 2 & 1 \end{vmatrix}$; (4) $\begin{vmatrix} a & b & c \\ -a & b & c \\ 0 & 0 & c \end{vmatrix}$.

2. 用行列式解下列方程组:

(1) $\begin{cases} 2x + 3y = -1, \\ x + 5y = 3; \end{cases}$ (2) $\begin{cases} 3x_1 + 2x_2 - 5 = 0, \\ x_1 - x_2 + 10 = 0; \end{cases}$

(3) $\begin{cases} x + 2y + z = 3, \\ -2x + y - z = -3, \\ x - 4y + 2z = -5; \end{cases}$ (4) $\begin{cases} 2x_1 - x_2 = 0, \\ 3x_2 - x_3 + 3 = 0, \\ 3x_1 + 2x_3 + 9 = 0. \end{cases}$

3. 用定义计算下列行列式:

(1) $\begin{vmatrix} 0 & 1 & 0 & 0 \\ 0 & 0 & 2 & 0 \\ 0 & 0 & 0 & 3 \\ 4 & 0 & 0 & 0 \end{vmatrix}$; (2) $\begin{vmatrix} 0 & 0 & 0 & 0 & a_{15} \\ 0 & 0 & 0 & a_{24} & 0 \\ 0 & 0 & a_{33} & 0 & 0 \\ 0 & a_{42} & 0 & 0 & 0 \\ a_{51} & 0 & 0 & 0 & 0 \end{vmatrix}$;

(3) $\begin{vmatrix} 1 & 2 & -1 & 3 \\ 2 & -1 & 3 & -2 \\ 0 & 3 & -1 & 1 \\ 1 & -1 & 1 & 4 \end{vmatrix}$;

(4) $\begin{vmatrix} s & t & u & v \\ 0 & 1 & 1 & 1 \\ 1 & 1 & 0 & 1 \\ 1 & 1 & 1 & 0 \end{vmatrix}$.

4. 用行列式的性质计算下列行列式：

(1) $\begin{vmatrix} 2 & 0 & 1 \\ 3 & 2 & 1 \\ 1 & 2 & -1 \end{vmatrix}$;

(2) $\begin{vmatrix} 2 & -1 & 1 & -2 \\ 4 & 0 & -1 & 4 \\ -1 & 2 & 1 & 0 \\ -4 & 2 & -1 & 2 \end{vmatrix}$;

(3) $\begin{vmatrix} 1 & a & a^2-bc \\ 1 & b & b^2-ca \\ 1 & c & c^2-ab \end{vmatrix}$;

(4) $\begin{vmatrix} 1 & 1 & 1 \\ a & b & c \\ b+c & c+a & a+b \end{vmatrix}$;

(5) $\begin{vmatrix} 1 & 2 & 3 & 4 \\ 2 & 3 & 4 & 1 \\ 3 & 4 & 1 & 2 \\ 4 & 1 & 2 & 3 \end{vmatrix}$;

(6) $\begin{vmatrix} 1+a & 1 & 1 & 1 \\ 1 & 1-a & 1 & 1 \\ 1 & 1 & 1+b & 1 \\ 1 & 1 & 1 & 1-b \end{vmatrix}$;

(7) $\begin{vmatrix} 1 & a & b & c+d \\ 1 & b & c & d+a \\ 1 & c & d & a+b \\ 1 & d & a & b+c \end{vmatrix}$;

(8) $\begin{vmatrix} 1 & 2 & 2 & \cdots & 2 \\ 2 & 2 & 2 & \cdots & 2 \\ 2 & 2 & 3 & \cdots & 2 \\ \vdots & \vdots & \vdots & & \vdots \\ 2 & 2 & 2 & \cdots & n \end{vmatrix}$.

5. 用克莱姆法则解下列线性方程组：

(1) $\begin{cases} x_1+x_2+x_3=3, \\ x_1-x_2+3x_3=7, \\ 2x_1+3x_2-x_3=0; \end{cases}$

(2) $\begin{cases} x_1+2x_2-3x_3=0, \\ 2x_1-x_2+4x_3=0, \\ x_1+x_2+x_3=0; \end{cases}$

(3) $\begin{cases} x_1-x_2+x_3-2x_4=2, \\ 2x_1-x_3+4x_4=4, \\ 3x_1+2x_2+x_3=-1, \\ -x_1+2x_2-x_3+2x_4=-4; \end{cases}$

(4) $\begin{cases} 2x_1+x_2-5x_3+x_4=8, \\ x_1-3x_2-6x_4=9, \\ 2x_2-x_3+2x_4=-5, \\ x_1+4x_2-7x_3+6x_4=0. \end{cases}$

6. 判断下列齐次线性方程组是否有非零解：

(1) $\begin{cases} -x_1+3x_2+x_3+2x_4=0, \\ x_1+x_2+2x_3=0, \\ -x_1+2x_2+3x_4=0, \\ x_1+x_2+3x_3+5x_4=0; \end{cases}$

(2) $\begin{cases} 2x_1-3x_2+4x_3-3x_4=0, \\ 3x_1-x_2+11x_3-13x_4=0, \\ 4x_1+5x_2-7x_3-2x_4=0, \\ 13x_1-25x_2+x_3+11x_4=0. \end{cases}$

7. 求 k 取何值时，齐次线性方程组 $\begin{cases} kx_1+x_2+x_3=0, \\ x_1+kx_2-x_3=0, \\ 2x_1-x_2+x_3=0, \end{cases}$

(1) 只有零解;

(2) 有非零解.

二、应用练习

1.【曲线方程】已知抛物线 $y = ax^2 + bx + c$ 经过 3 点 $A(1,0), B(2,1), C(-1,1)$,求此抛物线方程.

2.【利润问题】某工厂生产甲、乙、丙 3 种钢制品,已知甲种产品的钢材利用率为 60%,乙种产品的钢材利用率为 70%,丙种产品的钢材利用率为 80%. 年进货钢材总吨位为 100 t,年产品总吨位为 67 t. 甲、乙两种产品必须配套生产,乙产品成品总重量是甲产品成品总重量的 70%. 此外还已知生产甲、乙、丙 3 种产品每吨可获得利润分别是 1 万元、1.5 万元、2 万元. 问该工厂本年度可获利润多少万元?

应用二　矩阵与线性方程组

矩阵的概念

5.2.1　矩阵的概念与运算

矩阵是线性代数中的一个重要概念,它是研究线性关系的一个有力工具.它在自然科学、工程技术以及某些社会科学中有着广泛的应用.本节首先介绍矩阵的概念及特殊矩阵,然后介绍矩阵的各种运算.

1. 矩阵的概念

在工程技术、生产活动和日常生活中,常用数表表示一些量或关系,如工厂中的产量统计表、市场上的价目表等.在给出矩阵的定义之前,先看几个例子.

案例 5－2－1【物资调运方案】　在物资调运中,某类物资有 3 个产地、4 个销地,它的调运情况见表 5－2－1.

表 5－2－1

调运吨数　销地 产地	Ⅰ	Ⅱ	Ⅲ	Ⅳ
A	0	3	4	7
B	8	2	3	0
C	5	4	0	6

如果用一个 3 行 4 列的数表表示该调运方案,可以简记为

$$\begin{array}{c} \quad\;\;\text{Ⅰ}\;\;\text{Ⅱ}\;\;\text{Ⅲ}\;\;\text{Ⅳ} \\ \begin{matrix}A\\B\\C\end{matrix}\begin{pmatrix} 0 & 3 & 4 & 7 \\ 8 & 2 & 3 & 0 \\ 5 & 4 & 0 & 6 \end{pmatrix}. \end{array}$$

其中每一行表示各产地调往 4 个销地的调运量,每一列表示 3 个产地调到该销地的调运量.

案例 5－2－2【生活用水电气情况】　北京市某户居民第三季度每个月水(单位:t)、电(单位:kW·h)、天然气(单位:m^3)的使用情况,可以用一个 3 行 3 列的数表表示为

$$\begin{array}{c} \quad\quad\;\;\text{水}\quad\;\text{电}\quad\;\text{气} \\ \begin{matrix}7\text{月}\\8\text{月}\\9\text{月}\end{matrix}\begin{pmatrix} 10 & 190 & 15 \\ 10 & 195 & 16 \\ 9 & 165 & 14 \end{pmatrix}. \end{array}$$

案例 5－2－3【线性方程组】　已知线性方程组

$$\begin{cases} x_1 - x_2 + x_3 - 2x_4 = 2, \\ 2x_1 - x_3 + 4x_4 = 4, \\ 3x_1 + 2x_2 + x_3 = -1, \\ -x_1 + 2x_2 - x_3 + 2x_4 = -4. \end{cases}$$

如果把未知量的系数和常数项按原来的顺序写出,就可以得到一个 4 行 5 列的数表:

$$\begin{array}{c} \ x_1\ \ x_2\ \ x_3\ \ x_4\ \ 常数\\ \begin{array}{c}第一个方程\\第二个方程\\第三个方程\\第四个方程\end{array}\begin{pmatrix} 1 & -1 & 1 & -2 & 2 \\ 2 & 0 & -1 & 4 & 4 \\ 3 & 2 & 1 & 0 & -1 \\ -1 & 2 & -1 & 2 & -4 \end{pmatrix}, \end{array}$$

那么,这个数表就可以清晰地表达这个线性方程组.

上面的案例,虽然实际背景不同,但却有相似的形式,即可以写成一个数表.抛开具体意义,抽象地加以研究,就得到下面的定义.

定义 5 – 2 – 1 有 $m \times n$ 个数 $a_{ij}(i = 1, 2, \cdots, m; j = 1, 2, \cdots, n)$ 排列成一个 m 行 n 列并括以圆括弧(或方括弧)的矩形数表,称为一个 $m \times n$ **矩阵**,通常用大写字母 $A, B, C \cdots$ 表示,记作

$$A = \begin{pmatrix} a_{11} & a_{12} & \cdots & a_{1n} \\ a_{21} & a_{22} & \cdots & a_{2n} \\ \vdots & \vdots & & \vdots \\ a_{m1} & a_{m2} & \cdots & a_{mn} \end{pmatrix}.$$

其中 $a_{ij}(i = 1, 2, \cdots m; j = 1, 2, \cdots, n)$ 称为矩阵的第 i 行第 j 列的元素.需要标明矩阵行数 m 与列数 n 时,可表示为 $A_{m \times n}$ 或 A_{mn},简记作 A;也可以记作 $(a_{ij})_{m \times n}$ 或 $(a_{ij})_{mn}$,简记作 (a_{ij}).

下面介绍几种特殊的矩阵.

所有元素全为 0 的 $m \times n$ 矩阵,称为零矩阵,记作 $O_{m \times n}$ 或 O.

当 $m = 1$ 时,矩阵只有一行,$A = (a_{11}\ \ a_{12}\ \ \cdots\ \ a_{1n})$,矩阵 A 称为行矩阵.

当 $n = 1$ 时,矩阵只有一列,$A = \begin{pmatrix} a_{11} \\ a_{21} \\ \vdots \\ a_{m1} \end{pmatrix}$,矩阵 A 称为列矩阵.

当 $m = n$ 时,矩阵 A 称为 n 阶方阵,记作 A_n,即 $A_n = \begin{pmatrix} a_{11} & a_{12} & \cdots & a_{1n} \\ a_{21} & a_{22} & \cdots & a_{2n} \\ \vdots & \vdots & & \vdots \\ a_{n1} & a_{n2} & \cdots & a_{nn} \end{pmatrix}$.在 n 阶矩阵中,从左上角到右下角的对角线称为主对角线,从右上角到左下角的对角线称为次对角线.

n 阶矩阵 A 的所有元素按原来排列的形式,构成的 n 阶行列式,称为矩阵 A 的行列式,记作 $|A|$ 或 $\det A$,即

$$|A| = \begin{vmatrix} a_{11} & a_{12} & \cdots & a_{1n} \\ a_{21} & a_{22} & \cdots & a_{2n} \\ \vdots & \vdots & & \vdots \\ a_{n1} & a_{n2} & \cdots & a_{nn} \end{vmatrix}.$$

主对角线下(或上)方的元素全都是0的 n 阶矩阵,称为 n 阶上(或下)三角矩阵.上三角矩阵、下三角矩阵统称为三角矩阵,即

$$A = \begin{pmatrix} a_{11} & a_{12} & \cdots & a_{1n} \\ 0 & a_{22} & \cdots & a_{2n} \\ \vdots & \vdots & & \vdots \\ 0 & 0 & \cdots & a_{nn} \end{pmatrix}, B = \begin{pmatrix} a_{11} & 0 & \cdots & 0 \\ a_{21} & a_{22} & \cdots & 0 \\ \vdots & \vdots & & \vdots \\ a_{n1} & a_{n2} & \cdots & a_{nn} \end{pmatrix}.$$

除了主对角线上的元素外,其余元素都为零的 n 阶矩阵,称为 n 阶对角矩阵,即

$$A = \begin{pmatrix} a_{11} & 0 & \cdots & 0 \\ 0 & a_{22} & \cdots & 0 \\ \vdots & \vdots & & \vdots \\ 0 & 0 & \cdots & a_{nn} \end{pmatrix}.$$

主对角线上元素都为1的对角矩阵,称为 n 阶单位矩阵,记作 E_n 或 E,即

$$E_n = \begin{pmatrix} 1 & 0 & \cdots & 0 \\ 0 & 1 & \cdots & 0 \\ \vdots & \vdots & & \vdots \\ 0 & 0 & \cdots & 1 \end{pmatrix}.$$

在矩阵 $A = (a_{ij})_{m \times n}$ 中各个元素的前面都添加上负号(即取相反数)得到的矩阵,称为 A 的负矩阵,记作 $-A$,即 $-A = (-a_{ij})_{m \times n}$.

定义 5-2-2 如果两个矩阵 A,B 有相同的行数与列数,而且对应位置上的元素均相等,则称矩阵 A 与矩阵 B 相等,记作 $A = B$,即如果 $A = (a_{ij})_{m \times n}, B = (b_{ij})_{m \times n}$,且 $a_{ij} = b_{ij}(i = 1, 2, \cdots, m; j = 1, 2, \cdots, n)$,则 $A = B$.

例 5-2-1 设矩阵 $A = \begin{pmatrix} a & -1 & 3 \\ 0 & b & -4 \\ -5 & 8 & 7 \end{pmatrix}, B = \begin{pmatrix} -2 & -1 & c \\ 0 & 1 & -4 \\ d & 8 & 7 \end{pmatrix}$,且 $A = B$,求 a,b,c,d.

解:根据定义 5-2-2,由 $A = B$,即 $\begin{pmatrix} a & -1 & 3 \\ 0 & b & -4 \\ -5 & 8 & 7 \end{pmatrix} = \begin{pmatrix} -2 & -1 & c \\ 0 & 1 & -4 \\ d & 8 & 7 \end{pmatrix}$,得 $a = -2, b = 1, c = 3, d = -5$.

2. 矩阵的运算

1)矩阵的加法

定义 5-2-3 两个 $m \times n$ 矩阵 $A = (a_{ij})_{m \times n}, B = (b_{ij})_{m \times n}$,把它们的对应位置上的元素相加得到的 $m \times n$ 矩阵,称为矩阵 A 与 B 的和,记作 $A + B$,即

$$A + B = (a_{ij})_{m \times n} + (b_{ij})_{m \times n} = (a_{ij} + b_{ij})_{m \times n}.$$

注意：两个矩阵只有在行数相同且列数也相同的条件下才能进行加法运算.

由矩阵的加法及负矩阵的概念，可以定义矩阵的减法：

$$A - B = A + (-B)，即 A = (a_{ij})_{m \times n}, B = (b_{ij})_{m \times n}，则$$

$$A - B = (a_{ij})_{m \times n} + (-b_{ij})_{m \times n} = (a_{ij} - b_{ij})_{m \times n}.$$

例 5 - 2 - 2 已知 $A = \begin{pmatrix} 2 & 3 & 1 \\ 2 & 5 & 7 \end{pmatrix}, B = \begin{pmatrix} 2 & 4 & 7 \\ 3 & 5 & 1 \end{pmatrix}$，求 $A + B, A - B$.

解：$A + B = \begin{pmatrix} 2 & 3 & 1 \\ 2 & 5 & 7 \end{pmatrix} + \begin{pmatrix} 2 & 4 & 7 \\ 3 & 5 & 1 \end{pmatrix}$

$$= \begin{pmatrix} 2+2 & 3+4 & 1+7 \\ 2+3 & 5+5 & 7+1 \end{pmatrix} = \begin{pmatrix} 4 & 7 & 8 \\ 5 & 10 & 8 \end{pmatrix}.$$

$$A - B = \begin{pmatrix} 2 & 3 & 1 \\ 2 & 5 & 7 \end{pmatrix} - \begin{pmatrix} 2 & 4 & 7 \\ 3 & 5 & 1 \end{pmatrix} = \begin{pmatrix} 2-2 & 3-4 & 1-7 \\ 2-3 & 5-5 & 7-1 \end{pmatrix} = \begin{pmatrix} 0 & -1 & -6 \\ -1 & 0 & 6 \end{pmatrix}.$$

容易验证，矩阵的加法满足以下运算律：

设 A, B, C, O 都是 $m \times n$ 矩阵，有：

(1) 加法交换律：$A + B = B + A$；

(2) 加法结合律：$(A + B) + C = A + (B + C)$；

(3) 零矩阵满足：$A + O = A$；

(4) 存在矩阵 $-A$，满足：$A - A = A + (-A) = O$.

案例 5 - 2 - 4【物资调运方案】 某厂现有两种物资（单位：t）要从 3 个产地运往 4 个销地，其调运方案分别为矩阵 A 与 B.

$$A = \begin{pmatrix} 30 & 25 & 17 & 0 \\ 20 & 0 & 14 & 23 \\ 0 & 20 & 20 & 30 \end{pmatrix} \begin{matrix} 一 \\ 二 \\ 三 \end{matrix}, \quad B = \begin{pmatrix} 10 & 15 & 13 & 30 \\ 0 & 40 & 16 & 17 \\ 50 & 10 & 0 & 10 \end{pmatrix} \begin{matrix} 一 \\ 二 \\ 三 \end{matrix}.$$

（列标为 Ⅰ Ⅱ Ⅲ Ⅳ）

试问，从各产地运往各销售地两种物资的总运量是多少？

解：设矩阵 C 为两种物资的总运量，那么矩阵 C 是 A 与 B 的和，即

$$C = A + B = \begin{pmatrix} 30 & 25 & 17 & 0 \\ 20 & 0 & 14 & 23 \\ 0 & 20 & 20 & 30 \end{pmatrix} + \begin{pmatrix} 10 & 15 & 13 & 30 \\ 0 & 40 & 16 & 17 \\ 50 & 10 & 0 & 10 \end{pmatrix}$$

$$= \begin{pmatrix} 30+10 & 25+15 & 17+13 & 0+30 \\ 20+0 & 0+40 & 14+16 & 23+17 \\ 0+50 & 20+10 & 20+0 & 30+10 \end{pmatrix} = \begin{pmatrix} 40 & 40 & 30 & 30 \\ 20 & 40 & 30 & 40 \\ 50 & 30 & 20 & 40 \end{pmatrix}.$$

2) 数与矩阵的乘法

定义 5 - 2 - 4 设 k 是任意实数，用数 k 乘矩阵 $A = (a_{ij})_{m \times n}$ 的每一个元素，所得到的矩阵称为数 k 与矩阵 A 的乘积，记作 kA，即 $kA = k(a_{ij})_{m \times n} = (ka_{ij})_{m \times n}$.

例 5 - 2 - 3 已知 $A = \begin{pmatrix} 3 & -1 & 2 \\ 0 & 1 & 4 \end{pmatrix}, B = \begin{pmatrix} -2 & 1 & 3 \\ 5 & 2 & -1 \end{pmatrix}$，求 $4A - 3B$.

解：

$$4A - 3B = 4\begin{pmatrix} 3 & -1 & 2 \\ 0 & 1 & 4 \end{pmatrix} - 3\begin{pmatrix} -2 & 1 & 3 \\ 5 & 2 & -1 \end{pmatrix}$$

$$= \begin{pmatrix} 12 & -4 & 8 \\ 0 & 4 & 16 \end{pmatrix} - \begin{pmatrix} -6 & 3 & 9 \\ 15 & 6 & -3 \end{pmatrix}$$

$$= \begin{pmatrix} 12-(-6) & -4-3 & 8-9 \\ 0-15 & 4-6 & 16-(-3) \end{pmatrix}$$

$$= \begin{pmatrix} 18 & -7 & -1 \\ -15 & -2 & 19 \end{pmatrix}.$$

容易验证,矩阵的数乘满足以下运算律:

设 A, B, O 都是 $m \times n$ 矩阵,有:

(1) 数对矩阵的分配律:$\lambda(A + B) = \lambda A + \lambda B$;

(2) 矩阵对数的分配律:$(\lambda + \mu)A = \lambda A + \mu A$;

(3) 结合律:$\lambda(\mu A) = (\lambda\mu)A = \mu(\lambda A)$;

(4) $1 \cdot A = A, 0 \cdot A = O$;

(5) 若 A 为 n 阶矩阵,则 $|\lambda A| = \lambda^n |A|$.

例 5-2-4 已知 $A = \begin{pmatrix} -3 & 1 & 2 & 0 \\ 1 & 5 & 7 & 9 \\ 2 & 4 & 6 & 8 \end{pmatrix}, B = \begin{pmatrix} 7 & 5 & -2 & 4 \\ 5 & 1 & 9 & 7 \\ -1 & -3 & -5 & 0 \end{pmatrix}$,且 $A + 2X = B$,求 X.

解:

$$X = \frac{1}{2}(B - A) = \frac{1}{2}\begin{pmatrix} 7-(-3) & 5-1 & -2-2 & 4-0 \\ 5-1 & 1-5 & 9-7 & 7-9 \\ -1-2 & -3-4 & -5-6 & 0-8 \end{pmatrix} = \frac{1}{2}\begin{pmatrix} 10 & 4 & -4 & 4 \\ 4 & -4 & 2 & -2 \\ -3 & -7 & -11 & -8 \end{pmatrix}$$

$$= \begin{pmatrix} 5 & 2 & -2 & 2 \\ 2 & -2 & 1 & -1 \\ -\frac{3}{2} & -\frac{7}{2} & -\frac{11}{2} & -4 \end{pmatrix}.$$

案例 5-2-5【货物的运费】 设从某 4 个地区 A、B、C 和 D 到另 3 个地区甲、乙和丙的距离(单位:km)为

$$\begin{array}{cccc} & 甲 & 乙 & 丙 \\ B = & \begin{pmatrix} 40 & 60 & 105 \\ 175 & 130 & 190 \\ 120 & 70 & 135 \\ 80 & 55 & 100 \end{pmatrix} & \begin{matrix} A \\ B \\ C \\ D \end{matrix} \end{array}.$$

已知货物每吨的运费是 2.40 元/km. 那么,各地区之间每吨货物的运费可记为

$$2.4 \times B = \begin{pmatrix} 2.4 \times 40 & 2.4 \times 60 & 2.4 \times 105 \\ 2.4 \times 175 & 2.4 \times 130 & 2.4 \times 190 \\ 2.4 \times 120 & 2.4 \times 70 & 2.4 \times 135 \\ 2.4 \times 80 & 2.4 \times 55 & 2.4 \times 100 \end{pmatrix} = \begin{pmatrix} 96 & 144 & 252 \\ 420 & 312 & 456 \\ 288 & 168 & 324 \\ 192 & 132 & 240 \end{pmatrix}$$

$$= \begin{pmatrix} 40 & 60 & 105 \\ 175 & 130 & 190 \\ 120 & 70 & 135 \\ 80 & 55 & 100 \end{pmatrix}.$$

3) 矩阵的乘法

案例 5-2-6 【销售收入和利润】 某地区甲、乙、丙三家商场同时销售两种品牌的家用电器,如果用矩阵 A 表示各商场销售这两种家用电器的日平均销售量(单位:台),用矩阵 B 表示两种家用电器的单位售价(单位:千元)和单位利润(单位:千元):

$$A = \begin{pmatrix} \overset{\text{型号一}}{20} & \overset{\text{型号二}}{10} \\ 25 & 11 \\ 18 & 9 \end{pmatrix} \begin{matrix} 甲 \\ 乙 \\ 丙 \end{matrix}, \quad B = \begin{pmatrix} \overset{\text{单价}}{3.5} & \overset{\text{利润}}{0.8} \\ 5 & 1.2 \end{pmatrix} \begin{matrix} 型号一 \\ 型号二 \end{matrix},$$

那么,这三家商场销售两种家用电器的每日总收入和总利润如何计算?

解:甲商场销售两种家用电器的每日总收入为:$20 \times 3.5 + 10 \times 5 = 120$,就是矩阵 A 的第 1 行元素与矩阵 B 的第 1 列对应元素的乘积之和.

甲商场销售两种家用电器的每日总利润为:$20 \times 0.8 + 10 \times 1.2 = 28$,就是矩阵 A 的第 1 行元素与矩阵 B 的第 2 列对应元素的乘积之和.

乙、丙商场的每日总收入和总利润的计算类似.

用矩阵 $C = (c_{ij})_{3 \times 2}$ 表示这三家商场销售两种家用电器的每日总收入和总利润,那么 C 中的元素分别为

总收入 $\begin{cases} c_{11} = 20 \times 3.5 + 10 \times 5 = 120, \\ c_{21} = 25 \times 3.5 + 11 \times 5 = 142.5, \\ c_{31} = 18 \times 3.5 + 9 \times 5 = 108, \end{cases}$

总利润 $\begin{cases} c_{12} = 20 \times 0.8 + 10 \times 1.2 = 28, \\ c_{22} = 25 \times 0.8 + 11 \times 1.2 = 33.2, \\ c_{32} = 18 \times 0.8 + 9 \times 1.2 = 25.2, \end{cases}$

即

$$C = \begin{pmatrix} c_{11} & c_{12} \\ c_{21} & c_{22} \\ c_{31} & c_{32} \end{pmatrix} = \begin{pmatrix} 20 \times 3.5 + 10 \times 5 & 20 \times 0.8 + 10 \times 1.2 \\ 25 \times 3.5 + 11 \times 5 & 25 \times 0.8 + 11 \times 1.2 \\ 18 \times 3.5 + 9 \times 5 & 18 \times 0.8 + 9 \times 1.2 \end{pmatrix} = \begin{pmatrix} 120 & 28 \\ 142.5 & 33.2 \\ 108 & 25.2 \end{pmatrix}.$$

上述实际问题中,矩阵 C 中的第 i 行第 j 列的元素等于矩阵 A 的第 i 行元素与 B 的第 j 列对应元素的乘积之和,矩阵的这种运算就定义为矩阵的乘法.

定义 5-2-5 设 A 是 $m \times s$ 矩阵,B 是 $s \times n$ 矩阵,即

$$A = \begin{pmatrix} a_{11} & a_{12} & \cdots & a_{1s} \\ a_{21} & a_{22} & \cdots & a_{2s} \\ \vdots & \vdots & & \vdots \\ a_{m1} & a_{m2} & \cdots & a_{ms} \end{pmatrix}, \quad B = \begin{pmatrix} b_{11} & b_{12} & \cdots & b_{1n} \\ b_{21} & b_{22} & \cdots & b_{2n} \\ \vdots & \vdots & & \vdots \\ b_{s1} & b_{s2} & \cdots & b_{sn} \end{pmatrix},$$

则称 $m \times n$ 矩阵 $C = \begin{pmatrix} c_{11} & c_{12} & \cdots & c_{1n} \\ c_{21} & c_{22} & \cdots & c_{2n} \\ \vdots & \vdots & & \vdots \\ c_{m1} & c_{m2} & \cdots & c_{mn} \end{pmatrix}$ 为矩阵 A 与 B 的乘积,其中

$$c_{ij} = a_{i1}b_{1j} + a_{i2}b_{2j} + \cdots + a_{is}b_{sj} = \sum_{k=1}^{S} a_{ik}b_{kj}$$
$$(i = 1,2,\cdots,m; j = 1,2,\cdots,n).$$

记作 $C = AB$.

从定义归纳以下三点:

(1) 只有当左矩阵 A 的列数等于右矩阵 B 的行数时,A,B 才能作乘法运算 $C = AB$;

(2) 两个矩阵的乘积 $C = AB$ 也是矩阵,它的行数等于左矩阵 A 的行数,它的列数等于右矩阵 B 的列数;

(3) 乘积矩阵 $C = AB$ 中的第 i 行第 j 列的元素等于 A 的第 i 行元素与 B 的第 j 列对应元素的乘积之和,故简称为行乘列法则.

例 5 – 2 – 5 已知 $A = \begin{pmatrix} 4 & 3 & 1 \\ 2 & 1 & 3 \\ 3 & 1 & 2 \end{pmatrix}$, $B = \begin{pmatrix} 2 & 2 \\ 1 & 3 \\ 0 & 1 \end{pmatrix}$,求 AB 和 BA.

解:

$$AB = \begin{pmatrix} 4 & 3 & 1 \\ 2 & 1 & 3 \\ 3 & 1 & 2 \end{pmatrix} \begin{pmatrix} 2 & 2 \\ 1 & 3 \\ 0 & 1 \end{pmatrix} = \begin{pmatrix} 4 \times 2 + 3 \times 1 + 1 \times 0 & 4 \times 2 + 3 \times 3 + 1 \times 1 \\ 2 \times 2 + 1 \times 1 + 3 \times 0 & 2 \times 2 + 1 \times 3 + 3 \times 1 \\ 3 \times 2 + 1 \times 1 + 2 \times 0 & 3 \times 2 + 1 \times 3 + 2 \times 1 \end{pmatrix}$$

$$= \begin{pmatrix} 11 & 18 \\ 5 & 10 \\ 7 & 11 \end{pmatrix}.$$

由于 B 的列数与 A 的行数不相同,故 BA 不存在.

例 5 – 2 – 6 已知 $A = (1 \quad 3 \quad 2 \quad 1)$, $B = \begin{pmatrix} 2 \\ -1 \\ 4 \\ 3 \end{pmatrix}$,求 AB 和 BA.

解:

$$AB = (1 \quad 3 \quad 2 \quad 1) \begin{pmatrix} 2 \\ -1 \\ 4 \\ 3 \end{pmatrix} = (1 \times 2 + 3 \times (-1) + 2 \times 4 + 1 \times 3) = (10),$$

$$BA = \begin{pmatrix} 2 \\ -1 \\ 4 \\ 3 \end{pmatrix} (1 \quad 3 \quad 2 \quad 1) = \begin{pmatrix} 2 \times 1 & 2 \times 3 & 2 \times 2 & 2 \times 1 \\ -1 \times 1 & -1 \times 3 & -1 \times 2 & -1 \times 1 \\ 4 \times 1 & 4 \times 3 & 4 \times 2 & 4 \times 1 \\ 3 \times 1 & 3 \times 3 & 3 \times 2 & 3 \times 1 \end{pmatrix} = \begin{pmatrix} 2 & 6 & 4 & 2 \\ -1 & -3 & -2 & -1 \\ 4 & 12 & 8 & 4 \\ 3 & 9 & 6 & 3 \end{pmatrix}.$$

例 5-2-7 已知 $A = \begin{pmatrix} 1 & 0 & 0 \\ 0 & 1 & 0 \end{pmatrix}, B = \begin{pmatrix} 1 & 0 \\ 0 & 1 \\ 1 & 0 \end{pmatrix}, C = \begin{pmatrix} 1 & 0 \\ 0 & 1 \\ 0 & 0 \end{pmatrix}$ 求 AB 和 AC.

解：

$$AB = \begin{pmatrix} 1 & 0 & 0 \\ 0 & 1 & 0 \end{pmatrix} \begin{pmatrix} 1 & 0 \\ 0 & 1 \\ 1 & 0 \end{pmatrix} = \begin{pmatrix} 1 & 0 \\ 0 & 1 \end{pmatrix},$$

$$AC = \begin{pmatrix} 1 & 0 & 0 \\ 0 & 1 & 0 \end{pmatrix} \begin{pmatrix} 1 & 0 \\ 0 & 1 \\ 0 & 0 \end{pmatrix} = \begin{pmatrix} 1 & 0 \\ 0 & 1 \end{pmatrix}.$$

由以上例题看出，对矩阵的乘法应注意以下几点：
(1) 矩阵的乘法不满足交换律，即 $AB \neq BA$.
(2) 矩阵的乘法不满足消去律，即在一般情况下，不能由 $AB = AC$ 及 $A \neq O$，推得 $B = C$.
(3) 两个非零矩阵的乘积有可能是零矩阵，例如：

$$\begin{pmatrix} -1 & 1 \\ 0 & 0 \end{pmatrix} \begin{pmatrix} -1 & 0 \\ -1 & 0 \end{pmatrix} = \begin{pmatrix} 0 & 0 \\ 0 & 0 \end{pmatrix}.$$

容易验证，矩阵的乘法满足以下运算律：
(1) 结合律：$(AB)C = A(BC)$；
(2) 左乘分配律：$A(B + C) = AB + AC$；
(3) 右乘分配律：$(B + C)A = BA + CA$；
(4) 数乘结合律：$k(AB) = (kA)B = A(kB)$，其中 k 是一个常数；
(5) $E_m A_{m \times n} = A, A_{m \times n} E_n = A$.
(6) 若 A, B 为 n 阶矩阵，则 $|AB| = |A| \cdot |B|$.

案例 5-2-7【运动会成绩】 表 5-2-2 所示是某系一年级三个班在学校运动会上获得名次的统计（单位：人次）.

表 5-2-2

名次 班级	第一名	第二名	第三名	第四名
①班	3	1	1	3
②班	1	4	5	5
③班	2	3	2	4

(1) 请分别算出②班、③班第一名、第二名共为本班得多少分（第一～第四名的分值依次为 7, 5, 4, 3）.
(2) 计算出各班团体总分.

解：(1) 以上表格及运算过程可以用以下矩形的数表来表达：

$$\begin{pmatrix} 1 & 4 \\ 2 & 3 \end{pmatrix} \begin{pmatrix} 7 \\ 5 \end{pmatrix} = \begin{pmatrix} 27 \\ 29 \end{pmatrix},$$

故②、③班第一名、第二名共为本班得 27 分、29 分.

（2） $$\begin{pmatrix} 3 & 1 & 1 & 3 \\ 1 & 4 & 5 & 5 \\ 2 & 3 & 2 & 4 \end{pmatrix} \begin{pmatrix} 7 \\ 5 \\ 4 \\ 3 \end{pmatrix} = \begin{pmatrix} 39 \\ 62 \\ 49 \end{pmatrix},$$

故①、②、③各班团体总分分别为 39 分、62 分、49 分.

4）矩阵的转置

案例 5-2-8【车间原料需求量】 若用矩阵 A 表示某车间三个班组生产甲、乙两种产品一天的产量，用矩阵 F 表示甲和乙的单位产品所需的原料 1 和原料 2 的克数，即

$$A = \begin{pmatrix} 甲 & 乙 \\ 200 & 150 \\ 250 & 120 \\ 100 & 180 \end{pmatrix} \begin{matrix} 一班 \\ 二班 \\ 三班 \end{matrix}, \quad F = \begin{pmatrix} 甲 & 乙 \\ 5 & 3 \\ 2 & 4 \end{pmatrix} \begin{matrix} 原料1(g) \\ 原料2(g) \end{matrix}.$$

若用矩阵 G 表示三个班组一天所需原料 1 和原料 2 的克数，则有

$$G = \begin{pmatrix} 原料1 & 原料2 \\ g_{11} & g_{12} \\ g_{21} & g_{22} \\ g_{31} & g_{32} \end{pmatrix} \begin{matrix} 一班 \\ 二班 \\ 三班 \end{matrix}$$

$$= \begin{pmatrix} 200 \times 5 + 150 \times 3 & 200 \times 2 + 150 \times 4 \\ 250 \times 5 + 120 \times 3 & 250 \times 2 + 120 \times 4 \\ 100 \times 5 + 180 \times 3 & 100 \times 2 + 180 \times 4 \end{pmatrix}$$

$$= \begin{pmatrix} 200 & 150 \\ 250 & 120 \\ 200 & 180 \end{pmatrix} \begin{pmatrix} 5 & 2 \\ 3 & 4 \end{pmatrix}$$

$$= AH.$$

矩阵 H 是将矩阵 F 的行与列进行了互换，则称矩阵 H 为矩阵 F 的转置矩阵.

定义 5-2-6 将 $m \times n$ 矩阵 A 的行与列互换，得到的 $n \times m$ 矩阵，称为 A 的转置矩阵. 记作 A^T 或 A'，即

如果

$$A = \begin{pmatrix} a_{11} & a_{12} & \cdots & a_{1n} \\ a_{21} & a_{22} & \cdots & a_{2n} \\ \vdots & \vdots & & \vdots \\ a_{m1} & a_{m2} & \cdots & a_{mn} \end{pmatrix}_{m \times n},$$

则

$$A^T = \begin{pmatrix} a_{11} & a_{21} & \cdots & a_{m1} \\ a_{12} & a_{22} & \cdots & a_{m2} \\ \vdots & \vdots & & \vdots \\ a_{1n} & a_{2n} & \cdots & a_{mn} \end{pmatrix}_{n \times m}.$$

矩阵的转置运算满足以下运算律:

(1) $(A^T)^T = A$;

(2) $(A + B)^T = A^T + B^T$;

(3) $(kA)^T = kA^T$ (k 是常数);

(4) $(AB)^T = B^T A^T$.

(5) 若 A 为 n 阶方阵,则 $|A^T| = |A|$.

例 5-2-8 已知 $A = \begin{pmatrix} 1 & 0 \\ 2 & 3 \\ 4 & 5 \end{pmatrix}, B = \begin{pmatrix} 2 & 1 \\ 4 & 3 \end{pmatrix}$, 求 $(AB)^T$ 和 $B^T A^T$.

解: 由

$$AB = \begin{pmatrix} 1 & 0 \\ 2 & 3 \\ 4 & 5 \end{pmatrix} \begin{pmatrix} 2 & 1 \\ 4 & 3 \end{pmatrix} = \begin{pmatrix} 2 & 1 \\ 16 & 11 \\ 28 & 19 \end{pmatrix},$$

有

$$(AB)^T = \begin{pmatrix} 2 & 16 & 28 \\ 1 & 11 & 19 \end{pmatrix},$$

$$B^T A^T = \begin{pmatrix} 2 & 4 \\ 1 & 3 \end{pmatrix} \begin{pmatrix} 1 & 2 & 4 \\ 0 & 3 & 5 \end{pmatrix} = \begin{pmatrix} 2 & 16 & 28 \\ 1 & 11 & 19 \end{pmatrix},$$

即

$$(AB)^T = B^T A^T.$$

例 5-2-9 设 3 阶矩阵 $A = \begin{pmatrix} 3 & 0 & 0 \\ -8 & 2 & 0 \\ 5 & -4 & 1 \end{pmatrix}, B = \begin{pmatrix} -1 & 0 & 0 \\ 4 & 5 & 0 \\ 7 & -6 & -2 \end{pmatrix}$, 求 $|A^T B|$, $|A + B|$ 和 $|2A|$.

解: $|A^T B| = |A^T| |B| = |A| |B| = 6 \times 10 = 60$,

$$|A + B| = \begin{vmatrix} 2 & 0 & 0 \\ -4 & 7 & 0 \\ 12 & -10 & -1 \end{vmatrix} = -14,$$

$$|2A| = 2^3 |A| = 2^3 \begin{vmatrix} 3 & 0 & 0 \\ -8 & 2 & 0 \\ 5 & -4 & 1 \end{vmatrix} = 8 \times 6 = 48.$$

案例 5-2-9【电脑销售】 某商场同时销售三种品牌的电脑,如果用矩阵 A 表示商场销售电脑的日平均销售量(单位:台),用矩阵 B 表示电脑的单位售价(单位:千元)和单位利润(单位:千元):

$$A = \begin{pmatrix} 20 \\ 10 \\ 40 \end{pmatrix} \begin{matrix} x \text{ 型} \\ y \text{ 型} \\ z \text{ 型} \end{matrix}, \quad B = \begin{pmatrix} 4 & 1 \\ 5 & 1.5 \\ 3 & 0.5 \end{pmatrix} \begin{matrix} x \text{ 型} \\ y \text{ 型} \\ z \text{ 型} \end{matrix}.$$

单价 利润

求这家商场销售电脑的日总收入和总利润.

解:该商场销售电脑的日总收入和总利润为

$$A^{\mathrm{T}}B = (20 \quad 10 \quad 40)\begin{pmatrix} 4 & 1 \\ 5 & 1.5 \\ 3 & 0.5 \end{pmatrix}$$

$$= (80 + 50 + 120 \quad 20 + 15 + 20) = (250 \quad 55).$$

5)矩阵的幂

定义 5 - 2 - 7 设 A 为 n 阶矩阵,k 是正整数,则 k 个 A 的连乘积称为矩阵 A 的 k 次幂.记作 $A^k = \underbrace{AA \cdots A}_{k \uparrow}$;

当 $k = 0$ 时,规定 $A^0 = E$.

矩阵的幂满足以下运算律:

(1) $A^k A^l = A^{k+l}$;

(2) $(A^k)^l = A^{kl}$.

其中 k,l 是任意正整数. 由于矩阵乘法不满足交换律,因此,一般地有

$$(AB)^k \neq A^k B^k.$$

例 5 - 2 - 10 设矩阵 $A = \begin{pmatrix} 1 & 2 \\ 0 & 1 \end{pmatrix}$,求幂矩阵 A^k,其中 k 是正整数.

解:因为,当 $k = 2$ 时,$A^2 = \begin{pmatrix} 1 & 2 \\ 0 & 1 \end{pmatrix}\begin{pmatrix} 1 & 2 \\ 0 & 1 \end{pmatrix} = \begin{pmatrix} 1 & 2 \times 2 \\ 0 & 1 \end{pmatrix}$.

设 $k = m$ 时,$A^m = \begin{pmatrix} 1 & 2 \times m \\ 0 & 1 \end{pmatrix}$,则当 $k = m + 1$ 时,$A^{m+1} = A^m A = \begin{pmatrix} 1 & 2 \times m \\ 0 & 1 \end{pmatrix}\begin{pmatrix} 1 & 2 \\ 0 & 1 \end{pmatrix} = \begin{pmatrix} 1 & 2(m+1) \\ 0 & 1 \end{pmatrix}$,所以,由归纳法原理可知 $A^k = \begin{pmatrix} 1 & 2k \\ 0 & 1 \end{pmatrix}$.

案例 5 - 2 - 10【人口就业问题】 某城镇有 100 000 人具有法定工作年龄,目前有 80 000 人找到了工作,其余 20 000 人失业. 每年有工作的人中的 10% 将失去工作,而失业人口中的 60% 将找到工作。假定该镇的工作适龄人口在若干年内保持不变,问:3 年后该镇工作适龄人口中有多少人失业?

解:令 x_n, y_n 分别表示该镇第 n 年就业和失业的人口数,由所设可得如下方程组:

$$\begin{cases} x_{n+1} = 0.9x_n + 0.6y_n, \\ y_{n+1} = 0.1x_n + 0.4y_n. \end{cases}$$

令 $X_n = \begin{bmatrix} x_n \\ y_n \end{bmatrix}, A = \begin{bmatrix} 0.9 & 0.6 \\ 0.1 & 0.4 \end{bmatrix}$,则以上方程组可表示为 $X_{n+1} = AX_n$,从而有

$$X_3 = AX_2 = A(AX_1) = A^2 X_1 = A^2(AX_0) = A^3 X_0.$$

因为

$$A^3 = \begin{bmatrix} 0.9 & 0.6 \\ 0.1 & 0.4 \end{bmatrix}^3 = \begin{bmatrix} 0.861 & 0.834 \\ 0.139 & 0.166 \end{bmatrix},$$

由 $X_0 = \begin{bmatrix} 80\ 000 \\ 20\ 000 \end{bmatrix}$，求得

$$X_3 = A^3 X_0 = \begin{bmatrix} 0.861 & 0.834 \\ 0.139 & 0.166 \end{bmatrix} \begin{bmatrix} 80\ 000 \\ 20\ 000 \end{bmatrix} = \begin{bmatrix} 85\ 560 \\ 14\ 440 \end{bmatrix},$$

即 3 年后该城镇的失业人口数为 14 440 人.

6) 矩阵的逆矩阵

在数的运算中，若 $a \neq 0$，则存在 a 的逆元 $\dfrac{1}{a} = a^{-1}$，使 $aa^{-1} = a^{-1}a = 1$. 类似地，对于一个矩阵 A，是否存在一个矩阵 B，使 $AB = BA = E$ 呢？

例如：

$$A = \begin{pmatrix} 1 & 2 \\ 0 & 1 \end{pmatrix}, B = \begin{pmatrix} 1 & -2 \\ 0 & 1 \end{pmatrix},$$

则

$$AB = \begin{pmatrix} 1 & 2 \\ 0 & 1 \end{pmatrix} \begin{pmatrix} 1 & -2 \\ 0 & 1 \end{pmatrix} = \begin{pmatrix} 1 & 0 \\ 0 & 1 \end{pmatrix} = E,$$

$$BA = \begin{pmatrix} 1 & -2 \\ 0 & 1 \end{pmatrix} \begin{pmatrix} 1 & 2 \\ 0 & 1 \end{pmatrix} = \begin{pmatrix} 1 & 0 \\ 0 & 1 \end{pmatrix} = E,$$

即 $AB = BA = E$.

定义 5-2-8 设 A 为 n 阶矩阵，若存在 n 阶矩阵 B，使 $AB = BA = E$，则称 A 为**可逆矩阵**，简称 A 可逆，称 B 是 A 的逆矩阵，记作 A^{-1}（读作"A 的逆"，不能读作"A 的负 1 次方"，由于没有定义过矩阵的除法，A^{-1} 也不能看作 $\dfrac{1}{A}$），即 $A^{-1} = B$.

$$AA^{-1} = A^{-1}A = E.$$

定理 5-2-1 n 阶矩阵 A 可逆的充要条件是 $|A| \neq 0$.

证：必要性. 设 A 可逆，由 $AA^{-1} = E$，有 $|AA^{-1}| = |E|$，从而有 $|A||A^{-1}| = 1$，所以 $|A| \neq 0$.

充分性（略）.

这个定理给出了一个判定矩阵是否可逆的方法.

定义 5-2-9 如果 n 阶矩阵 A 满足 $|A| \neq 0$，则称 A 为非奇异矩阵，否则称 A 为非奇异矩阵.

由此，定理 5-2-1 可以表述为：n 阶矩阵 A 可逆的充要条件是 A 为非奇异矩阵.

可逆矩阵 A 和 B 满足以下运算律：

(1) 若 A 可逆，则 A^{-1} 也可逆，且 $(A^{-1})^{-1} = A$；

(2) 若 A 可逆，$k \neq 0$，则 kA 也可逆，且 $(kA)^{-1} = \dfrac{1}{k}A^{-1}$；

(3) 若 A, B 可逆，则 AB 也可逆，且 $(AB)^{-1} = B^{-1}A^{-1}$；

(4) 若 A 可逆，则 A^T 也可逆，且 $(A^{-1})^T = (A^T)^{-1}$.

(5)若 A 可逆,则 $|A^{-1}| = |A|^{-1} = \dfrac{1}{|A|}$.

注意:同阶可逆矩阵 A 与 B 的和差 $A \pm B$ 不一定是可逆矩阵,即使可逆,也不一定有 $(A \pm B)^{-1} = A^{-1} \pm B^{-1}$ 成立.

例如:$A = \begin{pmatrix} 1 & 0 \\ 0 & 1 \end{pmatrix}$,$B = \begin{pmatrix} -1 & 0 \\ 0 & -1 \end{pmatrix}$ 都可逆,但 $A + B = O$ 不可逆.

5.2.2 矩阵的初等行变换与秩

本小节首先介绍矩阵的初等行变换,然后介绍用初等行变换求矩阵的逆和秩的方法.

1. 矩阵的初等行变换

定义 5-2-10 对矩阵进行下列三种变换,称为矩阵的初等行变换:

(1)对换变换:互换矩阵第 i 行与第 j 行的位置,记为 $r_i \leftrightarrow r_j$;

(2)数乘变换:用一个非零数 k 乘矩阵的第 i 行,记为 kr_i;

(3)倍加变换:将矩阵的第 j 行元素的 k 倍加到第 i 行上,记为 $r_i + kr_j$.

案例 5-2-11【平面图形的变换】 图 5-2-1 所示是原始图形对应的单位矩阵.图 5-2-2 展示了初等变换是如何使平面图形变化的,图下标注了初等变换对应的矩阵.

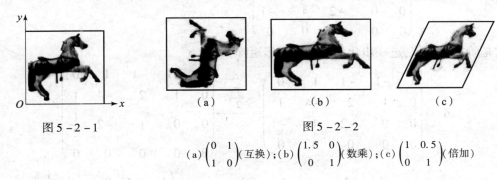

图 5-2-1　　　　　　　　　　　　图 5-2-2

(a) $\begin{pmatrix} 0 & 1 \\ 1 & 0 \end{pmatrix}$(互换);(b) $\begin{pmatrix} 1.5 & 0 \\ 0 & 1 \end{pmatrix}$(数乘);(c) $\begin{pmatrix} 1 & 0.5 \\ 0 & 1 \end{pmatrix}$(倍加)

定义 5-2-11 满足下列两个条件的矩阵称为阶梯形矩阵.

(1)若有零行(元素全为 0 的行)都应在矩阵的下方;

(2)非零行第一个非零的元素(即首非零元)列标随着行标的增大而严格增大,(或首非零元所在列其下方的元素都是 0).

例如:$\begin{pmatrix} 1 & 3 & 2 & 1 \\ 0 & 2 & 1 & 4 \\ 0 & 0 & 1 & 0 \\ 0 & 0 & 0 & 0 \end{pmatrix}$,$\begin{pmatrix} 1 & 3 & 2 & 1 & 1 \\ 0 & 0 & 2 & 1 & 4 \\ 0 & 0 & 0 & 0 & 1 \\ 0 & 0 & 0 & 0 & 0 \end{pmatrix}$ 都是阶梯形矩阵.

定义 5-2-12 满足下列两个条件的阶梯形矩阵称为简化阶梯形矩阵.

(1)各非零行的首非零元素都是 1;

(2)每个首非零元所在列的其余元素都是零.

例如：$\begin{pmatrix} 1 & 0 & 0 & 0 & -2 \\ 0 & 1 & 0 & 0 & -1 \\ 0 & 0 & 1 & 0 & 3 \\ 0 & 0 & 0 & 1 & 2 \end{pmatrix}$，$\begin{pmatrix} 1 & 0 & 2 & 0 & 5 \\ 0 & 1 & -4 & 0 & 3 \\ 0 & 0 & 0 & 1 & 2 \\ 0 & 0 & 0 & 0 & 0 \end{pmatrix}$ 都是简化阶梯形矩阵.

任何一个 $m \times n$ 的矩阵 A，通过初等行变换可以化为阶梯形矩阵或简化阶梯形矩阵.

例 5-2-11 用初等行变换把矩阵 $A = \begin{pmatrix} 1 & -1 & -1 & 1 & 0 \\ 0 & 1 & 2 & -4 & 1 \\ 2 & -2 & -4 & 6 & -1 \\ 3 & -3 & -5 & 7 & -1 \end{pmatrix}$ 化为阶梯形矩阵和简化阶梯形矩阵.

解：用记号 "$\to$" 表示对 A 作初等行变换，则有

$$A = \begin{pmatrix} 1 & -1 & -1 & 1 & 0 \\ 0 & 1 & 2 & -4 & 1 \\ 2 & -2 & -4 & 6 & -1 \\ 3 & -3 & -5 & 7 & -1 \end{pmatrix} \xrightarrow[r_4 - 3r_1]{r_3 - 2r_1} \begin{pmatrix} 1 & -1 & -1 & 1 & 0 \\ 0 & 1 & 2 & -4 & 1 \\ 0 & 0 & -2 & 4 & -1 \\ 0 & 0 & -2 & 4 & -1 \end{pmatrix}$$

$$\xrightarrow{r_4 - r_3} \begin{pmatrix} 1 & -1 & -1 & 1 & 0 \\ 0 & 1 & 2 & -4 & 1 \\ 0 & 0 & -2 & 4 & -1 \\ 0 & 0 & 0 & 0 & 0 \end{pmatrix}.$$

这是阶梯形矩阵，进一步化为简化阶梯形矩阵：

$$A \to \begin{pmatrix} 1 & -1 & -1 & 1 & 0 \\ 0 & 1 & 2 & -4 & 1 \\ 0 & 0 & -2 & 4 & -1 \\ 0 & 0 & 0 & 0 & 0 \end{pmatrix} \xrightarrow{-\frac{1}{2}r_3} \begin{pmatrix} 1 & -1 & -1 & 1 & 0 \\ 0 & 1 & 2 & -4 & 1 \\ 0 & 0 & 1 & -2 & \frac{1}{2} \\ 0 & 0 & 0 & 0 & 0 \end{pmatrix}$$

$$\xrightarrow{r_2 - 2r_3} \begin{pmatrix} 1 & -1 & -1 & 1 & 0 \\ 0 & 1 & 0 & 0 & 0 \\ 0 & 0 & 1 & -2 & \frac{1}{2} \\ 0 & 0 & 0 & 0 & 0 \end{pmatrix} \xrightarrow{r_1 + r_3} \begin{pmatrix} 1 & -1 & 0 & -1 & \frac{1}{2} \\ 0 & 1 & 0 & 0 & 0 \\ 0 & 0 & 1 & -2 & \frac{1}{2} \\ 0 & 0 & 0 & 0 & 0 \end{pmatrix}$$

$$\xrightarrow{r_1 + r_2} \begin{pmatrix} 1 & 0 & 0 & -1 & \frac{1}{2} \\ 0 & 1 & 0 & 0 & 0 \\ 0 & 0 & 1 & -2 & \frac{1}{2} \\ 0 & 0 & 0 & 0 & 0 \end{pmatrix}.$$

2. 矩阵的秩

无论对矩阵怎样进行初等行变换,它的阶梯形矩阵的非零行的行数都是确定的量,这个确定的量就是矩阵的秩,它是描述矩阵的一个数值特征.

定义 5-2-13 矩阵 A 的阶梯形矩阵的非零行的行数称为矩阵 A 的秩,记为 $r(A)$.

例 5-2-12 用初等行变换求下列矩阵的秩:

$$(1) A = \begin{pmatrix} 1 & 3 & -9 & 3 \\ 0 & 1 & -3 & 4 \\ -2 & -3 & 9 & 6 \end{pmatrix}; \quad (2) B = \begin{pmatrix} 1 & 0 & 2 & 1 & 0 \\ 7 & 1 & 14 & 7 & 1 \\ 0 & 5 & 1 & 4 & 6 \\ 2 & 1 & 1 & -10 & -2 \end{pmatrix}.$$

解:(1) $A = \begin{pmatrix} 1 & 3 & -9 & 3 \\ 0 & 1 & -3 & 4 \\ -2 & -3 & 9 & 6 \end{pmatrix} \xrightarrow{r_3+2r_1} \begin{pmatrix} 1 & 3 & -9 & 3 \\ 0 & 1 & -3 & 4 \\ 0 & 3 & -9 & 12 \end{pmatrix} \xrightarrow{r_3-3r_2} \begin{pmatrix} 1 & 3 & -9 & 3 \\ 0 & 1 & -3 & 4 \\ 0 & 0 & 0 & 0 \end{pmatrix}$,因为阶梯形的非零行的行数为 2,所以 $r(A) = 2$.

$(2) B = \begin{pmatrix} 1 & 0 & 2 & 1 & 0 \\ 7 & 1 & 14 & 7 & 1 \\ 0 & 5 & 1 & 4 & 6 \\ 2 & 1 & 1 & -10 & -2 \end{pmatrix} \xrightarrow[r_4-2r_1]{r_2-7r_1} \begin{pmatrix} 1 & 0 & 2 & 1 & 0 \\ 0 & 1 & 0 & 0 & 1 \\ 0 & 5 & 1 & 4 & 6 \\ 0 & 1 & -3 & -12 & -2 \end{pmatrix}$

$\xrightarrow[r_4-r_2]{r_3-5r_2} \begin{pmatrix} 1 & 0 & 2 & 1 & 0 \\ 0 & 1 & 0 & 0 & 1 \\ 0 & 0 & 1 & 4 & 1 \\ 0 & 0 & -3 & -12 & -3 \end{pmatrix} \xrightarrow{r_4+3r_3} \begin{pmatrix} 1 & 0 & 2 & 1 & 0 \\ 0 & 1 & 0 & 0 & 1 \\ 0 & 0 & 1 & 4 & 1 \\ 0 & 0 & 0 & 0 & 0 \end{pmatrix}$,故 $r(B) = 3$.

5.2.3 线性方程组的解

本小节首先从实际问题引出线性方程组的概念;然后介绍高斯消元法和线性方程组解的判定方法;最后介绍用线性方程组求解实际问题的方法.

1. 线性方程组的概念

案例 5-2-12【营养配餐】 一位营养师想组合四种食物,使得一餐中含有 78 单位的维生素 A、67 单位的维生素 B、146 单位的维生素 C、153 单位的维生素 D,每种食物每千克的维生素含量见表 5-2-3.问营养师的想法是否可行?

表 5-2-3

维生素	维生素在食物中的含量/(单位·kg^{-1})			
	I	II	III	IV
A	3	2	2	6
B	2	3	5	0
C	8	6	4	7
D	5	5	7	6

解：设一餐中的这四种食物分别为 x_1, x_2, x_3, x_4 kg，由题意得

$$\begin{cases} 3x_1 + 2x_2 + 2x_3 + 6x_4 = 78, \\ 2x_1 + 3x_2 + 5x_3 + 0x_4 = 67, \\ 8x_1 + 6x_2 + 4x_3 + 7x_4 = 146, \\ 5x_1 + 5x_2 + 7x_3 + 6x_4 = 153. \end{cases}$$

案例 5-2-13 【货物销售问题】 某公司有一批货物可运往甲、乙、丙三地销售，每吨运费及售价见表 5-2-4.

表 5-2-4

指标＼销地	甲	乙	丙
运费/元	3	4	2
售价/元	7	9	6

若以 b_1, b_2 分别表示总运费和总销售额，以 x_1, x_2, x_3 表示运往甲、乙、丙三地的货物吨数，则可得 x_j 与 b_i 之间的关系如下：

$$\begin{cases} 3x_1 + 4x_2 + 2x_3 = b_1, \\ 7x_1 + 9x_2 + 6x_3 = b_2. \end{cases}$$

案例 5-2-14 【化学方程式的平衡问题】 在光合作用过程中，植物能利用太阳光将二氧化碳（CO_2）和水（H_2O）转化为葡萄糖（$C_6H_{12}O_6$）和氧（O_2），该反应的化学方程式具有如下形式：

$$x_1 CO_2 + x_2 H_2O \rightarrow x_3 O_2 + x_4 C_6H_{12}O_6.$$

解：为使反应式平衡，必须选择适当的 x_1, x_2, x_3, x_4 才能使反应式两端的碳（C）原子、氢原子（H）及氧原子（O）数目对应相等.

由于 CO_2 含有一个 C 原子，$C_6H_{12}O_6$ 含有 6 个 C 原子，故为维持平衡，必须有

$$x_1 = 6x_4.$$

类似地，为维持 O 原子平衡，必须有

$$2x_1 + x_2 = 2x_3 + 6x_4.$$

为维持 H 原子平衡，必须有

$$2x_2 = 12x_4.$$

由此可得

$$\begin{cases} x_1 - 6x_4 = 0, \\ 2x_1 + x_2 - 2x_3 - 6x_4 = 0, \\ 2x_2 - 12x_4 = 0. \end{cases}$$

上述案例虽然实际背景不同，但却有相似的形式，即线性方程组.

定义 5-2-14 设含 n 个未知数，m 个方程的线性方程组

$$\begin{cases} a_{11}x_1 + a_{12}x_2 + \cdots + a_{1n}x_n = b_1, \\ a_{21}x_1 + a_{22}x_2 + \cdots + a_{2n}x_n = b_2, \\ \cdots \\ a_{m1}x_1 + a_{m2}x_2 + \cdots + a_{mn}x_n = b_m, \end{cases}$$

其中系数 a_{ij},常数 b_i 都是已知数,x_j 是未知数. 当右端常数项 $b_1,b_2,\cdots,b_m$ 不全为 0 时,称为**非齐次线性方程组**;当 $b_1=b_2=\cdots=b_m=0$ 时,即

$$\begin{cases} a_{11}x_1+a_{12}x_2+\cdots+a_{1n}x_n=0, \\ a_{21}x_1+a_{22}x_2+\cdots+a_{2n}x_n=0, \\ \cdots \\ a_{m1}x_1+a_{m2}x_2+\cdots+a_{mn}x_n=0, \end{cases}$$

称为**齐次线性方程组**.

利用矩阵讨论线性方程组解的情况或求线性方程组的解是很方便的. 因此,先给出线性方程组的矩阵表示形式.

非齐次线性方程组的矩阵表示形式为 $\boldsymbol{AX=B}$,其中

$$\boldsymbol{A}=\begin{pmatrix} a_{11} & a_{12} & \cdots & a_{1n} \\ a_{21} & a_{22} & \cdots & a_{2n} \\ \vdots & \vdots & & \vdots \\ a_{m1} & a_{m2} & \cdots & a_{mn} \end{pmatrix},\boldsymbol{X}=\begin{pmatrix} x_1 \\ x_2 \\ \vdots \\ x_n \end{pmatrix},\boldsymbol{B}=\begin{pmatrix} b_1 \\ b_2 \\ \vdots \\ b_m \end{pmatrix}.$$

称 $\boldsymbol{A}$ 为非齐次线性方程组的**系数矩阵**,称 $\boldsymbol{X}$ 为未知数矩阵,称 $\boldsymbol{B}$ 为常数矩阵. 将系数矩阵 $\boldsymbol{A}$ 和常数矩阵 $\boldsymbol{B}$ 放在一起构成的矩阵

$$(\boldsymbol{AB})=\begin{pmatrix} a_{11} & a_{12} & \cdots & a_{1n} & b_1 \\ a_{21} & a_{22} & \cdots & a_{2n} & b_2 \\ \vdots & \vdots & & \vdots & \vdots \\ a_{m1} & a_{m2} & \cdots & a_{mn} & b_m \end{pmatrix}$$

称为**非齐次线性方程组的增广矩阵**. 因为线性方程组是由它的系数和常数项确定的,所以用增广矩阵 $(\boldsymbol{AB})$ 可以清楚地表示一个线性方程组.

齐次线性方程组的矩阵表示形式为 $\boldsymbol{AX=O}$,其中 $\boldsymbol{O}=(0\ \ 0\ \ \cdots\ \ 0)^{\mathrm{T}}$.

2. 高斯消元法

下面通过具体的例子说明高斯消元法的过程.

例 5-2-13 解线性方程组 $\begin{cases} x_1+x_2+x_3+x_4=2, & (1) \\ 2x_1+3x_2+3x_3+3x_4=3, & (2) \\ x_2+x_3+x_4=-1, & (3) \\ x_2+2x_3+6x_4=1 & (4) \end{cases}$

解:将第(1)方程的(-2)倍加到第(2)方程上,得

$$\begin{cases} x_1+x_2+x_3+x_4=2, & (5) \\ x_2+x_3+x_4=-1, & (6) \\ x_2+x_3+x_4=-1, & (7) \\ x_2+2x_3+6x_4=1. & (8) \end{cases}$$

将第(6)方程的(-1)倍分别加到第(5)、(7)、(8)方程上,然后交换第(7)、第(8)方程,得

$$\begin{cases} x_1 = 3, & (9) \\ x_2 + x_3 + x_4 = -1, & (10) \\ x_3 + 5x_4 = 2, & (11) \\ 0 = 0. & (12) \end{cases}$$

将第(11)方程的(-1)倍加到第(10)方程上,得

$$\begin{cases} x_1 = 3, \\ x_2 - 4x_4 = -3, \\ x_3 + 5x_4 = 2, \\ 0 = 0. \end{cases}$$

可设 x_4 为自由取值的量,得

$$\begin{cases} x_1 = 3, \\ x_2 = 4x_4 - 3, \\ x_3 = 2 - 5x_4, \\ x_4 = x_4. \end{cases}$$

每当 x_4 任取一个值,代入上式就得到方程组的一组解,故该方程组有无穷多组解.

从上面例子的求解过程可看出:当未知量位置确定后,每个方程之间的运算实际上只是在方程中未知量的系数和右边的常数之间进行的,而与未知量无关.因此在求解的过程中,可以不用重复写出未知量,而用由系数和常数构成的增广矩阵(AB)来表示方程组.例5-2-13中的方程组可以用增广矩阵

$$(AB) = \begin{pmatrix} 1 & 1 & 1 & 1 & 2 \\ 2 & 3 & 3 & 3 & 3 \\ 0 & 1 & 1 & 1 & -1 \\ 0 & 1 & 2 & 6 & 1 \end{pmatrix}$$

来刻画,解该方程组的过程转化为对矩阵(AB)作初等行变换,使之成为简化阶梯形矩阵

$$\begin{pmatrix} 1 & 0 & 0 & 0 & 3 \\ 0 & 1 & 0 & -4 & -3 \\ 0 & 0 & 1 & 5 & 2 \\ 0 & 0 & 0 & 0 & 0 \end{pmatrix}.$$ 写出其对应的方程组,从而求得原方程组的解.具体过程如下:

$$(AB) = \begin{pmatrix} 1 & 1 & 1 & 1 & 2 \\ 2 & 3 & 3 & 3 & 3 \\ 0 & 1 & 1 & 1 & -1 \\ 0 & 1 & 2 & 6 & 1 \end{pmatrix} \xrightarrow{r_2 - 2r_1} \begin{pmatrix} 1 & 1 & 1 & 1 & 2 \\ 0 & 1 & 1 & 1 & -1 \\ 0 & 1 & 1 & 1 & -1 \\ 0 & 1 & 2 & 6 & 1 \end{pmatrix} \xrightarrow[r_4 - r_2]{\substack{r_1 - r_2 \\ r_3 - r_2}} \begin{pmatrix} 1 & 0 & 0 & 0 & 3 \\ 0 & 1 & 1 & 1 & -1 \\ 0 & 0 & 0 & 0 & 0 \\ 0 & 0 & 1 & 5 & 2 \end{pmatrix}$$

$$\xrightarrow{r_3 \leftrightarrow r_4} \begin{pmatrix} 1 & 0 & 0 & 0 & 3 \\ 0 & 1 & 1 & 1 & -1 \\ 0 & 0 & 1 & 5 & 2 \\ 0 & 0 & 0 & 0 & 0 \end{pmatrix} \xrightarrow{r_2 - r_3} \begin{pmatrix} 1 & 0 & 0 & 0 & 3 \\ 0 & 1 & 0 & -4 & -3 \\ 0 & 0 & 1 & 5 & 2 \\ 0 & 0 & 0 & 0 & 0 \end{pmatrix}.$$

对应的方程组为

$$\begin{cases} x_1 = 3, \\ x_2 - 4x_4 = -3, \\ x_3 + 5x_4 = 2, \end{cases}$$

解得:
$$\begin{cases} x_1 = 3, \\ x_2 = 4x_4 - 3, \\ x_3 = 2 - 5x_4, \\ x_4 = x_4, \end{cases}$$

其中 x_4 是自由未知量.

综上所述,用高斯消元法解线性方程组实质是对增广矩阵 (AB) 作初等行变换,将矩阵化为简化阶梯形矩阵,然后写出其对应方程组,求解.

例 5-2-14 解线性方程组 $\begin{cases} x_1 + x_2 + x_3 = 1, \\ 2x_1 + x_2 - x_3 = 2, \\ x_2 + x_3 = 0. \end{cases}$

解:利用初等行变换,将方程组的增广矩阵 (AB) 化简,再进行求解.

$$(AB) = \begin{pmatrix} 1 & 1 & 1 & 1 \\ 2 & 1 & -1 & 2 \\ 0 & 1 & 1 & 0 \end{pmatrix} \xrightarrow{r_2 - 2r_1} \begin{pmatrix} 1 & 1 & 1 & 1 \\ 0 & -1 & -3 & 0 \\ 0 & 1 & 1 & 0 \end{pmatrix} \xrightarrow{-r_2} \begin{pmatrix} 1 & 1 & 1 & 1 \\ 0 & 1 & 3 & 0 \\ 0 & 1 & 1 & 0 \end{pmatrix}$$

$$\xrightarrow{r_3 - r_2} \begin{pmatrix} 1 & 1 & 1 & 1 \\ 0 & 1 & 3 & 0 \\ 0 & 0 & -2 & 0 \end{pmatrix} \xrightarrow{-\frac{1}{2}r_3} \begin{pmatrix} 1 & 1 & 1 & 1 \\ 0 & 1 & 3 & 0 \\ 0 & 0 & 1 & 0 \end{pmatrix} \xrightarrow[r_2 - 3r_3]{r_1 - r_3} \begin{pmatrix} 1 & 1 & 0 & 1 \\ 0 & 1 & 0 & 0 \\ 0 & 0 & 1 & 0 \end{pmatrix}$$

$$\xrightarrow{r_1 - r_2} \begin{pmatrix} 1 & 0 & 0 & 1 \\ 0 & 1 & 0 & 0 \\ 0 & 0 & 1 & 0 \end{pmatrix},$$

所以,方程组的解为 $\begin{cases} x_1 = 1, \\ x_2 = 0, \\ x_3 = 0. \end{cases}$

例 5-2-15 解线性方程组 $\begin{cases} x_1 + x_2 + x_3 = 1, \\ -x_1 - 2x_2 + 2x_3 = 2, \\ 2x_1 + 3x_2 - x_3 = 0. \end{cases}$

解: $(AB) = \begin{pmatrix} 1 & 1 & 1 & 1 \\ -1 & -2 & 2 & 2 \\ 2 & 3 & -1 & 0 \end{pmatrix} \xrightarrow[r_3 - 2r_1]{r_2 + r_1} \begin{pmatrix} 1 & 1 & 1 & 1 \\ 0 & -1 & 3 & 3 \\ 0 & 1 & -3 & -2 \end{pmatrix} \xrightarrow[-r_2]{r_3 + r_2} \begin{pmatrix} 1 & 1 & 1 & 1 \\ 0 & 1 & -3 & -3 \\ 0 & 0 & 0 & 1 \end{pmatrix}.$

阶梯形矩阵的第 3 行所表示的方程为 $0x_1 + 0x_2 + 0x_3 = 1$,无论 x_1, x_2, x_3 取何值,方程都不成立,故方程组无解.

3. 线性方程组解的判定

1) 非齐次线性方程组解的判定

前面介绍了用高斯消元法解线性方程组的方法,通过例题可知,线性方程组解的情况有三种:无穷多解、唯一解和无解.那么,如何判定给定方程组解的情况呢?

从上面的例题可以看到:

例 5-2-13 中, $(AB) \longrightarrow \begin{pmatrix} 1 & 0 & 0 & 0 & 3 \\ 0 & 1 & 0 & -4 & -3 \\ 0 & 0 & 1 & 5 & 2 \\ 0 & 0 & 0 & 0 & 0 \end{pmatrix}$,发现 $r(A)=3, r(AB)=3, n=4$,而方程组有无穷多解.

例 5-2-14 中, $(AB) \longrightarrow \begin{pmatrix} 1 & 0 & 0 & 1 \\ 0 & 1 & 0 & 0 \\ 0 & 0 & 1 & 0 \end{pmatrix}$,发现 $r(A)=3, r(AB)=3, n=3$,而方程组有唯一解.

例 5-2-13 中, $(AB) \longrightarrow \begin{pmatrix} 1 & 1 & 1 & 1 \\ 0 & 1 & -3 & -3 \\ 0 & 0 & 0 & 1 \end{pmatrix}$,发现 $r(A)=2, r(AB)=3, n=3$,而方程组无解.

因此,不加证明地给出下列定理.

定理 5-2-2 设非齐次线性方程组为 $AX = B$,A 为 $m \times n$ 系数矩阵,AB 为增广矩阵,则:

(1) 当 $r(A) = r(AB) = n$ 时,方程组有唯一解;

(2) 当 $r(A) = r(AB) < n$ 时,方程组有无穷多个解;

(3) 当 $r(A) \neq r(AB)$ 时,方程组无解.

当矩阵为阶梯形矩阵时,就可以看出矩阵的秩,因此用高斯消元法解线性方程组的一般步骤如下:

(1) 对增广矩阵 (AB) 作初等行变换化为阶梯形矩阵,判断方程组是否有解.

(2) 有解时,继续将阶梯形矩阵用初等行变换化成简化阶梯形矩阵.

(3) 写出简化阶梯形矩阵对应的方程组,求得方程组的一般解.

例 5-2-16 解线性方程组 $\begin{cases} x_1 + 2x_2 + 3x_3 - x_4 = 1, \\ 3x_1 + 2x_2 + x_3 - x_4 = 1, \\ 2x_1 + 3x_2 + x_3 + x_4 = 1, \\ 2x_1 + 2x_2 + 2x_3 - x_4 = 1, \\ 5x_1 + 5x_2 + 2x_3 = 2. \end{cases}$

解:将增广矩阵 (AB) 用初等行变换化为阶梯形矩阵:

$$(AB) = \begin{pmatrix} 1 & 2 & 3 & -1 & 1 \\ 3 & 2 & 1 & -1 & 1 \\ 2 & 3 & 1 & 1 & 1 \\ 2 & 2 & 2 & -1 & 1 \\ 5 & 5 & 2 & 0 & 2 \end{pmatrix} \xrightarrow[\substack{r_3-2r_1\\r_4-2r_1\\r_5-5r_1}]{r_2-3r_1} \begin{pmatrix} 1 & 2 & 3 & -1 & 1 \\ 0 & -4 & -8 & 2 & -2 \\ 0 & -1 & -5 & 3 & -1 \\ 0 & -2 & -4 & 1 & -1 \\ 0 & -5 & -13 & 5 & -3 \end{pmatrix}$$

$$\xrightarrow{r_2 \leftrightarrow r_3} \begin{pmatrix} 1 & 2 & 3 & -1 & 1 \\ 0 & -1 & -5 & 3 & -1 \\ 0 & -4 & -8 & 2 & -2 \\ 0 & -2 & -4 & 1 & -1 \\ 0 & -5 & -13 & 5 & -3 \end{pmatrix} \xrightarrow[\substack{r_4-2r_2\\r_5-5r_2}]{r_3-4r_2} \begin{pmatrix} 1 & 2 & 3 & -1 & 1 \\ 0 & -1 & -5 & 3 & -1 \\ 0 & 0 & 12 & -10 & 2 \\ 0 & 0 & 6 & -5 & 1 \\ 0 & 0 & 12 & -10 & 2 \end{pmatrix}$$

$$\xrightarrow[\substack{\frac{1}{2}r_3\\r_4-r_3}]{r_5-r_3} \begin{pmatrix} 1 & 2 & 3 & -1 & 1 \\ 0 & -1 & -5 & 3 & -1 \\ 0 & 0 & 6 & -5 & 1 \\ 0 & 0 & 0 & 0 & 0 \\ 0 & 0 & 0 & 0 & 0 \end{pmatrix}.$$

由此得 $r(A) = r(AB) = 3 < 4$,故方程组有无穷多个解.继续对阶梯形矩阵作初等行变换,化成简化阶梯形矩阵:

$$\begin{pmatrix} 1 & 2 & 3 & -1 & 1 \\ 0 & -1 & -5 & 3 & -1 \\ 0 & 0 & 6 & -5 & 1 \\ 0 & 0 & 0 & 0 & 0 \\ 0 & 0 & 0 & 0 & 0 \end{pmatrix} \xrightarrow[\frac{1}{6}r_3]{-r_2} \begin{pmatrix} 1 & 2 & 3 & -1 & 1 \\ 0 & 1 & 5 & -3 & 1 \\ 0 & 0 & 1 & -\frac{5}{6} & \frac{1}{6} \\ 0 & 0 & 0 & 0 & 0 \\ 0 & 0 & 0 & 0 & 0 \end{pmatrix}$$

$$\xrightarrow[r_1-3r_3]{r_2-5r_3} \begin{pmatrix} 1 & 2 & 0 & \frac{3}{2} & \frac{1}{2} \\ 0 & 1 & 0 & \frac{7}{6} & \frac{1}{6} \\ 0 & 0 & 1 & -\frac{5}{6} & \frac{1}{6} \\ 0 & 0 & 0 & 0 & 0 \\ 0 & 0 & 0 & 0 & 0 \end{pmatrix} \xrightarrow{r_1-2r_2} \begin{pmatrix} 1 & 0 & 0 & -\frac{5}{6} & \frac{1}{6} \\ 0 & 1 & 0 & \frac{7}{6} & \frac{1}{6} \\ 0 & 0 & 1 & -\frac{5}{6} & \frac{1}{6} \\ 0 & 0 & 0 & 0 & 0 \\ 0 & 0 & 0 & 0 & 0 \end{pmatrix}.$$

写出其对应方程组:

$$\begin{cases} x_1 - \frac{5}{6}x_4 = \frac{1}{6}, \\ x_2 + \frac{7}{6}x_4 = \frac{1}{6}, \\ x_3 - \frac{5}{6}x_4 = \frac{1}{6}. \end{cases}$$

取 x_4 是自由未知量,得原方程组的一般解为

$$\begin{cases} x_1 = \dfrac{1}{6} + \dfrac{5}{6}x_4, \\ x_2 = \dfrac{1}{6} - \dfrac{7}{6}x_4, \\ x_3 = \dfrac{1}{6} + \dfrac{5}{6}x_4, \\ x_4 = x_4, \end{cases} \quad (\text{其中}\ x_4\ \text{是自由未知量}).$$

例 5-2-17 解线性方程组 $\begin{cases} 3x_1 + 2x_2 + x_3 = 1, \\ 5x_1 + 3x_2 + 4x_3 = 27, \\ 2x_1 + x_2 + 3x_3 = 6. \end{cases}$

解:对增广矩阵 (AB) 作初等行变换,化为阶梯形矩阵:

$$(AB) = \begin{pmatrix} 3 & 2 & 1 & 1 \\ 5 & 3 & 4 & 27 \\ 2 & 1 & 3 & 6 \end{pmatrix} \xrightarrow{2r_1 - r_2} \begin{pmatrix} 1 & 1 & -2 & -25 \\ 5 & 3 & 4 & 27 \\ 2 & 1 & 3 & 6 \end{pmatrix}$$

$$\xrightarrow[r_3 - 2r_1]{r_2 - 5r_1} \begin{pmatrix} 1 & 1 & -2 & -25 \\ 0 & -2 & 14 & 152 \\ 0 & -1 & 7 & 56 \end{pmatrix} \xrightarrow{r_3 - \frac{1}{2}r_2} \begin{pmatrix} 1 & 1 & -2 & -5 \\ 0 & -2 & 14 & 152 \\ 0 & 0 & 0 & -20 \end{pmatrix}.$$

显然,$r(A) = 2, r(AB) = 3$,因此,方程组无解.

例 5-2-18 设有方程组 $\begin{cases} x_1 + 2x_3 = -1, \\ -x_1 + x_2 - 3x_3 = 2, \\ 2x_1 - x_2 + ax_3 = b, \end{cases}$ 问 a, b 取何值时,下列方程组无解?有唯一解?有无穷多个解?有解时,求其解.

解:对增广矩阵 (AB) 作初等行变换,化为阶梯形矩阵:

$$(AB) = \begin{pmatrix} 1 & 0 & 2 & -1 \\ -1 & 1 & -3 & 2 \\ 2 & -1 & a & b \end{pmatrix} \xrightarrow[r_3 - 2r_1]{r_2 + r_1} \begin{pmatrix} 1 & 0 & 2 & -1 \\ 0 & 1 & -1 & 1 \\ 0 & -1 & a-4 & b+2 \end{pmatrix}$$

$$\xrightarrow{r_3 + r_2} \begin{pmatrix} 1 & 0 & 2 & -1 \\ 0 & 1 & -1 & 1 \\ 0 & 0 & a-5 & b+3 \end{pmatrix}.$$

(1) 当 $a = 5, b \neq -3$ 时,$r(A) = 2, r(AB) = 3$,此方程组无解.

(2) 当 $a \neq 5$ 时,$r(A) = r(AB) = 3$,方程组有唯一解.

继续对阶梯形矩阵作初等行变换,化成简化阶梯形矩阵:

$$\begin{pmatrix} 1 & 0 & 2 & -1 \\ 0 & 1 & -1 & 1 \\ 0 & 0 & a-5 & b+3 \end{pmatrix} \xrightarrow{\frac{1}{a-5}r_3} \begin{pmatrix} 1 & 0 & 2 & -1 \\ 0 & 1 & -1 & 1 \\ 0 & 0 & 1 & \dfrac{b+3}{a-5} \end{pmatrix} \xrightarrow[r_2 + r_3]{r_1 - 2r_3} \begin{pmatrix} 1 & 0 & 0 & -1 - \dfrac{2(b+3)}{a-5} \\ 0 & 1 & 0 & 1 + \dfrac{b+3}{a-5} \\ 0 & 0 & 1 & \dfrac{b+3}{a-5} \end{pmatrix}.$$

方程组的唯一解为：
$$\begin{cases} x_1 = -1 - \dfrac{2(b+3)}{a-5}, \\ x_2 = 1 + \dfrac{b+3}{a-5}, \\ x_3 = \dfrac{b+3}{a-5}. \end{cases}$$

(3) 当 $a = 5, b = -3$ 时，$r(\boldsymbol{A}) = r(\boldsymbol{AB}) = 2 < 3$，此时方程组有无穷多个解．其简化阶梯形矩阵为：

$$\begin{pmatrix} 1 & 0 & 2 & -1 \\ 0 & 1 & -1 & 1 \\ 0 & 0 & 0 & 0 \end{pmatrix}.$$

写出其对应方程组：
$$\begin{cases} x_1 + 2x_3 = -1, \\ x_2 - x_3 = 1. \end{cases}$$

取 x_3 是自由未知量，得方程组的解为
$$\begin{cases} x_1 = -1 - 2x_3, \\ x_2 = 1 + x_3, \\ x_3 = x_3 \end{cases} \quad (\text{其中 } x_3 \text{ 是自由未知量}).$$

案例 5-2-15 【交通流量问题】 图 5-2-3 是某地区的交通网络图，所有道路都是单行道，且道路上不能停车，通行方向用箭头标明，标示的数字为高峰期每小时进出网络的车辆．此交通网络需满足如下两个平衡条件：第一，进入网络的车辆共有 800 辆，等于离开网络的车辆；第二，进入每个交叉点的车辆数等于离开交叉点的车辆数．

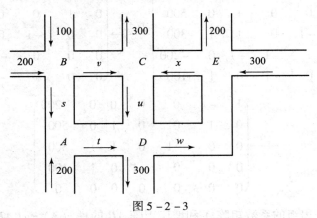

图 5-2-3

若引入每小时通过各交通干道的车辆数 s, t, u, v, w 和 x (例如 s 就是每小时通过干道 BA 的车辆数)，则从交通流量平衡条件可建立线性方程组，试考虑在上述条件下由此交通流量图能得到什么结论．

解： 由于每个道路交叉点都要求流量平衡，因而可据此建立一个流量平衡方程．例如，从图上看，进入 A 点的车辆数为 $200 + s$，而离开 A 点的车辆数为 t，于是对 A 点有

同理,对 B 点有
$$200 + s = t.$$
$$200 + 100 = s + v.$$
对 C 点有
$$v + x = 300 + u.$$
对 D 点有
$$u + t = 300 + w.$$
对 E 点有
$$300 + w = 200 + x.$$

于是得到一个描述网络交通流量的线性方程组

$$\begin{cases} s - t = -200, \\ s + v = 300, \\ -u + v + x = 300, \\ t + u - w = 300, \\ -w + x = 100. \end{cases}$$

对增广矩阵 (AB) 作初等行变换,化为阶梯形矩阵:

$$\begin{pmatrix} 1 & -1 & 0 & 0 & 0 & 0 & -200 \\ 1 & 0 & 0 & 0 & 1 & 0 & 300 \\ 0 & 0 & -1 & 0 & 1 & 1 & 300 \\ 0 & 1 & 1 & -1 & 0 & 0 & 300 \\ 0 & 0 & 0 & -1 & 0 & 1 & 100 \end{pmatrix} \xrightarrow{r_2 - r_1} \begin{pmatrix} 1 & -1 & 0 & 0 & 0 & 0 & -200 \\ 0 & 1 & 0 & 0 & 1 & 0 & 500 \\ 0 & 0 & -1 & 0 & 1 & 1 & 300 \\ 0 & 1 & 1 & -1 & 0 & 0 & 300 \\ 0 & 0 & 0 & -1 & 0 & 1 & 100 \end{pmatrix}$$

$$\xrightarrow{r_4 - r_2} \begin{pmatrix} 1 & -1 & 0 & 0 & 0 & 0 & -200 \\ 0 & 1 & 0 & 0 & 1 & 0 & 500 \\ 0 & 0 & -1 & 0 & 1 & 1 & 300 \\ 0 & 0 & 1 & -1 & -1 & 0 & -200 \\ 0 & 0 & 0 & -1 & 0 & 1 & 100 \end{pmatrix} \xrightarrow{r_4 + r_3} \begin{pmatrix} 1 & -1 & 0 & 0 & 0 & 0 & -200 \\ 0 & 1 & 0 & 0 & 1 & 0 & 500 \\ 0 & 0 & -1 & 0 & 1 & 1 & 300 \\ 0 & 0 & 0 & -1 & 0 & 1 & 100 \\ 0 & 0 & 0 & -1 & 0 & 1 & 100 \end{pmatrix}$$

$$\xrightarrow{r_5 - r_4} \begin{pmatrix} 1 & -1 & 0 & 0 & 0 & 0 & -200 \\ 0 & 1 & 0 & 0 & 1 & 0 & 500 \\ 0 & 0 & -1 & 0 & 1 & 1 & 300 \\ 0 & 0 & 0 & -1 & 0 & 1 & 100 \\ 0 & 0 & 0 & 0 & 0 & 0 & 0 \end{pmatrix}.$$

由于该非齐次线性方程组的系数矩阵 A 和增广矩阵 AB 的秩 $r(A) = r(AB) = 4 < 6$,故方程组有无穷多组解.

继续对阶梯形矩阵作初等行变换,化成简化阶梯形矩阵:

$$\xrightarrow{-r_4}\begin{pmatrix} 1 & -1 & 0 & 0 & 0 & 0 & -200 \\ 0 & 1 & 0 & 0 & 1 & 0 & 500 \\ 0 & 0 & -1 & 0 & 1 & 1 & 300 \\ 0 & 0 & 0 & 1 & 0 & -1 & -100 \\ 0 & 0 & 0 & 0 & 0 & 0 & 0 \end{pmatrix}\xrightarrow{-r_3}\begin{pmatrix} 1 & -1 & 0 & 0 & 0 & 0 & -200 \\ 0 & 1 & 0 & 0 & 1 & 0 & 500 \\ 0 & 0 & 1 & 0 & -1 & -1 & -300 \\ 0 & 0 & 0 & 1 & 0 & -1 & -100 \\ 0 & 0 & 0 & 0 & 0 & 0 & 0 \end{pmatrix}$$

$$\xrightarrow{r_1+r_2}\begin{pmatrix} 1 & 0 & 0 & 0 & 1 & 0 & 300 \\ 0 & 1 & 0 & 0 & 1 & 0 & 500 \\ 0 & 0 & 1 & 0 & -1 & -1 & -300 \\ 0 & 0 & 0 & 1 & 0 & -1 & -100 \\ 0 & 0 & 0 & 0 & 0 & 0 & 0 \end{pmatrix}.$$

写出其对应方程组:

$$\begin{cases} s+v=300, \\ t+v=500, \\ u-v-x=-300, \\ w-x=-100. \end{cases}$$

选取 v,x 作为自由变量, 则有

$$\begin{cases} s=300-v, \\ t=500-v, \\ u=-300+v+x, \\ v=v, \\ w=-100+x, \\ x=x \end{cases} \quad (\text{其中 } v,x \text{ 作为自由未知量}).$$

由于通过各路段的车辆数 s,t,u,v,w,x 必须为非负整数,故方程组的解未必是原问题的解,但根据方程组的解可推断出原问题解的某些性质. 例如,由

$$\begin{cases} s=300-v\geq 0, \\ t=500-v\geq 0, \\ u=-300+v+x\geq 0, \\ v=v\geq 0, \\ w=-100+x\geq 0, \\ x=x\geq 0 \end{cases}$$

可知,方程组的解能作为原问题的解需满足条件 $v\leq 300, x\geq 100, v+x\geq 300$. 由此可获得交通管理的有用信息:若每小时通过 EC 段的车辆太少(不超过 100 辆),或每小时通过 BC 及 EC 段的车辆总数不超过 300 辆,则交通平衡将被破坏,在这一路段将出现堵车现象.

案例 5-2-16【营养配餐】 (接案例 5-2-12)由题意建立如下方程组:

$$\begin{cases} 3x_1+2x_2+2x_3+6x_4=78, \\ 2x_1+3x_2+5x_3+0x_4=67, \\ 8x_1+6x_2+4x_3+7x_4=146, \\ 5x_1+5x_2+7x_3+6x_4=153. \end{cases}$$

解:对增广矩阵 AB 施行初等行变换,将其化为阶梯形矩阵:

$$(AB) = \begin{pmatrix} 3 & 2 & 2 & 6 & 78 \\ 2 & 3 & 5 & 0 & 67 \\ 8 & 6 & 4 & 7 & 146 \\ 5 & 5 & 7 & 6 & 153 \end{pmatrix} \xrightarrow{r_1-r_2} \begin{pmatrix} 1 & -1 & -3 & 6 & 11 \\ 2 & 3 & 5 & 0 & 67 \\ 8 & 6 & 4 & 7 & 146 \\ 5 & 5 & 7 & 6 & 153 \end{pmatrix}$$

$$\xrightarrow[\substack{r_2-2r_1 \\ r_3-8r_1 \\ r_4-5r_1}]{} \begin{pmatrix} 1 & -1 & -3 & 6 & 11 \\ 0 & 5 & 11 & -12 & 45 \\ 0 & 14 & 28 & -41 & 58 \\ 0 & 10 & 22 & -24 & 19 \end{pmatrix} \xrightarrow{r_4-2r_2} \begin{pmatrix} 1 & -1 & -3 & 6 & 11 \\ 0 & 5 & 11 & -12 & 45 \\ 0 & 14 & 28 & -41 & 58 \\ 0 & 0 & 0 & 0 & -71 \end{pmatrix}$$

$$\xrightarrow{3r_2-r_3} \begin{pmatrix} 1 & -1 & -3 & 6 & 11 \\ 0 & 1 & 5 & 5 & 77 \\ 0 & 14 & 28 & -41 & 58 \\ 0 & 0 & 0 & 0 & -71 \end{pmatrix} \xrightarrow{r_3-14r_2} \begin{pmatrix} 1 & -1 & -3 & 6 & 11 \\ 0 & 1 & 5 & 5 & 77 \\ 0 & 0 & -42 & -111 & -208 \\ 0 & 0 & 0 & 0 & -71 \end{pmatrix}.$$

因为 $r(A)=3, r(AB)=4$,所以原方程组无解,即营养师的想法不可行.

2)齐次线性方程组解的判定

由于齐次线性方程组中,$r(AB)=r(A)$,因此齐次线性方程组恒有解.由定理 5-2-2 知,当 $r(A)=n$ 时,齐次线性方程组只有零解,当 $r(A)<n$ 时,齐次线性方程组有无穷多解.于是有以下推论.

推论 5-2-1 设齐次线性方程组为 $AX=O$,A 为 $m\times n$ 系数矩阵,则:

(1)当 $r(A)<n$ 时,齐次线性方程组有非零解;

(2)当 $r(A)=n$ 时,齐次线性方程组只有零解.

例 5-2-19 解齐次线性方程组 $\begin{cases} x_1+3x_2-2x_3+2x_4-x_5=0, \\ x_3+2x_4-x_5=0, \\ 2x_1+6x_2-4x_3+5x_4+7x_5=0, \\ x_1+3x_2-4x_3+19x_5=0. \end{cases}$

解:对系数矩阵 A 施行初等行变换,将其化为阶梯形矩阵:

$$A = \begin{pmatrix} 1 & 3 & -2 & 2 & -1 \\ 0 & 0 & 1 & 2 & -1 \\ 2 & 6 & -4 & 5 & 7 \\ 1 & 3 & -4 & 0 & 19 \end{pmatrix} \xrightarrow[r_4-r_1]{r_3-2r_1} \begin{pmatrix} 1 & 3 & -2 & 2 & -1 \\ 0 & 0 & 1 & 2 & -1 \\ 0 & 0 & 0 & 1 & 9 \\ 0 & 0 & -2 & -2 & 20 \end{pmatrix}$$

$$\xrightarrow{r_4+2r_2} \begin{pmatrix} 1 & 3 & -2 & 2 & -1 \\ 0 & 0 & 1 & 2 & -1 \\ 0 & 0 & 0 & 1 & 9 \\ 0 & 0 & 0 & 2 & 18 \end{pmatrix} \xrightarrow{r_4-2r_3} \begin{pmatrix} 1 & 3 & -2 & 2 & -1 \\ 0 & 0 & 1 & 2 & -1 \\ 0 & 0 & 0 & 1 & 9 \\ 0 & 0 & 0 & 0 & 0 \end{pmatrix}.$$

显然 $r(A)=3<5$,所以方程组有非零解.继续对阶梯形矩阵作初等行变换,化成简化阶梯形矩阵:

$$\begin{pmatrix} 1 & 3 & -2 & 2 & -1 \\ 0 & 0 & 1 & 2 & -1 \\ 0 & 0 & 0 & 1 & 9 \\ 0 & 0 & 0 & 0 & 0 \end{pmatrix} \xrightarrow{r_1+2r_2} \begin{pmatrix} 1 & 3 & 0 & 6 & -3 \\ 0 & 0 & 1 & 2 & -1 \\ 0 & 0 & 0 & 1 & 9 \\ 0 & 0 & 0 & 0 & 0 \end{pmatrix} \xrightarrow[r_2-2r_3]{r_1-6r_3} \begin{pmatrix} 1 & 3 & 0 & 0 & -57 \\ 0 & 0 & 1 & 0 & -19 \\ 0 & 0 & 0 & 1 & 9 \\ 0 & 0 & 0 & 0 & 0 \end{pmatrix}.$$

写出其对应的方程组

$$\begin{cases} x_1 + 3x_2 - 57x_5 = 0, \\ x_3 - 19x_5 = 0, \\ x_4 + 9x_5 = 0. \end{cases}$$

取 x_2, x_5 作为自由向量,解得原方程组的一般解为

$$\begin{cases} x_1 = -3x_2 + 57x_5, \\ x_2 = x_2, \\ x_3 = 19x_5, \\ x_4 = -9x_5, \\ x_5 = x_5 \end{cases} \quad (x_2, x_5 \text{ 是自由未知量}).$$

例 5-2-20 解齐次线性方程组 $\begin{cases} x_1 + x_2 - x_3 = 0, \\ x_2 + x_3 = 0, \\ x_1 - 2x_2 + 3x_3 = 0. \end{cases}$

解:对系数矩阵 A 施行初等行变换,将其化为阶梯形矩阵:

$$A = \begin{pmatrix} 1 & 1 & -1 \\ 0 & 1 & 1 \\ 1 & -2 & 3 \end{pmatrix} \xrightarrow{r_3-r_1} \begin{pmatrix} 1 & 1 & -1 \\ 0 & 1 & 1 \\ 0 & -3 & 4 \end{pmatrix} \xrightarrow{r_3+3r_2} \begin{pmatrix} 1 & 1 & -1 \\ 0 & 1 & 1 \\ 0 & 0 & 7 \end{pmatrix}.$$

显然 $r(A) = 3$,所以方程组只有零解,即 $x_1 = x_2 = x_3 = 0$ 为方程组的解.

案例 5-2-17【化学方程式的平衡问题】 (接案例 5-2-14)由题意可得齐次线性方程组

$$\begin{cases} x_1 - 6x_4 = 0, \\ 2x_1 + x_2 - 2x_3 - 6x_4 = 0, \\ 2x_2 - 12x_4 = 0. \end{cases}$$

解:对系数矩阵 A 施行初等行变换,将其化为阶梯形矩阵:

$$\begin{pmatrix} 1 & 0 & 0 & -6 \\ 2 & 1 & -2 & -6 \\ 0 & 2 & 0 & -12 \end{pmatrix} \xrightarrow{r_2-2r_1} \begin{pmatrix} 1 & 0 & 0 & -6 \\ 0 & 1 & -2 & 6 \\ 0 & 2 & 0 & -12 \end{pmatrix} \xrightarrow{r_3-2r_2} \begin{pmatrix} 1 & 0 & 0 & -6 \\ 0 & 1 & -2 & 6 \\ 0 & 0 & 4 & -24 \end{pmatrix}.$$

$r(A) = 3 < 4$,故方程组有非零解.

继续对阶梯形矩阵作初等行变换,化成简化阶梯形矩阵:

$$\begin{pmatrix} 1 & 0 & 0 & -6 \\ 0 & 1 & -2 & 6 \\ 0 & 0 & 4 & -24 \end{pmatrix} \xrightarrow{\frac{1}{4} \times r_3} \begin{pmatrix} 1 & 0 & 0 & -6 \\ 0 & 1 & -2 & 6 \\ 0 & 0 & 1 & -6 \end{pmatrix} \xrightarrow{r_2+2r_3} \begin{pmatrix} 1 & 0 & 0 & -6 \\ 0 & 1 & 0 & -6 \\ 0 & 0 & 1 & -6 \end{pmatrix}.$$

写出其对应的方程组

$$\begin{cases} x_1 - 6x_4 = 0, \\ x_2 - 6x_4 = 0, \\ x_3 - 6x_4 = 0. \end{cases}$$

取 x_4 作为自由向量,则有

$$\begin{cases} x_1 = 6x_4, \\ x_2 = 6x_4, \\ x_3 = 6x_4, \\ x_4 = x_4 \end{cases} \quad (x_4 \text{ 是自由未知量}).$$

特别地,取 $x_4 = 1$ 时,$x_1 = x_2 = x_3 = 6$,此时化学反应式为

$$6CO_2 + 6H_2O = 6O_2 + C_6H_{12}O_6.$$

【阅读材料】

一、矩阵的发展简史

矩阵是数学中的一个重要的基本概念,是代数学的一个主要研究对象,也是数学研究和应用的一个重要工具."矩阵"这个词是由西尔维斯特(Sylvester,1814—1897)首先使用的,他为了将数字的矩形阵列区别于行列式而发明了这个术语.实际上,"矩阵"这个课题在诞生之前就已经发展得很好了.行列式的大量工作明显地表现出来,为了很多目的,不管行列式的值是否与问题有关,矩阵本身可以研究和使用,矩阵的许多基本性质也是在行列式的发展中建立起来的.在逻辑上,矩阵的概念应先于行列式的概念,然而在历史上次序正好相反.

英国数学家凯莱(A. Cayley,1821—1895)一般被公认为矩阵论的创立者,因为他首先把矩阵作为一个独立的数学概念提出来,并首先发表了关于这个题目的一系列文章.凯莱在研究线性变换下的不变量时,首先引进矩阵以简化记号.1858 年,他发表了关于这一课题的第一篇论文《矩阵论的研究报告》,系统地阐述了关于矩阵的理论.文中他定义了矩阵的相等、矩阵的运算法则、矩阵的转置以及矩阵的逆等一系列基本概念,指出了矩阵加法的可交换性与可结合性.另外,凯莱还给出了矩阵的特征方程和特征根(特征值)以及有关矩阵的一些基本结果.

1855 年,埃米特(C. Hermite,1822—1901)证明了别的数学家发现的一些矩阵类的特征根的特殊性质,如现在称为埃米特矩阵的特征根性质等.后来,克莱伯施(A. Clebsch,1831—1872)、布克海姆(A. Buchheim)等证明了对称矩阵的特征根性质.泰伯(H. Taber)引入矩阵的迹的概念并给出了一些有关的结论.

在矩阵论的发展史上,弗罗伯纽斯(G. Frobenius,1849—1917)的贡献是不可磨灭的.他讨论了最小多项式问题,引进了矩阵的秩、不变因子和初等因子、正交矩阵、矩阵的相似变换、合同矩阵等概念,以合乎逻辑的形式整理了不变因子和初等因子的理论,并讨论了正交矩阵与合同矩阵的一些重要性质.

1854 年,约当研究了将矩阵化为标准型的问题.1892 年,梅茨勒(H. Metzler)引进了矩阵的超越函数的概念并将其写成矩阵的幂级数的形式.傅里叶、西尔和庞加莱的著作中还讨论了

无限阶矩阵问题,这主要是适用方程发展的需要而开始的.

矩阵本身所具有的性质依赖于元素的性质,矩阵由最初作为一种工具经过两个多世纪的发展,现在已成为独立的一门数学分支——矩阵论. 而矩阵论又可分为矩阵方程论、矩阵分解论和广义逆矩阵论等矩阵的现代理论. 矩阵及其理论已广泛地应用于现代科技的各个领域.

二、机器人手臂的移动

矩阵的运算在工程设计、机器制造和计算机应用,甚至卫星通信等方面都有着广泛的应用. 机器人手臂的移动的方位确定便是其中的典型一例.

当一个带有许多旋转关节的机器人手臂改变其关节角度 $\theta_i(i=1,2,3,4)$ 时,位于末端的工具(如图 5-2-4 中的夹具)也能移动. 如果能知道移动后关节新的 θ_i,就能够精确地预测出末端在哪里及其所指的方向,这个问题涉及矩阵的乘法.

对于每个关节来说,有一个 $4×4$ 的矩阵 M_i,其元素通过把夹角 θ_i 代入相应的公式中,就能计算出来,然后再通过各 M_i 相乘来计算总的方位.

$$P = M_1 M_2 \cdots M_n,$$

式中,n 是关节数,对图 5-2-4 所示机器人的手臂,将由 4 个矩阵相乘.

矩阵 P 最后一列的前 3 个元素是夹具位置的 3 个坐标,其他元素表示了夹具的方位,即它的指向.

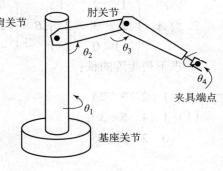

图 5-2-4

实际上,人们经常需要反过来进行这种计算,机器人要确定它的夹具在哪里以及夹具在空间的方位,然后求出能实现这个步骤的关节的转角,对于这种"运动学逆问题",也需要矩阵相乘的运算.

动物的身体和人体在支配其手臂时,也面临相同的问题. 如果希望按一下门铃,则要把手指放到门铃上并指向正确的位置. 人类靠大脑去指挥手臂的关节移动来完成这一动作.

现实生活中的许多问题都要用到线性代数的知识,这要靠读者去发现并加以解决.

应用二 练习

一、基础练习

1. 已知 $\begin{pmatrix} a & 2b \\ c & -8 \end{pmatrix} = \begin{pmatrix} 2d & d \\ 1 & 2a \end{pmatrix}$,求 a,b,c,d 的值.

2. 设 $A = \begin{pmatrix} 0 & 2 & 3 \\ 1 & 3 & 4 \\ 2 & 0 & 3 \end{pmatrix}$,$B = \begin{pmatrix} 3 & 2 & 1 & 0 \\ 2 & -1 & -1 & 1 \\ 0 & -1 & 3 & 2 \end{pmatrix}$,$C = \begin{pmatrix} -1 & 2 & 3 & 4 \\ 0 & 2 & 0 & -1 \\ -1 & 1 & 3 & 1 \end{pmatrix}$,求 $A + 2B - C$.

3. 设 $A = \begin{pmatrix} 1 & 2 & 1 \\ 2 & 1 & 2 \end{pmatrix}$,$B = \begin{pmatrix} 4 & 3 & 2 \\ -2 & 1 & -2 \end{pmatrix}$,求:(1)$3A - B$;(2)$2A + 3B$;(3)若 X 满足 $A + X = B$,求 X;(4)若 Y 满足 $(2A - Y) + 2(B - Y) = O$,求 Y.

4. 计算：

(1) $\begin{pmatrix} 3 & 1 \\ 2 & -1 \end{pmatrix} \begin{pmatrix} 4 & 5 \\ -1 & 3 \end{pmatrix}$；

(2) $\begin{pmatrix} 1 & 2 & 3 \\ -2 & 1 & 2 \end{pmatrix} \begin{pmatrix} 1 & 2 & 0 \\ 0 & 1 & 1 \\ 3 & 0 & -1 \end{pmatrix}$；

(3) $\begin{pmatrix} 0 & 0 & 1 \\ 0 & 1 & 0 \\ 1 & 0 & 0 \end{pmatrix} \begin{pmatrix} 1 & 2 \\ 3 & 4 \\ 5 & 6 \end{pmatrix}$；

(4) $\begin{pmatrix} 1 \\ 2 \\ 3 \end{pmatrix} (1 \ 2 \ 3)$；

(5) $(1 \ 2 \ 2 \ 1) \begin{pmatrix} 2 \\ 4 \\ 4 \\ 2 \end{pmatrix}$；

(6) $\begin{pmatrix} 3 & 1 & 2 & -1 \\ 0 & 3 & 1 & 0 \end{pmatrix} \begin{pmatrix} 1 & 0 & 5 \\ 0 & 2 & 0 \\ 1 & 0 & 1 \\ 0 & 3 & 0 \end{pmatrix} \begin{pmatrix} -1 & 0 \\ 1 & 5 \\ 0 & 2 \end{pmatrix}$.

5. 设 $A = \begin{pmatrix} 1 & 2 & -1 \\ 2 & 3 & 2 \\ -1 & 0 & 2 \end{pmatrix}, B = \begin{pmatrix} 0 & 1 & 2 \\ 2 & -1 & 0 \\ -1 & -1 & 3 \end{pmatrix}$，求 $A^T, B^T, (AB)^T$.

6. 求下列矩阵的秩：

(1) $\begin{pmatrix} 1 & 2 & 3 & 2 \\ 1 & 4 & 5 & 3 \\ 0 & 2 & 2 & 1 \end{pmatrix}$；

(2) $\begin{pmatrix} 2 & 4 & 1 & 0 \\ 1 & 0 & 3 & 2 \\ -1 & 5 & -3 & 1 \\ 0 & 1 & 0 & 2 \end{pmatrix}$；

(3) $\begin{pmatrix} 0 & 1 & 1 & -1 & 2 \\ 0 & 2 & 2 & 2 & 0 \\ 0 & -1 & -1 & 1 & 1 \\ 1 & 1 & 0 & 0 & -1 \end{pmatrix}$；

(4) $\begin{pmatrix} 1 & 0 & 0 & 1 & 4 \\ 0 & 1 & 0 & 2 & 5 \\ 0 & 0 & 1 & 3 & 6 \\ 1 & 2 & 3 & 14 & 32 \\ 4 & 5 & 6 & 32 & 77 \end{pmatrix}$.

7. 解下列线性方程组：

(1) $\begin{cases} x_1 + x_2 + x_3 = 1, \\ x_2 + 2x_3 = 1, \\ 5x_1 + 2x_2 + 5x_3 = 2; \end{cases}$

(2) $\begin{cases} x_1 + 3x_2 + 3x_3 - 2x_4 + x_5 = 3, \\ 2x_1 + 6x_2 + x_3 - 3x_4 = 2, \\ x_1 + 3x_2 - 2x_3 - x_4 - x_5 = -1, \\ 3x_1 + 9x_2 + x_3 - 5x_4 + x_5 = 5; \end{cases}$

(3) $\begin{cases} x_1 + 2x_2 + x_3 - x_4 = 0, \\ 3x_1 + 6x_2 - x_3 - 3x_4 = 0, \\ 5x_1 + 10x_2 + x_3 - 5x_4 = 0; \end{cases}$

(4) $\begin{cases} 2x_1 + 3x_2 - x_3 + 5x_4 = 0, \\ 3x_1 + x_2 + 2x_3 - 7x_4 = 0, \\ 4x_1 + x_2 - 3x_3 + 6x_4 = 0, \\ x_1 - 2x_2 + 4x_3 - 7x_4 = 0. \end{cases}$

8. 当 a 取何值时，下列线性方程组有解？无解？在有解时，求其解.

$$\begin{cases} x_1 - 2x_2 + 3x_3 - 4x_4 = 4, \\ x_2 - x_3 + x_4 = -3, \\ x_1 + 3x_2 - 3x_4 = 1, \\ -7x_2 + 3x_3 + x_4 = a. \end{cases}$$

9. 当 a 取何值时,下列齐次线性方程组只有零解?有非零解?求其解.

$$\begin{cases} x_1 - 2x_2 + x_3 - x_4 = 0, \\ 2x_1 + x_2 - x_3 + x_4 = 0, \\ x_1 + 7x_2 - 5x_3 + 5x_4 = 0, \\ 3x_1 - x_2 - 2x_3 - ax_4 = 0. \end{cases}$$

二、应用练习

1.【交易表】一个由五金化工、石油能源和机械三个部门构成的经济体系.化工部门25%的产出给石油部门,55%的产出给机械部门,保留余下的产出.石油部门70%的产出给化工部门,20%的产出给机械部门,保留余下的产出.机械部门45%的产出给化工部门,40%的产出给石油部门,保留余下的产出.试用矩阵写出该经济体系的交易表.

2.【调运方案】某物流公司负责两种商品(单位:t)从 M、N 两个产地运往甲、乙、丙三个销地的运输,调运方案可用两个矩阵表示如下:

$$A = \begin{pmatrix} 8 & 3 & 3 \\ 2 & 4 & 7 \end{pmatrix}, \quad B = \begin{pmatrix} 0 & 3 & 2 \\ 5 & 1 & 6 \end{pmatrix}.$$

其中 A 表示第一种商品的调运方案,B 表示第二种商品的调运方案,$a_{ij}(b_{ij})$ 表示商品从第 i 个产地运往第 j 个销地的数量. $i = 1,2$ 分别代表产地 M、N;$j = 1,2,3$ 分别代表销地甲、乙、丙.试用矩阵运算求从各产地运往各销地的两种商品的总运量.

3.【建筑用量】某校明、后两年计划建设教学楼与宿舍楼的建筑面积及建筑材料消耗用量见表 5-2-5.

表 5-2-5

项目	建筑面积/100 m²		每 100 m² 建筑材料消耗量		
	明年	后年	钢材/t	水泥/t	木材/m³
教学楼	20	30	2	18	4
宿舍楼	10	20	1	15	5

试用矩阵运算求明、后两年的建筑材料用量.

4.【配药问题】药剂师有 A,B 两种药水,其中 A 药水含盐3%,B 药水含盐8%,问能否用这两种药水配制出 2 L 含盐6%的药水?如果可以,需要 A,B 药水各多少?

5.【投资方式】某公司投资60万元建设 A、B、C 三个项目,希望能从中收益5.4万元,其中项目 A 的收益率为6%,项目 B 的收益率为12%,项目 C 的收益率为10%,问在 A、B、C 三个项目上有多少种投资方式?

模块六 软件 Mathematica 数学实训

实训一 Mathematica 入门

一、实训内容

Mathematica 基本操作、数值运算、函数绘图.

二、实训目的

通过软键盘基本操作的学习,学会基本数值运算及描绘函数的图形.

三、实训过程

1. Mathematica 介绍

1) Mathematica 的主要特点和功能

(1) Mathematica 的特点:

Mathematica 系统是用 C 语言编写的,它吸取了不同类型软件的特点:

①具有类似于 Basic 语言的简单易学的交互式操作方式.

②具有 MathCAD,Matlab 那样强大的数值计算功能.

③具有 Macsyma,Maple,Reduce 和 SMP 那样的符号计算功能.

④具有 APL 和 Lisp 那样的人工智能列表处理功能.

⑤具有 C 和 Pascal 那样的结构化程序设计语言.

(2) Mathematica 的功能:

①符号运算.

a. 初等数学:可进行各种数和初等函数式的计算与化简.

b. 微积分及积分变换:可求极限、导数、微分、不定积分和定积分、极值、函数展开成级数、无穷级数求和及积分变换等.

c. 线性代数:可进行行列式、矩阵的各种运算,线性方程组的求解等.

d. 解方程组:能解各类方程组(包括微分方程组).

②数值计算.

Mathematica 含有很多数值计算函数,涉及线性代数、插值与拟合、数值积分、微分方程的数值解、极值、线性规划、概率论与数理统计等.

③绘图.

Mathematica 有很强的作图能力,可以很方便地画出一元函数的平面图形和二元函数的三维图形,并在同一坐标系内进行不同图形的比较,还可对图形进行动态演示.

④编程.

Mathematica 容许用户编制各种程序(文本文件),开发新的功能.用户开发的功能可以在软件启动时被调入,同软件的使用功能不尽相同.

2) Mathematica 的基本要求

(1)安装

正确安装 Mathematica 的软件,会在相应的文件夹"Mathematica"中出现"Mathematica.exe"的徽章图标,在"开始"菜单里将鼠标移向"程序",就会看见该文件夹.通常可以将其快捷方式拖到桌面上.每次用鼠标双击该图标,就会出现一个窗口,表示 Mathematica 已经启动(图6-1-1).

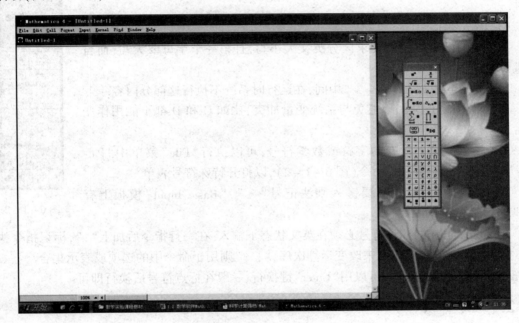

图6-1-1

Mathematica 的主界面窗口和一般 Windows 软件窗口很相似,它也可以进行拖动、放大、缩小操作.要退出系统,单击右上角的关闭按钮即可,也可以选择"File"菜单,再选"Exit"命令即可.

(2)工作环境

在主窗口上方是工作栏,第一行为标题行,显示所使用的 Notebook 文件名,初次打开时开始显示为"Untitleb-1".第二行为工具菜单(也称工具栏).Notebook 窗口与工作栏是独立的,可以关闭 Notebook 窗口,只留下工具栏,也可以打开多个工作窗口,这些窗口也可以是分开的,在 Windows 菜单中可以设置窗口的排列方式.

工具栏上有9个菜单项,单击菜单项会弹出下拉式菜单.下面重点讲解其中8个菜单项的常用的命令.

①"File"是文件管理菜单.它的主要功能是新建文件(New)、打开(Open)或关闭(Close)

文件以及保存(Save)文件等.

②"Edit"为编辑命令菜单.常用的命令有剪切(Cut)、复制(Copy)、粘贴(Paste)、选择(Select)、全选(All)以及取消(Undo)等.

③"Cell"为"单元"菜单,"单元"是指工作窗口中输入的一组命令及其输出的一组结果.

④"Format"是格式菜单. Mathematica 支持多种输入格式,如支持汉字输入.

⑤"Kernel"是执行计算菜单. 当输入完表达式后,选取"kernel"菜单中的"Evaluate cells"项,就可对鼠标所停留处的"单元"执行计算任务. 通常使用组合键"Shift + Enter".

⑥"Find"为搜索与替换菜单.

⑦"Windows"是窗口设置菜单. 它可以将同时打开的窗口层叠、垂直或水平摆放,以方便使用.

⑧"Help"是帮助菜单,使用时可打开"Help Browser"项,以获得系统帮助文件.

(3)语法要求

①系统的函数(命令)要求区分英文大小写,且第一个字母要大写,而自变量要求放在方括号"[ ]"内.

②注释语句要放在"* *"中间,在运行时系统不执行这部分内容.

③变量名最好小写,以避免与系统变量冲突,比如 C 和 D 都不能用作变量名.

④若输入键盘上没有的字符或数学符号,可以执行"File"菜单中"Palettes"项里的"Basic Input"命令(图 6-1-2),以打开特殊符号表单.

⑤两个式子相乘,中间要键入乘法记号" * ","Basic Input"模板上有"×".

图 6-1-2

⑥Mathematica 的标点符号必须在英文状态下输入. 在一行指令后加上";",标识指令执行但不显示结果."( )"仅用来改变运算次序,"{ }"则用于命令中的选项或表示集合.

⑦当一行命令过长时,可以用"Enter"键换行,一般在标点符号后换行即可.

2. 基本命令

1)基本运算

双击 Mathematica 图标 ,启动 Mathematica 系统,计算机屏幕上出现 Mathematica 的主工作窗口,此时可以通过键盘或"Basic Input"模板输入要计算的表达式.

N[表达式]用于计算表达式的近似值,Mathematica 默认的有效数字位数为 16 位,但按标准输出只显示前 6 位有效数字,若要全部显示,则用"N[表达式]//InputForm"命令.

N[表达式,n]用于计算表达式的具有任意指定数字位数的近似值,指定数字的位数 n 应该大于 16,结果在末位是四舍五入的.

2)代数运算

Mathematica 的一个重要功能是进行代数公式演算,即符号运算.

Factor[多项式]用于多项式的因式分解.

Expand[多项式]用于多项式的展开.

3)解方程的命令

解方程的命令见表6-1-1.

表6-1-1

命令	意义
Solve[方程,变量]	求方程的解
Solve[{方程1,方程2,⋯},{变量1,变量2,⋯}]	求方程组的解

4)函数运算

常用数学符号与Mathematica输入的区别见表6-1-2.

表6-1-2

命令	意义
Log[x]	$\ln x$
Log[a,x]	$\log_a x$
Sin[x]	$\sin x$
Cos[x]	$\cos x$
Tan[x]	$\tan x$
ArcSin[x]	$\arcsin x$
ArcTan[x]	$\arctan x$
Sin[x²]	$\sin x^2$
Sin[x]²	$\sin^2 x$

定义函数的命令见表6-1-3.

表6-1-3

命令	意义
f[x_]:=函数表达式	$f(x)$=函数表达式
f[x_]:=函数表达式1/;x的范围1 f[x_]:=函数表达式2/;x的范围2 ⋮	$f(x)=\begin{cases}\text{函数表达式}1, & x\text{的范围}1,\\ \text{函数表达式}2, & x\text{的范围}2,\\ \vdots & \vdots\end{cases}$

5)一元函数图形

画一元函数图形的命令见表6-1-4.

表6-1-4

命令	意义
Plot[f,{x,a,b},选择项]	在$[a,b]$上画函数$f(x)$的图形
Plot[{f,g,⋯},{x,a,b},选择项]	在$[a,b]$上同时画函数$f(x),g(x)⋯$的图形

在用Mathematica系统作图时,可以使用选择项对所绘制图形的细节提出各种要求和设置.下面介绍一些在Mathematica系统下作图的常用选择项,见表6-1-5.

表 6-1-5

选择项	意义
AxesLabel→{x,y}	指定坐标轴的名称为 x,y
PlotStyle→Thickness[r]	定义函数 $f(x)$ 的图形的粗细,$0<r<1$
PlotStyle→Dashing[{d_1,d_2}]	定义函数 $f(x)$ 的图形的实线和虚线长度,$0<d_1,d_2<1$
PlotStyle→RGBColor[r,g,b]	给函数 $f(x)$ 的图形上色,r 为红色系数,g 为绿色系数,b 为蓝色系数,$0<r,g,b<1$

3. 实训案例

问题 1:先求表达式 $3 \times 2^2 + 12 \div (9-5)$ 的值,再求该表达式的平方.

解:在主工作窗口中输入表达式 $3 \times 2^2 + 12 \div (9-5)$ 后,再按"Shift + Enter"组合键,执行运算,这时工作窗会显示图 6-1-3 所示运算结果.

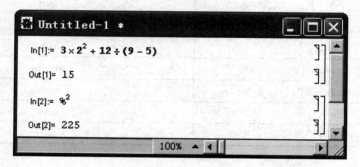

图 6-1-3

注:(1)"%"代表上一个输出结果,此处中指 15.

(2)"In[1]: ="及"In[2]: ="分别为第一输入行与第二输入行的标志,"Out[1] ="及"Out[2] ="分别为第一输出行与第二输出行的标志,它们都是计算机自动给出的.

问题 2:求 e 的近似值.

解:如图 6-1-4 所示.

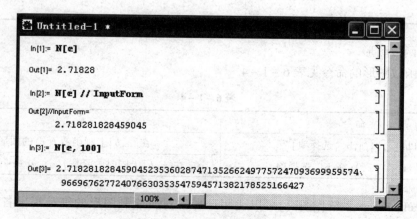

图 6-1-4

注：e 必须用"Basic Input"模块里的"ã"，绝不能用键盘上的"e"。

问题 3：设有多项式 $3x^2+2x-1$ 和 x^2-1，进行如下计算：

（1）将二者的积分解因式；

（2）将二者的积展开．

解：如图 6-1-5 所示．

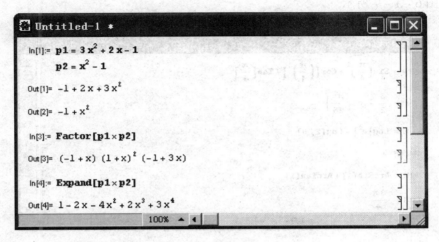

图 6-1-5

注：$p1=3x^2+2x-1$ 表示给变量 $p1$ 赋值 $3x^2+2x-1$．

问题 4：解下列方程(组)：

（1）$15x^6-13x^5-73x^4-55x^3-86x^2+140x-24=0$；

（2）$\sqrt{x-1}+\sqrt{x+1}=0$；

（3）$\begin{cases} x+y=1, \\ x^2+y^2=1. \end{cases}$

解：如图 6-1-6 所示．

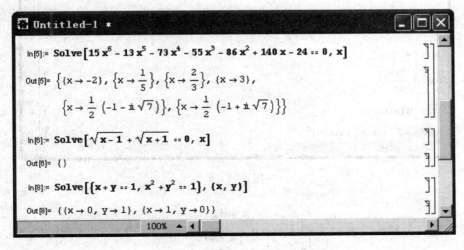

图 6-1-6

问题 5：求下列表达式的值：

(1) $\sin^2 \dfrac{\pi}{4} + \cos \dfrac{\pi^2}{4} + \tan \dfrac{\pi}{4}$；

(2) $\ln e^2 + \log_2 8$；

(3) $\arcsin 1 + \arctan 1$.

解：如图 6-1-7 所示.

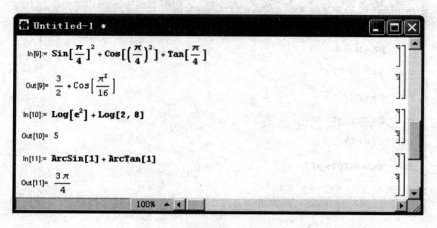

图 6-1-7

问题 6：定义函数 $f(x) = x^2 + x - 5$，并计算 $f\left(\dfrac{1}{2}\right)$，$\left[f\left(\dfrac{1}{2}\right)\right]^2$ 及 $f(\sin x)$.

解：如图 6-1-8 所示.

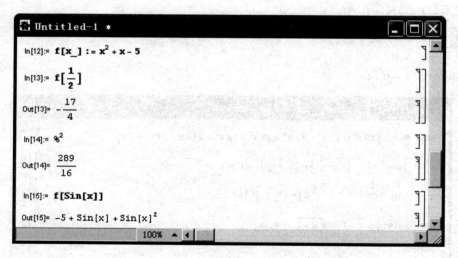

图 6-1-8

问题 7：定义分段函数 $f(x) = \begin{cases} x^2, & x \leq 0, \\ 1, & 0 < x \leq 2, \\ 3-x, & x > 2 \end{cases}$，并计算 $f(-2)$，$f(0.5)$ 及 $f(2.5)$.

解:如图 6-1-9 所示.

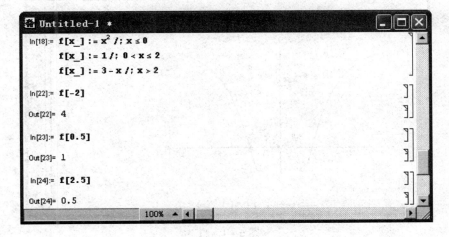

图 6-1-9

问题 8:做出函数 $f(x)=x\sin\dfrac{1}{x}$ 在区间 $[-1,1]$ 内的图形,并进行修饰.

解:图形如图 6-1-10 所示.

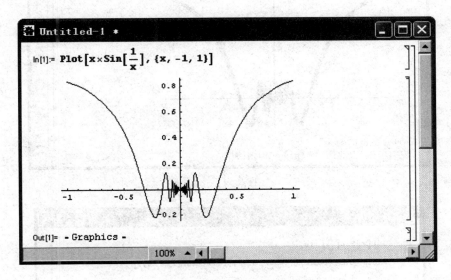

图 6-1-10

指定坐标轴的名称为 x,y,如图 6-1-11 所示.

将图形中的线条加粗,如图 6-1-12 所示.

将图形中的线条画成虚线,并上红色,如图 6-1-13 所示.

问题 9:在同一坐标系下使用不同的颜色和线宽做出函数 $f(x)=\sin x$ 与 $g(x)=\cos x$ 在区间 $[-2\pi,2\pi]$ 上的图形.

解:如图 6-1-14 所示.

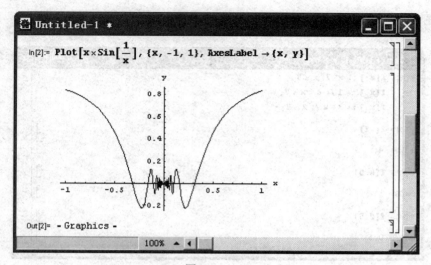

图 6-1-11

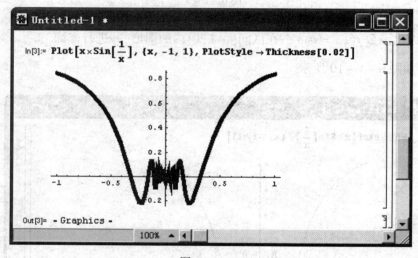

图 6-1-12

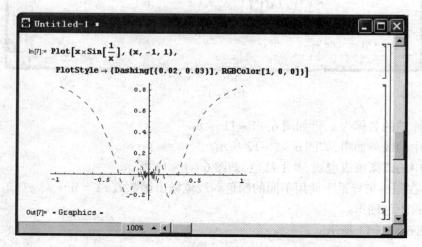

图 6-1-13

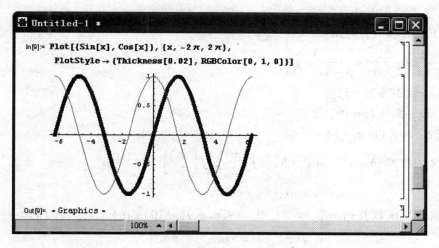

图 6-1-14

问题 10：做出函数 $f(x)=\begin{cases} e^x, & -5 \leqslant x<0 \\ 1-x, & 0 \leqslant x \leqslant 5 \end{cases}$ 的图形．

解：如图 6-1-15 所示．

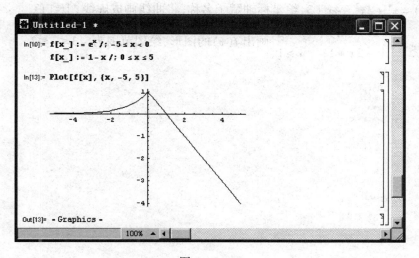

图 6-1-15

实训一 练习

1. 求算术表达式 $301^2+(\pi-2e)\div 2$ 的近似值．
2. 分解下列因式：
(1) $x^2+2xy+y^2-x-y$；
(2) $x^{24}-y^{24}$．
3. 设 $p_1=x^3-2x^2+x+1,p_2=4x^4-3x^2+1$，进行如下计算：
(1) 将二者的积分解因式；

(2)将二者的积展开.

4. 解下列方程或方程组：

(1) $\dfrac{x+1}{3x+1} + \dfrac{2x}{5-6x} = \dfrac{5}{5+9x-18x^2}$；

(2) $\begin{cases} x+2y-3z=3, \\ 3x-5y+7z=19, \\ 5x-8y-11z=-13. \end{cases}$

5. 定义函数 $f(x) = x^2 - \sin x^2 + 5$，求 $f\left(\dfrac{\pi}{2}\right)$，$\left[f\left(\dfrac{\pi}{2}\right)\right]^3$.

6. 定义分段函数 $f(x) = \begin{cases} e^x \sin x, & x \leqslant 0, \\ \ln x, & 0 < x \leqslant e, \\ \sqrt{x}, & x > e \end{cases}$，求 $f(-10)$，$f(1.5)$，$f(10)$ 的值.

7. 某厂生产某种产品 1 600 t，定价为 150 元/t，销售量在不超过 800 t 时，按原价出售，超过 800 t 时，超过部分按八折出售. 试求销售收入和销售量之间的函数关系.

8. 在区间 $[-10,10]$ 上画出下列函数的图形，并进行适当的修饰：

(1) $f(x) = 6\sin(x+3)\cos x$，给坐标轴赋予名称，将曲线加粗，上蓝色；

(2) $f(x) = x^4 + 3x^2 - 4x + 3$，给坐标轴赋予名称，将曲线画成虚线，上红色.

9. 设 $f(x) = \begin{cases} x^2 - \sin^2 x, & x \leqslant 0, \\ -2x+1, & x > 1, \end{cases}$ 画出 $f(x)$ 的图形，绘图范围为 $-3 \leqslant x \leqslant 3$.

实训二　函数的极限、导数、微分

一、实训内容

计算函数的极限、导数及微分.

二、实训目的

通过软键盘基本操作的学习,学会处理一元函数微分学的运算并应用.

三、实训过程

1. 基本命令

1) 用 Mathematica 进行极限运算

在 Mathematica 系统中,求函数极限的命令为 Limit. 其格式见表 6 - 2 - 1.

表 6 - 2 - 1

命令	意义
Limit[f[x] ,x→x_0]	$\lim\limits_{x \to x_0} f(x)$
Limit[f[x] ,x→x_0,Direction→ - 1]	$\lim\limits_{x \to x_0^+} f(x)$
Limit[f[x] ,x→x_0,Direction→1]	$\lim\limits_{x \to x_0^-} f(x)$
Limit[f[x] ,x→∞]	$\lim\limits_{x \to +\infty} f(x)$
Limit[f[x] ,x→ - ∞]	$\lim\limits_{x \to -\infty} f(x)$

2) 用 Mathematica 进行导数运算

(1) 计算函数 $y = f(x)$ 的导数

在 Mathematica 系统中,计算函数 $y = f(x)$ 的导数的命令见表 6 - 2 - 2.

表 6 - 2 - 2

命令	意义
Dt[f,x] 、Dt[f,x] 或模板输入 $\partial_\Box \Box$	计算导数 $\dfrac{\mathrm{d}f}{\mathrm{d}x}$
u = D[f,x] u/. x→x_0	计算导数 $\left.\dfrac{\mathrm{d}f}{\mathrm{d}x}\right\|_{x=x_0}$

(2) 计算由方程所确定的隐函数的导数

对由方程 $F(x,y)=0$ 所确定的隐函数 $y=f(x)$，Mathematica 系统中没有提供直接求隐函数的导数的命令，但可以通过下列方法完成计算过程，见表 6-2-3.

表 6-2-3

命令	意义
f = (方程)……定义函数 df = Dt[f, x]……求导数 Solve[df, Dt[y, x]]……解方程	计算由方程 $F(x,y)=0$ 所确定的隐函数 $y=f(x)$ 的导数 y'

(3) 计算由参数方程所确定的函数的导数

在 Mathematica 系统中，计算参数方程的导数的命令见表 6-2-4.

表 6-2-4

命令	意义
PD$\left[\{s=D[y,t], r=D[x,t]\}, \dfrac{s}{r}\right]$	求由 $\begin{cases} x=x(t) \\ y=y(t) \end{cases}$ 确定的函数 $y=f(x)$ 的导数 y'

(4) 用 Mathematica 进行高阶导数的运算

在 Mathematica 系统中，计算高阶导数的命令见表 6-2-5.

表 6-2-5

命令	意义
D[f, {x, n}]	计算导数 $\dfrac{d^n f}{dx^n}$
u = D[f, {x, n}] u/. x→x_0	计算导数 $\dfrac{d^n f}{dx^n}\bigg|_{x=x_0}$

3) 用 Mathematica 软件计算函数的极值

在 Mathematica 系统中求函数极值的命令见表 6-2-6.

表 6-2-6

命令	意义
FindMinimum[f, {x, x_0}]	以 $x=x_0$ 作为初始值求函数 $f(x)$ 在 x_0 附近的极小值，结果以 $\{f_{\min}, \{x \to x_{\min}\}\}$ 的形式输出，其中 $f_{\min}$ 是极小值，$x_{\min}$ 是极小值点

注明：(1) 在求函数极值时，首先要作出函数在某一区间的图形，通过图形观察函数在区间的不同区域内的大致极值点，然后用 FindMinimum 命令以这些点作为初始值搜索函数在这一区间内的极值.

(2) Mathematica 没有提供 FindMaximum 命令，如果想求出极大值，先将函数乘以 -1，再用 FindMinimum 命令求出的极小值乘以 -1 得到极大值.

4)用 Mathematica 进行微分运算

在 Mathematica 系统中,计算函数微分的命令见表 6-2-7.

表 6-2-7

命令	意义
Dt[f]	求函数 $y=f(x)$ 的微分 dy

2. 实训案例

问题 1:用 Mathematica 软件求下列极限:

(1) $\lim\limits_{x\to 0}\dfrac{e^x-1}{x}$;

(2) $\lim\limits_{x\to 0}\dfrac{\tan x-\sin x}{\sin^3 x}$;

(3) $\lim\limits_{x\to 0^+}3^{\frac{1}{x}}$;

(4) $\lim\limits_{x\to 0^-}3^{\frac{1}{x}}$;

(5) $\lim\limits_{x\to -\infty}\arctan x$;

(6) $\lim\limits_{x\to +\infty}\left(\dfrac{2x+5}{2x-1}\right)^{x+1}$;

(7) $\lim\limits_{n\to\infty}\left(1-\dfrac{n+1}{n^2-n}\right)^{\frac{n^2}{n+1}}$;

(8) $\lim\limits_{x\to 0}\sin\dfrac{1}{x}$.

解:如图 6-2-1 所示.

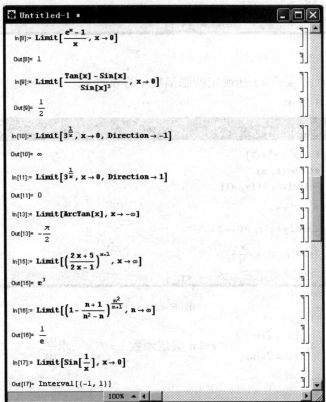

图 6-2-1

问题2:计算下列函数的导数:
(1) $y = (1-x)^5$,求 y';
(2) $y = (1+x)^x$,求 y';
(3) $y = e^x \cos x$,求 $y'\left(\dfrac{\pi}{2}\right)$.

解:如图6-2-2所示.

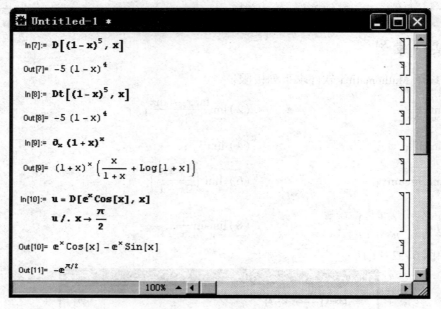

图6-2-2

问题3:求由方程 $x^2 + y^2 = 1$ 所确定的隐函数 y 的导数 y'.

解:如图6-2-3所示.

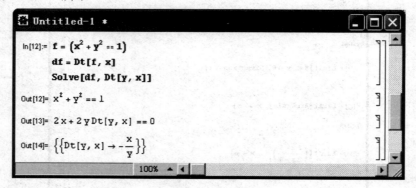

图6-2-3

问题4:由参数方程 $\begin{cases} x = 2\cos t \\ y = 2\sin t \end{cases}$, $0 \leqslant t \leqslant \pi$ 确定函数 $y = f(x)$,求 $\dfrac{\mathrm{d}y}{\mathrm{d}x}$.

解:如图6-2-4所示.

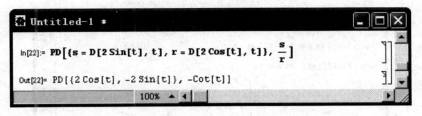

图 6-2-4

即
$$\frac{dy}{dx} = -\cot t.$$

问题 5：计算下列函数的高阶导数：

(1) $y = (1-x)^5$，求 y'''、$y^{(5)}$、$y^{(7)}$；

(2) $y = e^x \cos x$，求 $y''\left(\dfrac{\pi}{2}\right)$.

解：如图 6-2-5 所示.

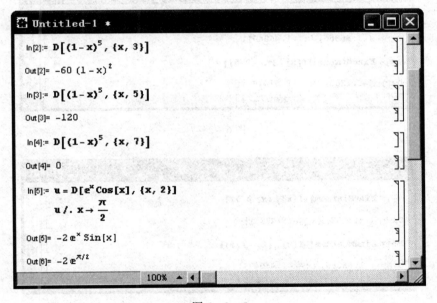

图 6-2-5

问题 6：求函数 $f(x) = 6e^{-\frac{x^2}{4}} \sin 3x + x$ 在 $[-2,2]$ 内的极值.

解：首先定义函数,并作出函数在区间 $[-2,2]$ 上的图形,如图 6-2-6 所示.

由于函数 $f(x)$ 有多个极小值,因此改变初始值能求得函数在不同区域的极小值,如图 6-2-7 所示.

在点 $x = 1.46049$ 处有极小值 -1.86866；在点 $x = -0.514795$ 处有极小值 -6.1282.

下面求函数的极大值,如图 6-2-8 所示.

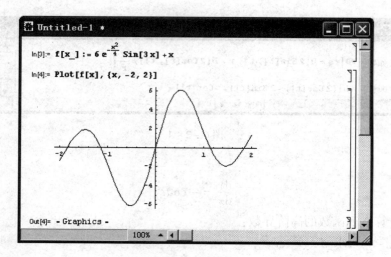

图 6-2-6

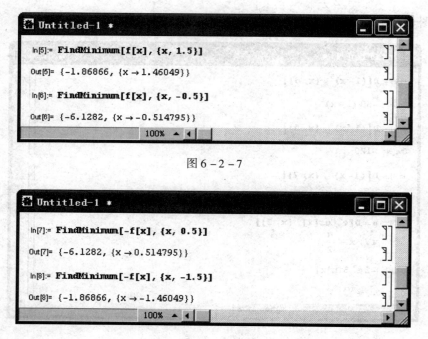

图 6-2-7

图 6-2-8

在点 $x = 0.514\,795$ 处有极大值 $6.128\,2$；在点 $x = -1.460\,49$ 处有极大值 $1.868\,66$.

问题 7：求函数 $y = \sin^3 2x$ 的微分 $\mathrm{d}y$.

解：如图 6-2-9 所示.

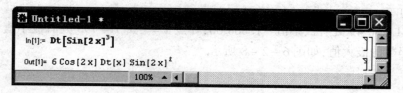

图 6-2-9

实训二 练习

1. 求下列函数的极限：

   (1) $\lim\limits_{x \to 0} \dfrac{\sin 5x}{x}$, $\lim\limits_{x \to 0} \dfrac{\tan 6x}{x}$, $\lim\limits_{x \to 0} \dfrac{\sin 3x}{\tan 5x}$；

   (2) $\lim\limits_{x \to \infty} \left(1 + \dfrac{3}{x}\right) 5x$, $\lim\limits_{x \to 0}(1 + 5x)^{\frac{1}{x}}$；

   (3) $\lim\limits_{x \to 4} \dfrac{\sqrt{1+2x}-3}{\sqrt{x}-2}$；

   (4) $\lim\limits_{x \to 0} \dfrac{1 - \cos x}{x^2}$, $\lim\limits_{x \to 0} x^2 \cdot e^{\frac{1}{x^2}}$；

   (5) $f(x) = 3^{\frac{1}{x}}$，求 $\lim\limits_{x \to 0^+} f(x)$, $\lim\limits_{x \to 0^-} f(x)$；

   (6) $\lim\limits_{x \to +\infty} e^x$, $\lim\limits_{x \to -\infty} e^x$.

2. 求下列函数的导数：

   (1) $y = x^3 + 3^x + e$，求 y'；

   (2) $y = \sin x + 3\arcsin x + \cos \dfrac{\pi}{3}$，求 $y'|_{x=0}$；

   (3) $y = \ln(1 + x^2)$，求 y'；

   (4) $y = \sin^2 3x$，求 $y'|_{x=\frac{\pi}{6}}$.

3. 求由方程 $x^3 + y^3 - 3x^2 y = 5$ 所确定的隐函数 y 的导数.

4. 求由参数方程 $\begin{cases} x = 2\cos t \\ y = 3\sin t \end{cases}$ 所确定的函数 y 的导数.

5. 求下列函数的高阶导数：

   (1) $y = x^6$，求 $y^{(6)}$；

   (2) $y = \sin x$，求 $y^{(9)}|_{x=\frac{\pi}{3}}$.

6. 求函数 $y = x^3 - 3x^2 - 9x + 1$ 在区间 $[-6, 6]$ 上的极值和极值点.

7. 【铁盒制作问题】用边长为 24 cm 的正方形铁皮做一个无盖的铁盒时，在铁皮的四角各截去一个面积相等的小正方形（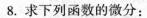），然后把四边形折起，就能焊成铁盒. 问在四角截去多大的正方形，才能使所做的铁盒容积最大？

8. 求下列函数的微分：

   (1) $y = \ln x + e^x$；

   (2) $y = \cos(3x + 2)$；

   (3) $y = \sin^3 2x + 3^{2x+1} + \arctan 5x$.

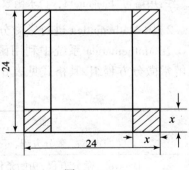

图 6-2-10

实训三　函数的积分学与微分方程

一、实训内容

计算函数的不定积分、定积分,求解微分方程.

二、实训目的

通过软键盘基本操作的学习并结合相关理论,学会计算函数积分的方法以及定积分的应用并会求解常微分方程.

三、实训过程

1. 基本命令

1) 用 Mathematica 进行积分运算

在 Mathematica 系统中,用 Integrate 函数或用模板中的积分运算符号进行积分的计算,其格式见表 6–3–1.

表 6–3–1

命令	意义
Integrate[f,x] 或用模块中的 $\int \square \, \mathrm{d}\square$	计算不定积分 $\int f(x) \, \mathrm{d}x$
Integrate[f,{x,a,b}] 或用模块中的 $\int_{\square}^{\square} \square \, \mathrm{d}\square$	计算定积分 $\int_{b}^{a} f(x) \, \mathrm{d}x$
Integrate[f,{x,a,∞}] 或用模块中的 $\int_{\square}^{\square} \square \, \mathrm{d}\square$	计算广义积分 $\int_{a}^{+\infty} f(x) \, \mathrm{d}x$

注:用语句"Integrate[f,x]"求函数 $f(x)$ 的不定积分时,得到的是 $f(x)$ 的一个原函数,而不是全体原函数.

2) 用 Mathematica 进行常微分方程的运算

在 Mathematica 系统中利用函数 DSolve 可以求线性与非线性常微分方程的通解、特解以及解常微分方程组. 其格式见表 6–3–2.

表 6–3–2

命令	意义
DSolve[微分方程,y[x],x]	求微分方程的通解
DSolve[{微分方程,初始条件},y[x],x]	求微分方程的特解
DSolve[{微分方程组},{y₁[x],y₂[x],…},x]	求微分方程组的通解
DSolve[{微分方程组,初始条件},{y₁[x],y₂[x],…},x]	求微分方程组的特解

注:(1) 在没有给定方程的初始条件的情况下,所得的解包括待定系数 C[1],C[2],C[3],….
(2) 微分方程要写成含变量导数的形式,例如不可写成 $(y+3)\mathrm{d}x + x\mathrm{d}y = 0$,要写成 $xy' + y + 3 = 0$.

(3) 由于 y 是 x 的函数,因此函数 y 以完整的形式 y[x] 表示.

(4) 输入函数 n 阶导数的符号有两种方式：

第一种,是按 n 次"单引号"键,不过阶数大就不适用了；

第二种,是用 D[y[x],{x,n}] 的形式.

2. 实训案例

问题 1：计算下列积分：

(1) $\int xe^{x^2}dx$;   (2) $\int_0^4 e^{\sqrt{x}}dx$;   (3) $\int_{-\infty}^{+\infty}\dfrac{1}{1+x^2}dx$.

解：(1) 如图 6-3-1 所示.

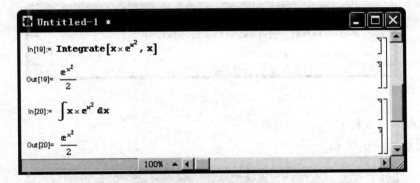

图 6-3-1

(2) 如图 6-3-2 所示.

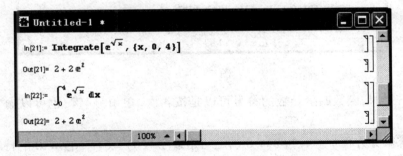

图 6-3-2

(3) 如图 6-3-3 所示.

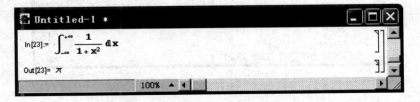

图 6-3-3

问题 2：求微分方程 $y'+2xy=xe^{-x^2}$ 的通解.

解:如图 6-3-4 所示.

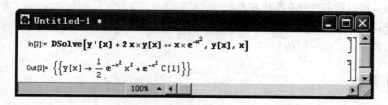

图 6-3-4

问题 3:求微分方程 $y' = y + x$ 满足初始条件 $y(0) = 1$ 的特解.
解:如图 6-3-5 所示.

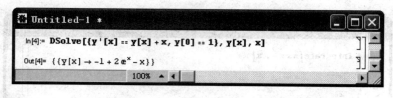

图 6-3-5

问题 4:求微分方程 $y^{(4)} = y$ 的通解.
解:如图 6-3-6 所示.

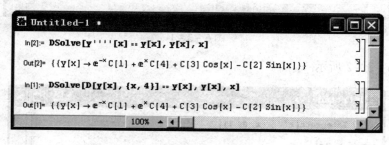

图 6-3-6

注:输入 $y^{(4)}$ 时,函数四阶导数的符号可以是按 4 次"单引号"键,也可以输入"D[y[x], {x,4}]".

问题 5:求微分方程 $y'' - 4y' + 3y = 0$ 满足初始条件 $y(0) = 6, y'(0) = 10$ 的特解.
解:如图 6-3-7 所示.

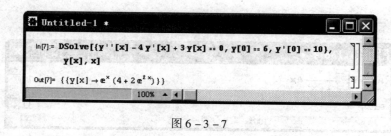

图 6-3-7

注:输入 y'' 时,函数二阶导数的符号是按两次"单引号"键.

问题 6：求微分方程组 $\begin{cases} x' = -4x - 2y + 2e^t \\ y' = 6x + 3y - 3e^t \end{cases}$ 在 $\begin{cases} x(1) = 0 \\ y(1) = 1 \end{cases}$ 的特解.

解：如图 6-3-8 所示.

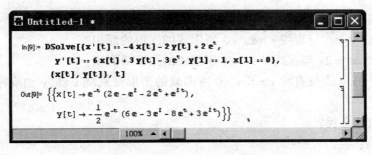

图 6-3-8

实训三　练习

1. 计算下列不定积分：

(1) $\int \sqrt{\sqrt{x}} \, dx$；

(2) $\int \dfrac{1}{\sqrt{1-x^2}} \, dx$；

(3) $\int (2x+3)^{\frac{2}{3}} \, dx$；

(4) $\int \dfrac{x}{1+x^2} \, dx$；

(5) $\int e^x \sin e^x \, dx$；

(6) $\int \dfrac{\ln^3 x}{x} \, dx$；

(7) $\int \sin^3 x \cos x \, dx$；

(8) $\int \dfrac{2\arcsin x}{\sqrt{1-x^2}} \, dx$；

(9) $\int \dfrac{3\arctan x}{1+x^2} \, dx$；

(10) $\int \sec^2 x \, \sqrt{\tan x} \, dx$；

(11) $\int \dfrac{\csc^2 x}{\cot x} \, dx$；

(12) $\int \dfrac{\sqrt{x-1}}{x} \, dx$；

(13) $\int x^2 \ln x \, dx$；

(14) $\int x \arctan x \, dx$.

2. 计算下列定积分：

(1) $\int_0^1 \dfrac{1}{\sqrt{3x+1}} \, dx$；

(2) $\int_{\frac{3}{\pi}}^{\frac{4}{\pi}} \dfrac{1}{x^2} \sin \dfrac{1}{x} \, dx$；

(3) $\int_0^{\ln 2} e^x \sin e^x \, dx$；

(4) $\int_0^{\frac{\pi}{2}} \sin^2 x \cos x \, dx$；

(5) $\int_e^{e^2} \dfrac{1}{x \ln x} \, dx$；

(6) $\int_0^1 \dfrac{2\arctan x}{1+x^2} \, dx$；

(7) $\int_2^4 \dfrac{1}{x \sqrt{x-1}} \, dx$；

(8) $\int_0^1 x e^x \, dx$；

(9) $\int_1^e x^3 \ln x \, dx$；

(10) $\int_0^1 \arctan \sqrt{x} \, dx$；

(11) $\int_{-1}^{1} x\sqrt{1-x^2}\,dx$;   (12) $\int_{0}^{+\infty} e^{-3x}\,dx$;

(13) $\int_{-\infty}^{+\infty} \dfrac{1}{1+x^2}\,dx$.

3. 定积分的应用.

(1) 求由曲线 $y=x^2$ 与直线 $y=2x+3$ 所围成的图形的面积;

(2) 求由曲线 $y^2=2x$ 与直线 $x+y=4$ 所围成的图形的面积;

(3) 求由曲线 $y=x^2$ 与直线 $x=1,y=0$ 所围成的图形分别绕 x 轴，y 轴旋转所得的旋转体的体积.

4. 解下列微分方程：

(1) $y''=2+x$;

(2) $\dfrac{d^2y}{dx^2}=-2, y\big|_{x=0}=0, y'\big|_{x=0}=2$;

(3) $y'=e^{2x-y}$;

(4) $\dfrac{dy}{dx}=1+x+y^2+xy^2, y\big|_{x=0}=0$;

(5) $y'\cos x + y\sin x = 1$;

(6) $\dfrac{dy}{dx}+\dfrac{y}{x}=\dfrac{x+1}{x}, y\big|_{x=2}=3$;

(7) $y''+2y'+y=0$ 满足初始条件 $y\big|_{x=0}=4, y'\big|_{x=0}=-2$ 的特解;

(8) $y''-2y'-3y=3x+1$.

5. 【谋杀在何时发生】发生一起谋杀案，警察下午 4:00 到达现场. 法医测得尸体温度为 30℃，室温为 20℃，已知尸体在最初 2 h 降低 2℃，问谋杀是什么时间发生的？

实训四 拉普拉斯变换与级数

一、实训内容

计算拉普拉斯变换与级数.

二、实训目的

通过软键盘的基本操作进行拉普拉斯变换与级数的运算及应用.

三、实训过程

1. 基本命令

1) 用 Mathematica 进行拉普拉斯变换运算

在 Mathematica 系统中,计算函数的拉普拉斯变换的命令见表 6-4-1.

表 6-4-1

命令	意义
LaplaceTransform[f(x),x,s]	求函数 $f(x)$ 的拉普拉斯变换（s 表示积分变换后的变量）

2) 用 Mathematica 进行拉普拉斯逆变换运算

在 Mathematica 系统中,计算函数的拉普拉斯逆变换的命令见表 6-4-2.

表 6-4-2

命令	意义
InverseLaplaceTransform[F(s),s,x]	求函数 $F(s)$ 的拉氏变换的逆变换（x 表示积分变换后的变量）

3) 用 Mathematica 进行级数运算

在 Mathematica 系统中,收敛级数求和的命令见表 6-4-3.

表 6-4-3

命令	意义
Sum[u_n,{n,a,∞}] 或模板 $\sum_{\square=\square}^{\square} \square$	求级数 $\sum_{n=a}^{\infty} u_n$ 在收敛域内的和函数

4)用 Mathematica 将函数在指定点展开成幂级数

在 Mathematica 系统中,将函数在指定点展开成幂级数的命令见表 6-4-4.

表 6-4-4

命令	意义
Series[f(x),{x,x_0,n}]	将 $f(x)$ 在点 x_0 处展开成 n 阶幂级数,展开式中含有 $n+1$ 阶无穷小量
Normal[Series[f(x),{x,x_0,n}]]	将 $f(x)$ 在点 x_0 处展开成 n 阶幂级数,展开式中不含有 $n+1$ 阶无穷小量

5)用 Mathematica 进行傅里叶级数的运算

Mathematica 系统中没有直接求傅里叶级数的命令,因此用 Mathematica 语法定义傅里叶级数的命令,然后将其保存,以便今后进行傅里叶级数运算时调用,如图 6-4-1 所示.

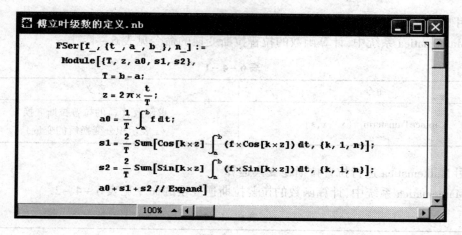

图 6-4-1

求傅里叶级数的步骤如下:

(1)调用 Mathematica 中傅里叶级数的定义;

(2)使用表 6-4-5 所示命令.

表 6-4-5

命令	意义
FSer[f(x),{x,a,b},n]	将 $[a,b]$ 上的函数 $f(x)$ 展开成傅里叶级数,n 为级数的项数

2. 实训案例

问题 1 求下列函数的拉氏变换:

(1)$f(x) = \sin 2x$;

(2)分段函数:

$$f(t) = \begin{cases} 0, & t < 0, \\ c, & 0 \leq t < a, \\ 2c, & a \leq t < 3a, \\ 0, & t \geq 3a. \end{cases}$$

解：如图 6-4-2 所示.

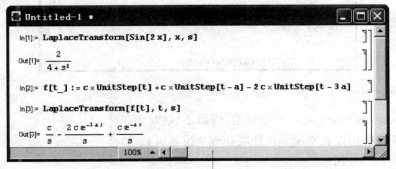

图 6-4-2

问题 2：将问题 1 中函数的拉氏变换用拉氏逆变换还原.

解：如图 6-4-3 所示.

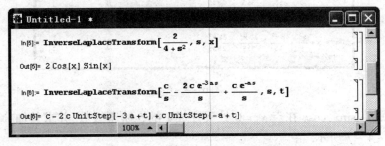

图 6-4-3

问题 3：求下列级数的和函数：

(1) $\sum_{n=0}^{\infty} x^n$；　　(2) $\sum_{n=1}^{\infty} (-1)^n \frac{1}{n^2}$；　　(3) $\sum_{n=1}^{\infty} \frac{n(n+1)}{2^n} x^{n-1}$.

解：如图 6-4-4 所示.

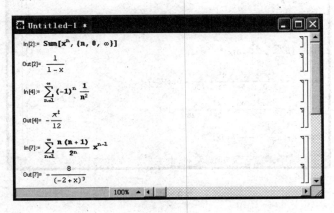

图 6-4-4

问题 4：验证级数 $\sum_{n=1}^{\infty} n = 1 + 2 + 3 + \cdots + n + \cdots$ 是发散的.

解：如图 6-4-5 所示.

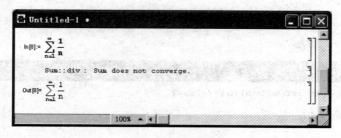

图 6-4-5

注："sum does not converge" 的意思是：级数不收敛.

问题 5：将函数 $\tan x$ 在点 $x_0 = 0$ 处展开成 9 阶幂级数.

解：如图 6-4-6 所示.

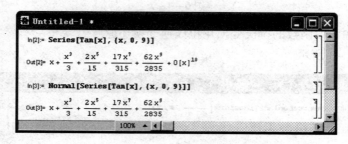

图 6-4-6

问题 6：分别将 $\sin x, \cos x$ 在点 $x_0 = 0$ 处展开成 x 的 5 阶幂级数，并求其加、减、积.

解：如图 6-4-7 所示.

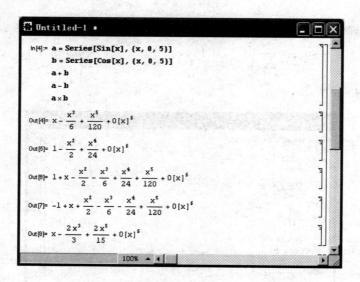

图 6-4-7

问题 7：将函数 $y = \dfrac{1}{3-x}$ 在点 $x_0 = 1$ 处展开成 $x-1$ 的 4 阶幂级数.

解：如图 6-4-8 所示.

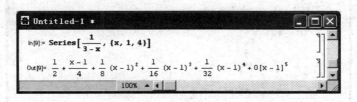

图 6-4-8

问题 8：设 $f(t)$ 是以 2π 为周期的函数，它在 $(-\pi, \pi]$ 上的表达式为 $f(t) = t$，将 $f(t)$ 展成 5 阶傅里叶级数，并作图.

解：(1) 调用 Mathematica 中傅里叶级数的定义，如图 6-4-9 所示；

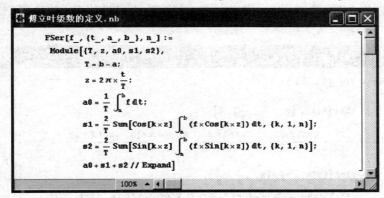

图 6-4-9

(2) 将 $f(t)$ 展成 5 阶傅里叶级数，并作图，如图 6-4-10 所示.

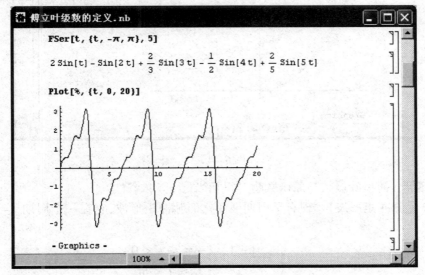

图 6-4-10

问题 9：将周期为 1 的函数 $f(x)=x^2-1$ 展开成 4 阶傅里叶级数，并作图.

解：(1) 调用 Mathematica 中傅里叶级数的定义，如图 6-4-11 所示.

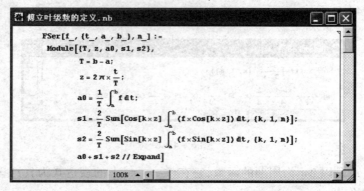

图 6-4-11

(2) 将周期为 1 的函数 $f(x)=x^2-1$ 展开成 4 阶傅里叶级数，并作图，如图 6-4-12 所示.

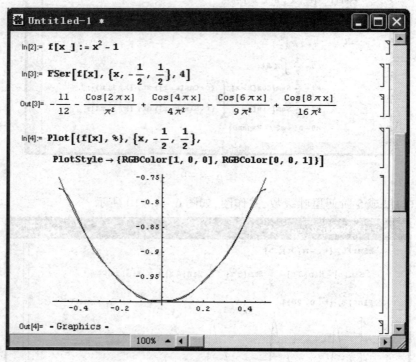

图 6-4-12

由图形看出，傅里叶级数与原函数吻合得相当好.

问题 10【脉冲矩形波】 现有呈周期性变化的脉冲矩形波，它在一个周期 $[-\pi,\pi)$ 内的表达式为

$$u(t)=\begin{cases}-1, & -\pi\leqslant t<0,\\ 1, & 0\leqslant t<\pi.\end{cases}$$

对信号 $u(t)$ 进行谐波分析.

解：(1) 调用 Mathematica 中傅里叶级数的定义，如图 6－4－13 所示.

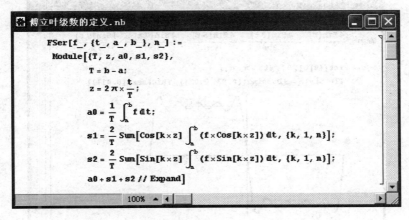

图 6－4－13

(2) 对信号 $u(t)$ 进行谐波分析.

将 $u(t)$ 展成 5 阶傅里叶级数，并在同一坐标系下作出 $u(t)$ 与其 5 阶傅里叶级数的图形，如图 6－4－14 所示.

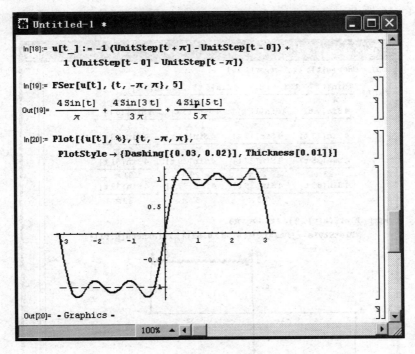

图 6－4－14

将 $u(t)$ 展开成 10 阶傅里叶级数，并在同一坐标系下作出 $u(t)$ 与其 10 阶傅里叶级数的图形，如图 6－4－15 所示.

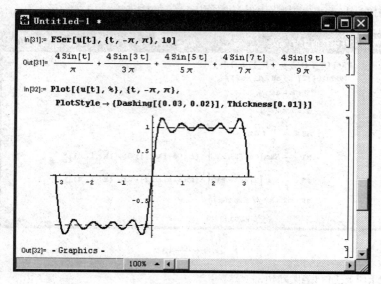

图 6-4-15

将 $u(t)$ 展成 40 阶傅里叶级数,并在同一坐标系下作出 $u(t)$ 与其 40 阶傅里叶级数的图形,如图 6-4-16 所示.

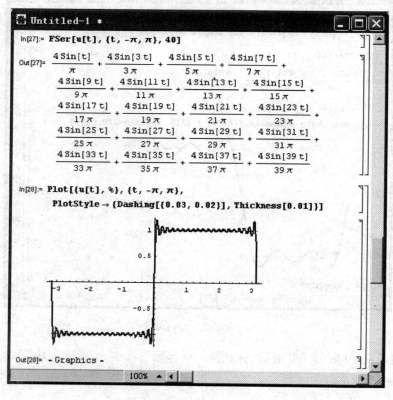

图 6-4-16

从图形不难发现,当 n 逐渐增大时,傅里叶级数也逼近信号 $u(t)$,这充分体现了傅里叶级数的实际意义.

实训四 练习

1. 求下列函数的拉氏变换：

(1) $f(t) = t^2 + 3t - 2$；

(2) $f(t) = 5\sin 2t - 3\cos 2t$；

(3) $f(t) = \sin 2t \cos 2t$；

(4) $f(t) = t^n e^{-2t}$；

(5) $f(t) = e^{3t} \sin 4t$；

(6) $f(t) = \cos(t-1) - 4(t+2)^3$；

(7) $f(t) = \begin{cases} 0, & 0 \leq t < 2, \\ 1, & 2 \leq t < 4, \\ 0, & t \geq 4; \end{cases}$

(8) $f(t) = \begin{cases} -1, & 0 \leq t < 1, \\ 0, & 1 \leq t < 2, \\ \sqrt{2}, & 2 \leq t < 3, \\ 2, & t \geq 3. \end{cases}$

2. 求下列函数的拉氏逆变换：

(1) $F(s) = \dfrac{2}{s-3}$；

(2) $F(s) = \dfrac{1}{3s+5}$；

(3) $F(s) = \dfrac{1}{4s^2+9}$；

(4) $F(s) = \dfrac{2s-8}{s^2+36}$；

(5) $F(s) = \dfrac{4}{s^2+4s+20}$；

(6) $F(s) = \dfrac{s}{(s+3)(s+5)}$；

(7) $F(s) = \dfrac{1}{s(s+1)(s+2)}$；

(8) $F(s) = \dfrac{s+2}{s^3+6s^2+9s}$.

3. 用 Mathematica 讨论下列级数的敛散性：

(1) $\sum\limits_{n=1}^{\infty} \dfrac{n^2+2}{n^3+3n+1}$；

(2) $\sum\limits_{n=1}^{\infty} \sin \dfrac{\pi}{n}$；

(3) $\sum\limits_{n=1}^{\infty} \dfrac{1}{\sqrt[n]{n+1}}$；

(4) $\sum\limits_{n=1}^{\infty} (-1)^{n+1} \dfrac{2n^2}{n!}$；

(5) $\sum\limits_{n=1}^{\infty} \dfrac{x^n}{n^2}$；

(6) $\sum\limits_{n=1}^{\infty} \dfrac{n!}{2^n} x^n$；

(7) $\sum\limits_{n=1}^{\infty} (-1)^n \dfrac{x^{2n+1}}{2n+1}$；

(8) $\sum\limits_{n=1}^{\infty} \dfrac{(x-5)^n}{\sqrt{n}}$.

4. 将下列函数展开成 x 的幂级数：

(1) $\cos x$；

(2) $\sin 2x$；

(3) $\dfrac{1}{3+x}$；

(4) e^{2x}.

5. 将函数 $y = \ln x$ 在点 $x_0 = 1$ 处展开成 $(x-1)$ 的 3 阶幂级数.

6. 将函数 $f(x) = \dfrac{1}{x^2+3x+2}$ 展开成 $(x+4)$ 的 5 阶幂级数.

7. 将函数 $y = \cos x$ 展开成 $\left(x + \dfrac{\pi}{3}\right)$ 的 4 阶幂级数.

8. 将周期为 2π 的函数 $f(t) = 2\sin \dfrac{t}{3} (-\pi \leq t \leq \pi)$ 展开成 5 阶傅里叶级数.

9. 将周期为 2 的函数 $f(x)=x^2$ 展开成 6 阶傅里叶级数.

10. 下列函数是以 2π 为周期的函数在一个周期内的表达式, 试将其展开为傅里叶级数:

(1) $f(x)=\begin{cases}0,&-\pi\leqslant x<0,\\ \pi,&0\leqslant x<\pi;\end{cases}$

(2) $f(x)=2\sin\dfrac{x}{2}\quad(-\pi<x\leqslant\pi)$.

11. 试将函数 $f(x)=\cos\dfrac{x}{2}\quad(-\pi\leqslant x<\pi)$ 展开为傅里叶级数.

实训五 线性代数

一、实训内容

计算线性代数中的行列式、矩阵及求解线性方程组.

二、实训目的

通过软键盘的基本操作计算行列式、矩阵及其应用,求解线性方程组并进行应用.

三、实训过程

1. 基本命令

1)用 Mathematica 进行行列式运算

在 Mathematica 系统中,进行行列式运算的命令见表 6-5-1.

表 6-5-1

命令	意义
Det[D]	计算行列式 D 的值

2)在 Mathematica 中进行矩阵的输入与输出

(1)矩阵的输入

在 Mathematica 系统中矩阵就是一个表,它的生成有多种方法,下面介绍由模板输入矩阵的方法:

单击主菜单中的"Input"选项,弹出子菜单,选中子菜单中的"Create Table"/"Matrix"/"Palette"选项出现对话框.在对话框的"Make"区域选中"Matrix"选项,输入行数和列数就可以在工作窗口生成一个可编辑的矩阵模板,如图 6-5-1 所示.

(2)矩阵的输出

不管用何种方式输入矩阵,矩阵总是以表的形式输出,这既违背常规,又难以阅读.因此,Mathematica 系统提供了以矩阵形式输出的命令,其格式见表 6-5-2.

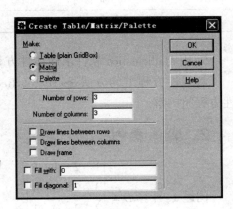

图 6-5-1

表 6-5-2

命令	意义
MatrixForm[m]	将 m 以矩阵的格式输出

3)用 Mathematica 进行矩阵运算

在 Mathematica 系统中计算同型矩阵的加减、矩阵的数乘、矩阵的乘法、逆矩阵和转置矩阵的命令见表6-5-3.

表6-5-3

命令	意义
$A_1 \pm A_2$	计算同型矩阵 $A_1 \pm A_2$
$k \cdot M$	常数 k 乘以矩阵 M（k 乘以矩阵 M 中的每一个元素）
$A_1 \cdot A_2$	两个矩阵相乘
Transpose[A]	求矩阵 A 的转置矩阵
MatrixPower[A,n]	求方阵 A 的 n 次幂
Inverse[A]	求矩阵 A 的逆矩阵

注：两个矩阵相乘时，乘号必须用"．"，即键盘上的句号．

4）用 Mathematica 进行矩阵的秩运算

矩阵的秩是它的阶梯形矩阵的非零行的行数，也就是将该矩阵化为简化阶梯形矩阵的非零行的行数．在 Mathematica 系统中将矩阵化为简化阶梯形矩阵的命令是 RowReduce（表6-5-4），因此，利用 RowReduce 命令将矩阵化为简化阶梯形矩阵就可以直接求出矩阵的秩．

表6-5-4

命令	意义
RowReduce[m]	将矩阵 m 化为简化阶梯形矩阵

5）用 Mathematica 软件求解线性方程组

解线性方程组的方法是：用 RowReduce 命令将其增广矩阵化成简化阶梯形矩阵，得到线性方程组的解．

2. 实训案例

问题1：计算 $D = \begin{vmatrix} 1 & 2 & 1 & 5 \\ 3 & 2 & 3 & 4 \\ 2 & 2 & 0 & 1 \\ 4 & 2 & 1 & 2 \end{vmatrix}$.

解：如图6-5-2所示.

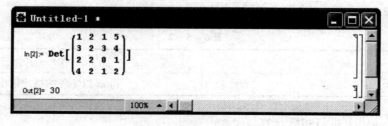

图6-5-2

问题 2：生成矩阵 $\begin{pmatrix} 1 & 2 & 5 \\ 2 & 4 & 4 \\ 3 & 6 & 8 \end{pmatrix}$.

解：如图 6-5-3 所示.

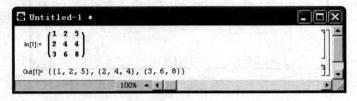

图 6-5-3

问题 3：以矩阵的形式输出问题 2 的结果.

解：如图 6-5-4 所示.

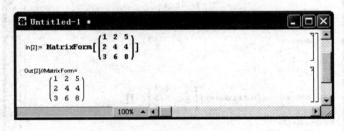

图 6-5-4

问题 4：已知矩阵 $m_1 = \begin{pmatrix} 1 & -1 & 3 \\ 2 & -4 & 6 \\ -1 & 1 & 2 \end{pmatrix}, m_2 = \begin{pmatrix} 2 & -2 & 1 \\ 1 & -1 & 5 \\ -2 & 3 & 1 \end{pmatrix}$，求：

(1) $2m_1 + m_2$ 和 $3m_1 - 6m_2$；   (2) $m_1 \cdot m_2$；

(3) m_2 的转置矩阵和 m_2 的 3 次幂；   (4) m_1 的逆矩阵.

解：(1) 如图 6-5-5 所示.

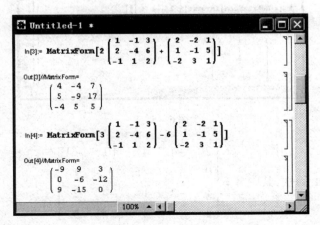

图 6-5-5

(2) 如图 6-5-6 所示.

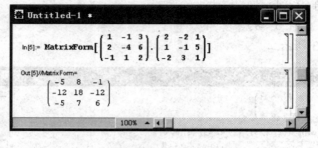

图 6-5-6

(3) 如图 6-5-7 所示.

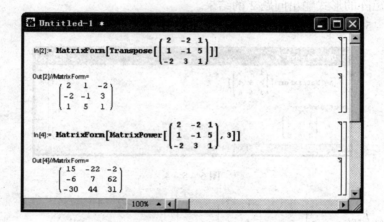

图 6-5-7

(4) 如图 6-5-8 所示.

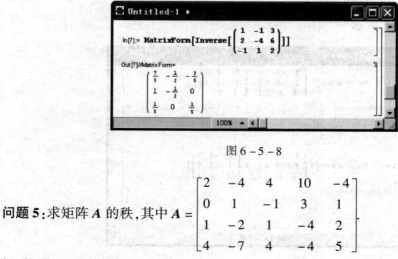

图 6-5-8

问题 5：求矩阵 A 的秩，其中 $A = \begin{bmatrix} 2 & -4 & 4 & 10 & -4 \\ 0 & 1 & -1 & 3 & 1 \\ 1 & -2 & 1 & -4 & 2 \\ 4 & -7 & 4 & -4 & 5 \end{bmatrix}$.

解：如图 6-5-9 所示.

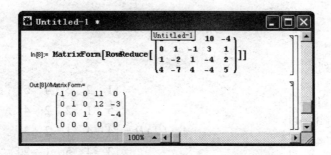

图 6-5-9

由行简化阶梯形矩阵的非零行元素为 3 行,则矩阵 A 的秩是 3,即 $r(A)=3$.

问题 6:解线性方程组

$$\begin{cases} x_1 + x_2 + x_3 + x_4 = 2, \\ 2x_1 + 3x_2 + 3x_3 + 3x_4 = 3, \\ x_2 + x_3 + x_4 = -1, \\ x_2 + 2x_3 + 6x_4 = 1. \end{cases}$$

解:如图 6-5-10 所示.

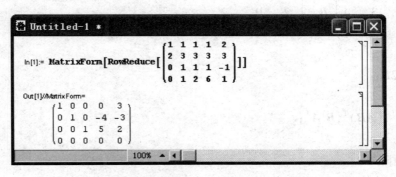

图 6-5-10

对应的方程组为

$$\begin{cases} x_1 = 3, \\ x_2 - 4x_4 = -3, \\ x_3 + 5x_4 = 2. \end{cases}$$

解得

$$\begin{cases} x_1 = 3, \\ x_2 = 4x_4 - 3, \\ x_3 = 2 - 5x_4, \\ x_4 = x_4. \end{cases}$$

其中 x_4 是自由未知量.

实训五 练习

1. 计算下列行列式：

$(1) D = \begin{vmatrix} 1 & 1 & 1 & 1 \\ 1 & 2 & 3 & 4 \\ 1 & 3 & 4 & 5 \\ 1 & 4 & 5 & 6 \end{vmatrix}$；

$(2) D = \begin{vmatrix} 1 & 2 & 3 & 4 & 5 \\ 5 & 1 & 2 & 2 & 4 \\ 4 & 4 & 1 & 2 & 3 \\ 3 & 4 & 5 & 1 & 2 \\ 2 & 3 & 4 & 5 & 1 \end{vmatrix}$.

2. 用克莱姆法则解以下线性方程组：

$$\begin{cases} x_1 - x_2 + x_3 - 2x_4 = 2; \\ 2x_1 - x_3 + 4x_4 = 4; \\ 3x_1 + 2x_2 + x_3 = -1; \\ -x_1 + 2x_2 - x_3 + 2x_4 = -4. \end{cases}$$

3. 已知矩阵

$$A = \begin{pmatrix} 0 & 1 & 2 \\ -1 & 3 & 4 \\ 5 & -3 & 1 \end{pmatrix}, B = \begin{pmatrix} -1 & 0 & 1 \\ 2 & 0 & -2 \\ -4 & 4 & 0 \end{pmatrix}$$

求：

(1) $3A \pm 2B$；

(2) AB；

(3) $A^T, B^T, (AB)^T, B^T A^T$；

(4) A^{-1}.

4. 已知矩阵

$$A = (1 \quad 3 \quad 2 \quad 1), B = \begin{pmatrix} 2 \\ -1 \\ 4 \\ 3 \end{pmatrix}, 求 AB 和 BA.$$

5. 求下列矩阵的积：

$$\begin{pmatrix} 3 & 1 & 2 & -1 \\ 0 & 3 & 1 & 0 \end{pmatrix} \begin{bmatrix} 1 & 0 & 5 \\ 0 & 2 & 0 \\ 1 & 0 & 1 \\ 0 & 3 & 0 \end{bmatrix} \begin{pmatrix} -1 & 0 \\ 1 & 5 \\ 0 & 2 \end{pmatrix}.$$

6. 解矩阵方程：

$AX = B$，其中 $A = \begin{pmatrix} 1 & -1 & 2 \\ 2 & -3 & 5 \\ 3 & -2 & 4 \end{pmatrix}, B = \begin{pmatrix} 1 & -1 \\ -2 & 3 \\ 5 & -4 \end{pmatrix}$.

7. 求下列矩阵的 n 次幂：

(1) $A = \begin{pmatrix} 2 & -2 & 1 \\ 1 & -1 & 5 \\ -2 & 3 & 1 \end{pmatrix}$,求 A^3；

(2) $B = \begin{pmatrix} 1 & 2 \\ 0 & 1 \end{pmatrix}$,求 B^{90}.

8. 把下列矩阵化为简化阶梯形矩阵并求矩阵的秩.

(1) $A = \begin{pmatrix} 2 & 4 & 1 & 0 \\ 1 & 0 & 3 & 2 \\ -1 & 5 & -3 & 1 \\ 0 & 1 & 0 & 2 \end{pmatrix}$；

(2) $B = \begin{pmatrix} 2 & -4 & 4 & 10 & -4 \\ 0 & 1 & -1 & 3 & 1 \\ 1 & -2 & 1 & -4 & 2 \\ 4 & -7 & 4 & -4 & 5 \end{pmatrix}$.

9. 解线性方程组：

(1) $\begin{cases} x_1 + 2x_2 - 3x_3 = -11, \\ -x_1 - x_2 + x_3 = 7, \\ 2x_1 - 3x_2 + x_3 = 6, \\ -3x_1 + x_2 + 2x_3 = 4; \end{cases}$

(2) $\begin{cases} x_1 + 2x_2 - 3x_3 = -11, \\ -x_1 - x_2 + 2x_3 = 7, \\ 2x_1 - 3x_2 + x_3 = 6, \\ -3x_1 + x_2 + 2x_3 = 5; \end{cases}$

(3) $\begin{cases} x_1 + 2x_2 - 3x_3 = -11, \\ -x_1 - x_2 + x_3 = 7, \\ 2x_1 - 3x_2 + x_3 = 6, \\ -3x_1 + x_2 + 2x_3 = 5. \end{cases}$

参 考 文 献

[1] 同济大学数学系. 高等数学(上、下)[M]. 7版. 北京:高等教育出版社,2014.
[2] 孙益波. 高等数学[M]. 北京:高等教育出版社,2012.
[3] 任颜波. 高等数学[M]. 天津:南开大学出版社,2010.
[4] 钱椿林. 高等数学[M]. 3版. 北京:电子工业出版社,2010.
[5] 冯宁. 高等数学(基础)[M]. 2版. 南京:南京大学出版社,2011.
[6] 莫国良,唐志丰. 微积分学(上册)[M]. 2版. 杭州:浙江大学出版社,2012.
[7] 云连英. 微积分应用基础[M]. 2版. 北京:高等教育出版社,2011.
[8] 李选民. 大学数学[M]. 西安:西安交通大学出版社,2011.
[9] 张克斯,邓乐斌. 应用高等数学[M]. 北京:高等教育出版社,2010.
[10] 朱广斌. 工科基础数学[M]. 北京:中国电力出版社,2011.
[11] 同济大学数学系. 工程数学:线性代数[M]. 6版. 北京:高等教育出版社,2014.
[12] 杨荫华. 线性代数简明教程[M]. 北京:北京大学出版社,2011.
[13] 喻秉钧,周厚隆. 线性代数[M]. 北京:高等教育出版社,2011.
[14] 杨硕,汪彩云. 线性代数[M]. 2版. 北京:北京邮电大学出版社,2011.
[15] 盛聚,谢式千,潘承毅. 概率论与数据统计[M]. 4版. 北京:高等教育出版社,2010.
[16] 张忠占,谢田法,杨振海. 应用数理统计[M]. 北京:高等教育出版社,2011.
[17] 谢邦昌,张波,田金方. 应用概率统计教程[M]. 北京:高等教育出版社,2010.
[18] 欧宜贵. 数学实验[M]. 合肥:中国科学技术大学出版社,2011.
[19] 何良材. 数学在经济管理中应用实例析解[M]. 重庆:重庆大学出版社,2007.
[20] 丁大正. 科学计算强档 Mathematica4 教程[M]. 北京:电子工业出版社,2002.
[21] 云连英. 高等数学课程设置研究[M]. 杭州:浙江大学出版社,2008.